CLIP STUDIO PAINT PRO 公式ガイドブック 改訂3版

クリップスタジオペイント プロ

株式会社セルシス 監修

エムディエヌコーポレーション

● 免責事項

・ 誌面掲載の画面はスクリーンショットによるものです。ソフトウェアから書き出したものではないため、モアレの発生や実際の色と異なる場合があります。
・ 本書の出版にあたっては正確な記述に努めておりますが、ご利用のPC環境、デバイス、OS、バージョンの違いによって再現性が異なる場合があります。
・ 誌面掲載の情報は本書制作時のものです。最新の動作環境、アップデートに関してはメーカーのウェブサイトでご確認ください。

はじめに

この度は『CLIP STUDIO PAINT PRO公式ガイドブック 改訂3版』をお買い上げいただきありがとうございます。

CLIP STUDIO PAINT PROは、低価格でありながらさまざまなニーズに応える性能を持ち、プロのクリエイターも愛用するとても優秀なソフトウェアです。
有名なイラスト投稿サイト「pixiv」ではシェアNo.1※を誇り、いま最も使われているペイントツールだと言っても言い過ぎではないでしょう。スマートフォン版やタブレット版もリリースされたことで、ユーザーの数はますます増えています。

本書は、プロの作例による「ビギナーにも使える」指南書を目指して、2018年に発行されました。2020年の改訂版を経て、今回更なる改訂を行いました。

基本的な使い方はもちろん、線画や彩色のテクニック、合成モードの効果的な使い方、加工方法など、プロのテクニックにせまる実践的なイラスト制作の手順を解説しています。
また、マンガ制作のためのツールや、アニメーション機能のほか、シームレスなパターン、ロゴの作例など、デザインワークに役立つ解説なども盛り込みました。
さらに今回の改訂3版では、より美しい混色が可能になったブラシや、オブジェクトを整列・分布させる機能、3D頭部モデルの追加など、2023年にリリースされたVer.2以降の新機能についても解説しています。

本書を手にとっていただいた皆様の創作活動に、少しでも役立つことができたら幸いです。

スタッフ一同

※世界最大級のイラストSNS「pixiv」での使用率7年連続No.1
（pixivより提供された数値を基にセルシスが集計 2015/12～2022/12）

CONTENTS

CHAPTER 3 水彩塗りと厚塗り

CHAPTER 4 画像の加工

CHAPTER 5 マンガを描く

CHAPTER 6 覚えておきたい便利な機能

操作表記について

本書の操作表記はWindowsに準じて記載しています。macOSを利用している場合は下記の表に合わせて読み替えてください。またmacOS／タブレット版では、Windowsの［ファイル］メニューと［ヘルプ］メニューの一部の項目が、［CLIP STUDIO PAINT］メニューに含まれている場合が、スマートフォン版では、［アプリ設定］メニューに含まれている場合があります。macOS／タブレット／スマートフォン版でメニューの項目が見当たらない場合は［CLIP STUDIO PAINT］メニューまたは［アプリ設定］メニューを確認しましょう。なおスマートフォン版には、［ウィンドウ］メニューがありません。

Windows	macOS/iPad/iPhone	Galaxy/Android/Chromebook
Altキー	Optionキー	Altキー
Ctrlキー	Commandキー	Ctrlキー
Enterキー	Returnキー	Enterキー
Backspaceキー	Deleteキー	Backspaceキー
マウスボタンを右クリック	Controlキーを押しながら、マウスをクリック / 指での長押し	指での長押し

データのダウンロードについて

一部の作例については、制作過程がわかるレイヤー付き画像データを、以下のURLよりダウンロードできます。

※画像データをダウンロードできる作例は、完成画像に右記アイコンが表示してあります。
　また、章冒頭の扉ページには、その章で画像データをダウンロードできる作例が、まとめて示してあります。

https://books.mdn.co.jp/down/3223303011/

- ダウンロードデータは、本書の解説内容をご理解いただくために、ご自身で試される場合にのみ使用できる参照用データです。その他の用途での使用や配布などは一切できませんので、あらかじめご了承ください。
- ダウンロードデータをご利用いただくには、WindowsまたはmacOSを搭載したパソコン、iOSまたはiPadOSを搭載したiPhoneかiPad、Android OSを搭載したスマートフォン・タブレット、Chrome OSを搭載したノートパソコンのうちいずれかと、CLIP STUDIO FORMAT（拡張子：clip）形式が読み込みできるソフトウェアが必要です。

ご注意

※ダウンロードしたデータの著作権は、すべて著作権者に帰属します。学習のために個人で利用する以外は一切利用が認められません。

※複製・譲渡・配布・公開・販売に該当する行為、著作権を侵害する行為については、固く禁止されていますのでご注意ください。

※弊社Webサイトからダウンロードできるサンプルデータを実行した結果については、著者および株式会社エムディエヌコーポレーションは一切の責任を負いかねます。お客様の責任においてご利用ください。

BASIC

01

18

CLIP STUDIO PAINT PROの基本

ここではCLIP STUDIO PAINTの基本を理解するため、
その性能や基礎的な操作などを紹介していく。

01 CLIP STUDIO PAINT PROの基本

CLIP STUDIO PAINT PROとは?

まずはCLIP STUDIO PAINTの特徴について知っておこう。

多機能なペイントツール

CLIP STUDIO PAINTはイラスト・マンガを制作するためのすべての機能を備えている。その特徴を見ていこう。

どんな画風でもOK

ブラシツールは、設定次第で好みの描き心地に調整が可能。多種多様なツールを使ってアニメ、ゲームイラスト、水彩画、油彩画など、どんな画風のイラストも描くことができる。ペンやブラシの素材をダウンロードしたり、テクスチャをストロークに反映させたりと拡張性も非常に高い。
また、コマ割り、フキダシ、集中線、背景を描くためのパース定規などが用意されているため、マンガを描くツールとしても強力なものとなっている。

アニメ塗り

水彩塗り

厚塗り

アニメ塗り、水彩塗り、厚塗りなど、どんな画風のイラストもCLIP STUDIO PAINTなら描くことが可能。

リアルな描き心地

ペンは、繊細な筆圧感知により、リアルでなめらかな描き心地が実現されている。また、線のブレを抑える[手ブレ補正]や、線の強弱をあらかじめ設定できる[入り][抜き]の機能など、美しい線を描くための支援機能も充実している。

多様な定規で作画がラクになる

遠近法を利用した作画に使う「パース定規」、模様を描くのに便利な「対称定規」や「放射定規」など多様な定規が用意されており、イラスト・マンガのみならずデザインワークでも活躍できる。

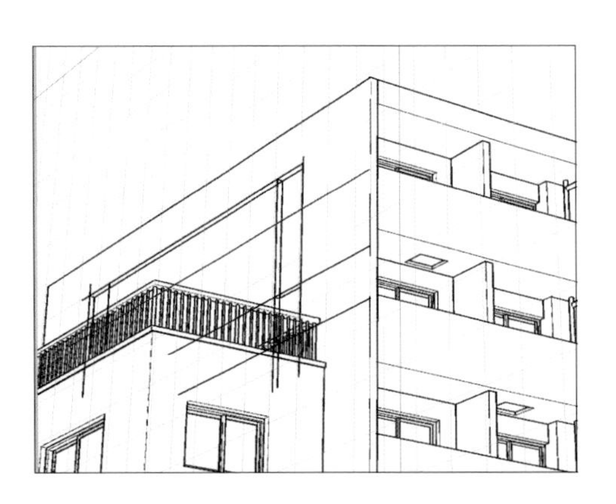

描いた後でも自由に編集

線画をベクターレイヤーで描画すれば、画像を劣化させずに、線の太さや画像の大きさを、納得いくまで編集することができる。ペンや鉛筆、筆ツールなど、ほとんどのブラシツールがベクターレイヤーに対応している。

→ 3D素材による作画支援

3Dデッサン人形を下絵にすることで、苦手なポーズも楽に描くことができる。3Dデッサン人形は体型も自由に調整できるため、さまざまなキャラクターに対応。関節の可動範囲は人間と同じなので自然なポーズを作りやすい。「ピースサイン」など細かな手のポーズも問題なく決めることができる。

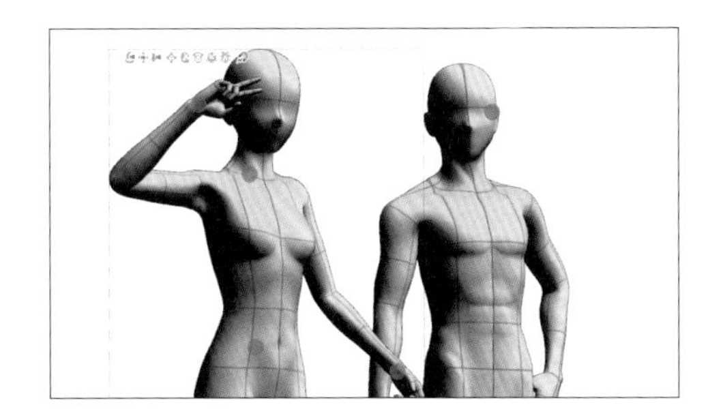

投稿型の学べるサイトCLIP STUDIO TIPS

「CLIP STUDIO TIPS」(https://tips.clip-studio.com/ja-jp/)は、描き方のテクニックなどを学べる投稿型のサイト。ポータルアプリケーション「CLIP STUDIO」の[CLIP STUDIO TIPSお絵かきのコツ]ボタンから、CLIP STUDIO TIPSにアクセスできる。プロのメイキング講座など、さまざまな解説が公開されているため、初心者から上級者まで、役立つ情報が必ずあるはず。ぜひチェックしてみよう。

わからなかったら聞いてみよう CLIP STUDIO ASK

「CLIP STUDIO ASK質問&回答」ではCLIP STUDIO PAINTに関する質問と回答が投稿されている。
操作について疑問が出てきたら検索フォームにキーワードを入れて、同じような話題がないか探してみるとよい。見つからないときは[質問する]から聞いてみよう。

質問するにはポータルアプリケーション「CLIP STUDIO」にログインする必要がある。アカウントを持っていない場合は[ログイン]→[アカウント登録]で登録しよう。

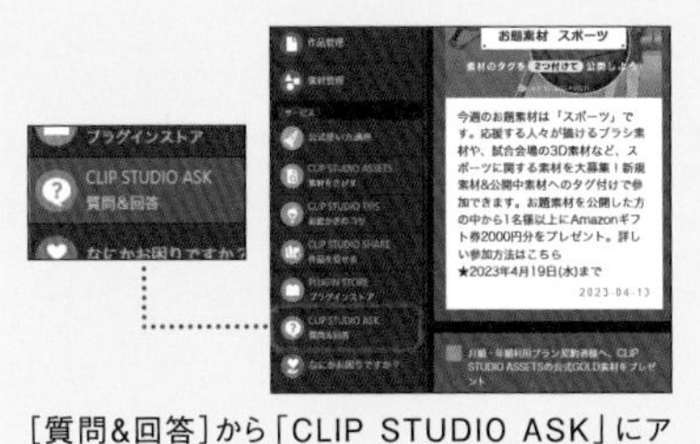

[質問&回答]から「CLIP STUDIO ASK」にアクセスできる。

BASIC

02 CLIP STUDIO PAINT PROの基本 デバイスによる操作画面の違い

CLIP STUDIO PAINTは、PC・タブレット・スマートフォン版がある。
本書を読み進める前に、自分のデバイスに合った操作画面（インターフェース）の違いを確認しておこう。

デバイスに合ったアプリをインストールする

CLIP STUDIO PAINTは、PC・タブレット・スマートフォンに対応している。使用するデバイスに合ったアプリをダウンロード（https://www.clipstudio.net/ja/dl/）して起動しよう。どのデバイスでもほぼ同じ機能を使用できる。

PC版（Windows/macOS）

タブレット版
（iPad/Android（タブレット）/Chromebook）

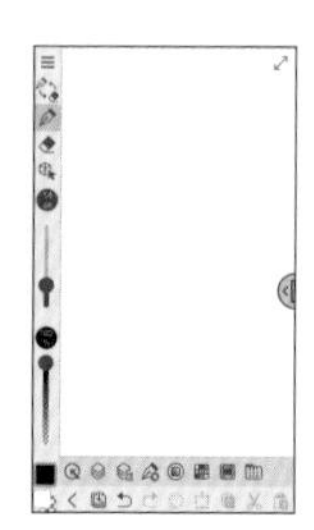

スマートフォン版

タブレット・スマートフォン版操作表記→P.6「操作表記について」

シンプルモード・スタジオモード

タブレット・スマートフォン版では、PC版と同等の機能が使える「スタジオモード」に加えて、「シンプルモード」が選択可能だ。「シンプルモード」は、ブラシ・消しゴム・塗りつぶしといった基本的な操作ボタンのみが配置されており、直感的に操作できる。

タブレット版シンプルモード

スマートフォン版シンプルモード

モードを使い分けよう

デジタルお絵描きを始めたばかりの方や、広く画面を使いたい場合は、「シンプルモード」を、本書で解説するPC版と同様の機能を使いたい場合は「スタジオモード」を選ぶとよい。

→ モードの切り替え

モードの切り替えは描画中でも可能だ。

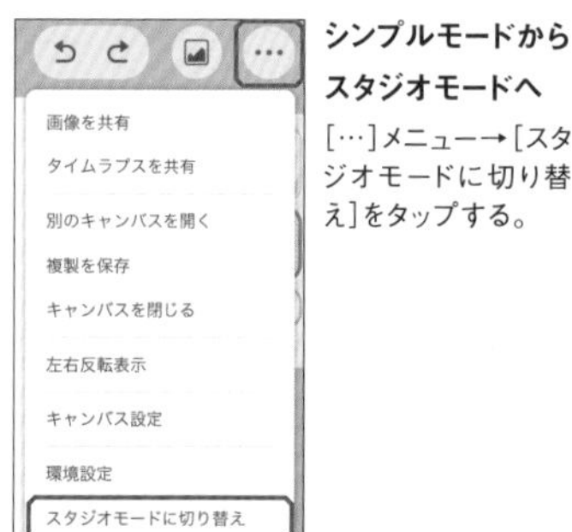

シンプルモードからスタジオモードへ

[…]メニュー→[スタジオモードに切り替え]をタップする。

スタジオモードからシンプルモードへ

スマートフォン版：
メニューボタン→[シンプルモードに切り替え]をタップ。

タブレット版：
[CLIP STUDIO PAINT]メニュー→[シンプルモードに切り替え]をタップ。

配色テーマを変更できる

どのデバイスでも、インターフェース全体の配色テーマを簡単に変更できる。
見やすさや好みでインターフェースの濃淡を変えてみよう。

濃色

淡色

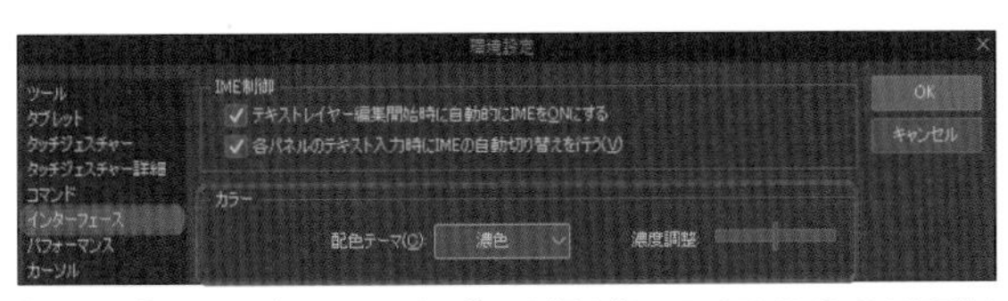

[ファイル]メニュー(macOS／タブレット版は[CLIP STUDIO PAINT]メニュー、スマートフォン版は[アプリ設定]メニュー)→[環境設定]を選択。[インターフェース]から[配色テーマ]を[混色][淡色]より選ぶ。[濃度調整]のバーをスライドすることで、色の濃さを好みに設定できる。

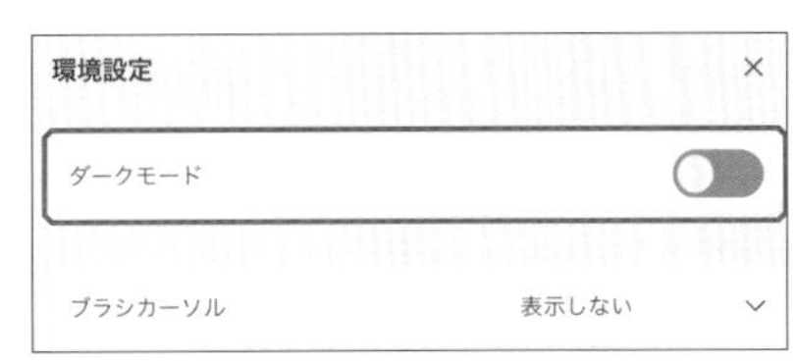

シンプルモードは、[…]メニュー→[環境設定]→[ダークモード]のオン・オフをタップすることで、配色テーマの変更ができる。

CLIP STUDIOで作品ファイルやアプリの設定を共有

CLIP STUDIOは、PAINTをはじめとするCLIP STUDIOシリーズソフトウェア付属のポータルアプリケーション。作品ファイルやアプリの設定をデバイス間で簡単に共有できるほか、素材を探したり、アップデートや使い方の最新情報などを確認したりできる。

PC版では、CLIP STUDIOからCLIP STUDIO PAINTを起動する。左メニューの[PAINT]をクリックしよう。

タブレット版では、上部にあるコマンドバー([CLIP STUDIOを開く])をタップすると、画面がCLIP STUDIOに切り替わる。PAINTに戻りたい場合は、PC版と同様に左メニューの[PAINT]をタップする。

デバイス間で作品や設定を共有するには

CLIP STUDIOのクラウドサービスを使用すると、PCとタブレットなど複数のデバイス間で作品を共有することができる(→P.20)。
また、素材やツールなどの設定も、ほかのデバイスに引き継げる。

03 CLIP STUDIO PAINT PROの基本 インターフェース

ここではソフトウェアの操作画面を見ていこう。

基本インターフェースと各部名称

下の画像は初期設定のインターフェース。各パレットの位置を把握しておくとよい。

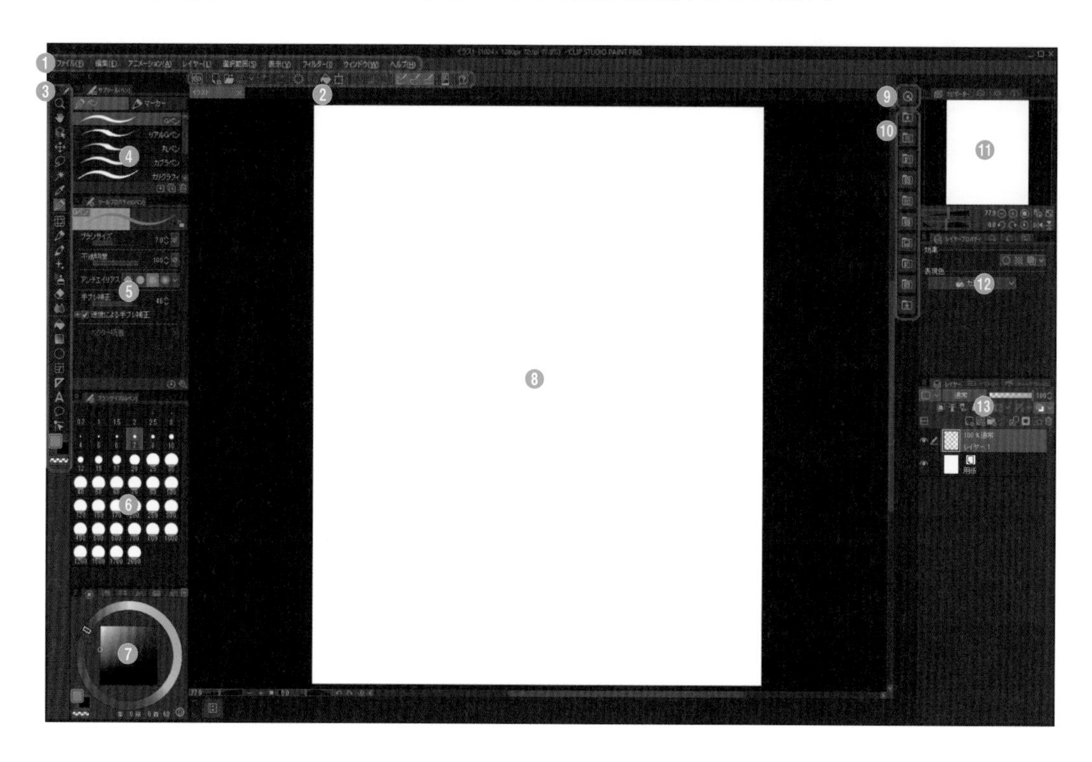

❶メニューバー
ファイルの作成や保存、画像の読み込みなどを行う。

❷コマンドバー
各種操作をすばやく実行できるボタンが用意されている。

❸ツールパレット
各種ツールを選択するボタンが並ぶ。

❹サブツールパレット
ツールごとにサブツールが用意されている。

❺ツールプロパティパレット
サブツールの設定を変更できる。

❻ブラシサイズパレット
描画系ツールのブラシサイズを変えられる。

❼カラーサークルパレット
描画色を作成する。

❽キャンバス
絵を描くための用紙。

❾クイックアクセスパレット
クリックすると［クイックアクセス］パレットが開く。よく使うツールや描画色を登録すれば、ワンクリックで使用することが可能。

❿素材パレット
クリックすると［素材］パレットが開く。さまざまな素材が用意されておりダウンロードした素材も管理できる。

⓫ナビゲーターパレット
キャンバスの表示を変更できる。

⓬レイヤープロパティパレット
レイヤーの表現色など、各種設定を編集する。

⓭レイヤーパレット
レイヤーの管理を行う。

コマンドバーの各部名称

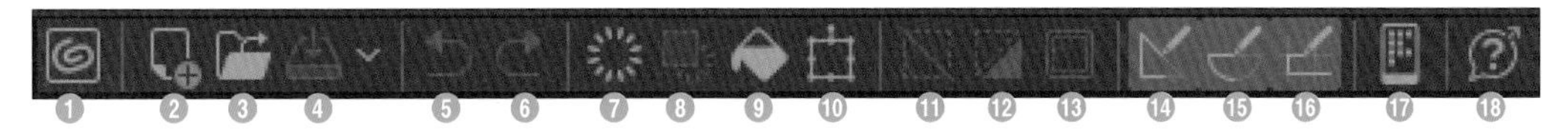

❶ CLIP STUDIOを開く
❷ 新規
❸ 開く
❹ 保存
❺ 取り消し
❻ やり直し
❼ 消去
❽ 選択範囲外を消去
❾ 塗りつぶし
❿ 拡大・縮小・回転
⓫ 選択を解除
⓬ 選択範囲を反転
⓭ 選択範囲の境界線を表示
⓮ 定規にスナップ
⓯ 特殊定規にスナップ
⓰ グリッドにスナップ
⓱ スマートフォンに接続
⓲ CLIP STUDIO PAINT サポート

タッチ操作用のインターフェース

[ファイル] メニュー→ [環境設定] → [インターフェース] → [タッチ操作設定] で、Windows8以降のタッチ操作に最適化された画面に変更できる。タブレットPCの場合、初めからタッチ操作に最適化されたインターフェースで表示される場合がある。その場合は下記のタブレット版のインターフェースを参照するとよい。

タブレット版(iPad/Galaxy/Android/Chromebook)のインターフェース

タブレット版では、狭い画面でも描画領域を広くとれるように、各パレットがボタンをタップするとポップアップで表示されるようになっている。タブレット版について→P.42

基本的な機能は変わらないが、タッチ操作を前提にしたインターフェースになっている。[CLIP STUDIO PAINT]メニュー→[環境設定]→[インターフェース]→[レイアウト]で、[パレットの基本レイアウトをタブレットに適した構成にする]のチェックを外すとPC版と同じインターフェースで使用できる。

各部名称

❶ ツールパレット
❷ クイックアクセスパレット
❸ サブツールパレット
❹ ツールプロパティパレット
❺ ブラシサイズパレット
❻ カラーサークルパレット
❼ 色混ぜパレット
❽ カラーセットパレット
❾ カラーヒストリーパレット
❿ レイヤープロパティパレット
⓫ 整列・分布パレット
⓬ レイヤーパレット
⓭ 素材パレット
⓮ コマンドバー
⓯ エッジキーボード

修飾キーの使用やショートカットの実行ができる。iPadでは、左右いずれかの端からキャンバスの方向に指でスワイプすると表示される。Galaxy、Android、Chromebookでは、表示切替ボタンをタップすると表示される。

04 CLIP STUDIO PAINT PROの基本
パレットの操作

パレットは位置や幅を変更し、配置を保存することができる。

パレットのレイアウトを変更する

Windows／macOS／iPad／Galaxy／Android（タブレット）／Chromebookを使用している場合は、パレット類の配置を変更できる。

→ パレットの移動

パレットを移動するにはタイトルバーをつかむようにドラッグする。
パレットドック（複数のパレットを収めたフレーム）からパレット単体を独立させることもできる。

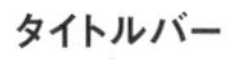

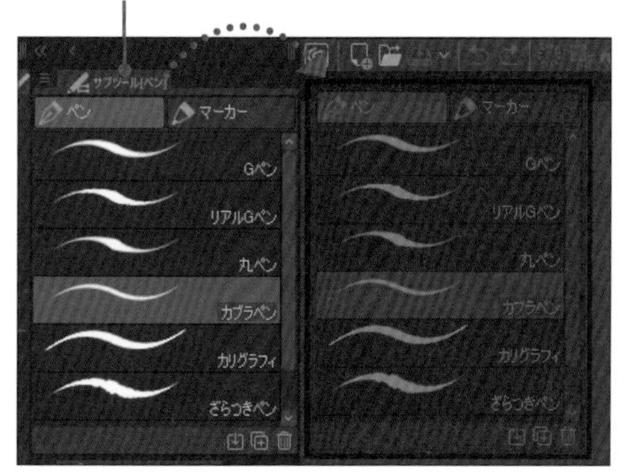

→ 隠れたパレットの表示

重なっているパレットはタイトルバーのタブをクリックすると表示が切り替わる。

タブ

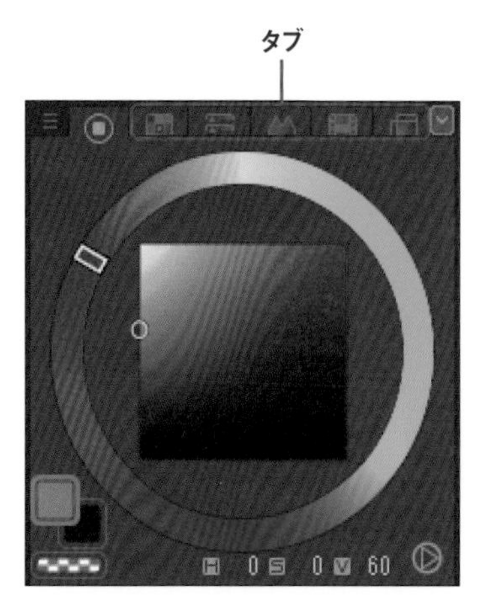

→ パレット幅の調整

パレットの幅はパレットやパレットドックの端をドラッグして調整する。

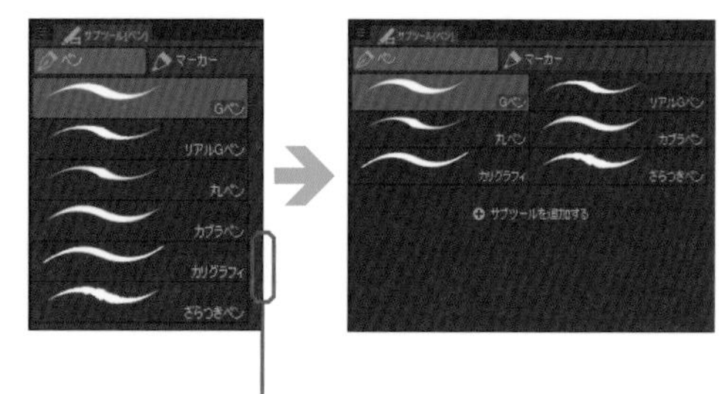

パレットを探す

表示中のパレットは［ウィンドウ］メニューを開いたときにチェックが入っている。目的のパレットが見つからないときは、［ウィンドウ］メニューを確認してみるとよい。

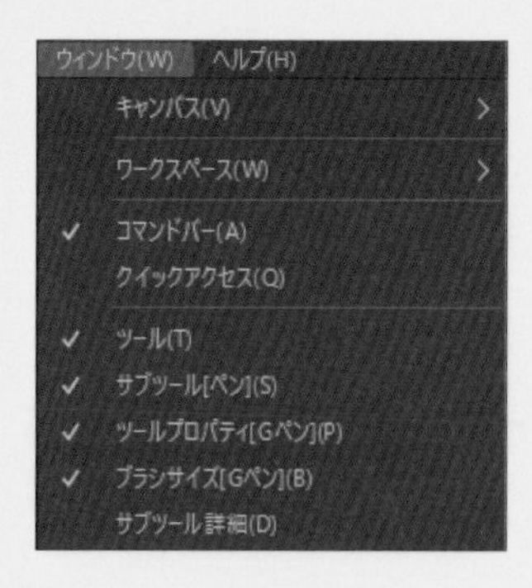

パレットを隠す

［パレットドックの最小化］をクリックすると、パレットを隠すことができる。

パレットドックの最小化

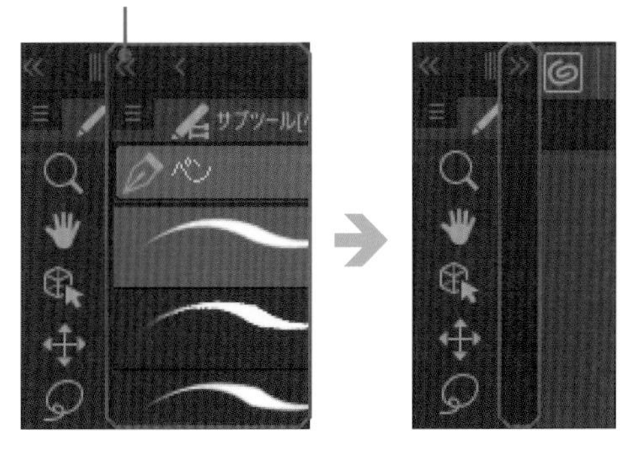

パレットのアイコン化

［パレットドックのアイコン化］をクリックすると、各パレットがボタンのように表示される。

パレットドックのアイコン化

パレットの配置を保存

変更したパレット配置は、［ウィンドウ］メニュー→［ワークスペース］→［ワークスペースを登録］を選択し［OK］を押すと保存することができる。

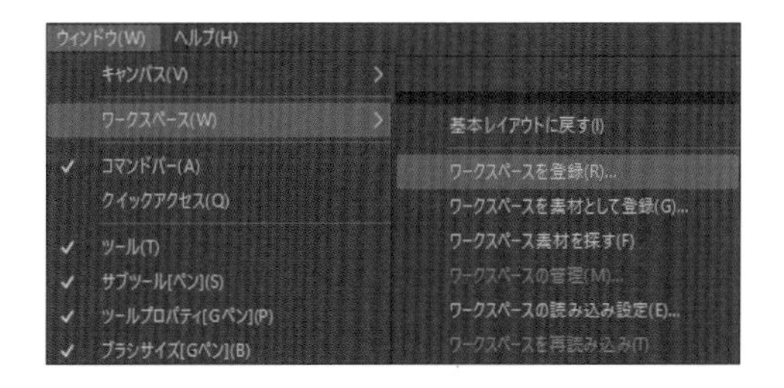

パレットの配置を初期状態に戻す

パレットの配置を初期状態に戻したいときは、［ウィンドウ］メニュー→［ワークスペース］→［基本レイアウトに戻す］を選択する。

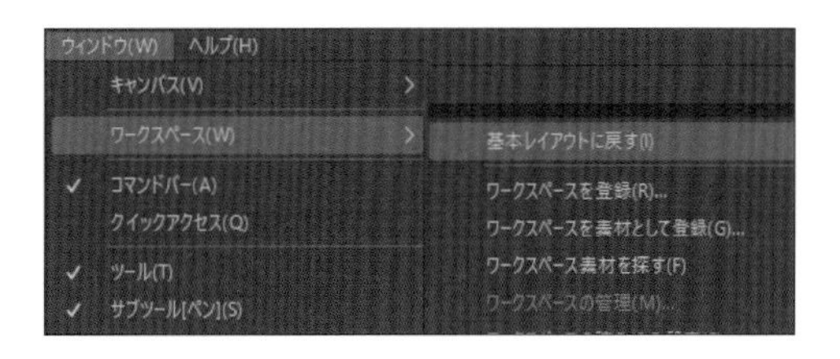

すべてのパレットの隠し方

Tabキーを押すとすべてのパレットを隠すことができる。元に戻すには再度Tabキーを押す。

メニュー表示

パレットの上部からパレット固有のメニューを表示できるので、確認しておくとよいだろう。

メニュー表示をクリック

BASIC

05 CLIP STUDIO PAINT PROの基本 新規キャンバスの作成

キャンバスはイラストやマンガを描くための原稿用紙。その設定方法を見ていこう。

新規キャンバスの設定

新規キャンバスは［ファイル］メニュー→［新規］から作成する。作品の用途に応じて設定しよう。

❶作品の用途
イラストの場合は［作品の用途］で［イラスト］を、マンガなら［コミック］もしくは［すべてのコミック設定を表示］を選択する。

❷プリセット
プリセット（あらかじめ用意された設定）を選べる。

❸サイズの指定
［単位］でサイズの単位を決め、［幅］［高さ］に数値を入れてキャンバスのサイズとする。［B4］や［A4］などの規定のサイズから選択することができる。

❹解像度
［解像度］を入力する。解像度とは1インチに入るピクセル（コンピュータで画像を扱う際の最小単位）の数を決める度合いで、値が大きいほど画像は精細になる。ただし精細すぎるとファイルが重くなり作業しにくくなる。

❺基本表現色
［基本表現色］では、色の基準を決める。カラーイラストなら［カラー］を選び、印刷用の白黒マンガなら［モノクロ］を選択する。

❻用紙色
用紙の色を変更できる。

❼テンプレート
マンガのコマ割りなどのテンプレートを選べる。

❽うごくイラストを作る
「うごくイラスト」用の設定が表示される。［セルの枚数］（最大24枚）と［フレームレート］（この場合1秒間のフレーム数を決める値）を設定する。

❾タイムラプスの記録
オンにするとキャンバス作成と同時にタイムラプスの記録が開始される。記録したタイムラプスは、［ファイル］メニュー→［タイムラプス］→［タイムラプスの書き出し］から書き出せる。

適切な解像度を覚えよう

ここで設定する解像度は、印刷したときの画像の精細さを決めるもの。印刷用に適切な解像度は下記の通り。

印刷で適切な解像度
カラー　350dpi
モノクロ　600、もしくは1200dpi

コンピューター上で扱う画像は総ピクセル数で画質を決めるため、ウェブ用の画像を作るときは［単位］を［px］（ピクセル）にしてピクセル数でサイズを決めるとよい。総ピクセル数が同じであれば、解像度をいくつにしても画像の精細さは変わらないが、ウェブ用の画像は一般的に72dpiにすることが多い。

コミック設定

［作品の用途］で選択できる［コミック］は印刷を前提とした設定になる。

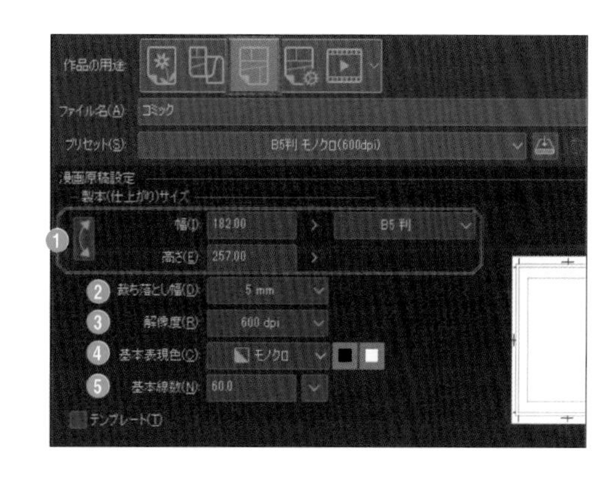

❶製本(仕上がり)サイズ
印刷物になったときの仕上がりサイズを指定する。印刷用の原稿用紙にはトンボというガイド線が必要になるため、［製本（仕上がり）サイズ］をB5にした場合、キャンバスはB5より大きくなる。

❷裁ち落とし幅
断裁部分からどこまではみ出して絵を描くかの目安となる。

❸解像度
白黒マンガ（モノクロ）は600dpiか1200dpiが一般的。

❹基本表現色
白黒マンガなら［モノクロ］を選ぶ。

❺基本線数
塗りをトーン（網点）にするときの基準となる線数。

すべてのコミック設定を表示

［作品の用途］で［すべてのコミック設定を表示］を選ぶと、［基本枠（内枠）］の大きさや位置が設定できる。

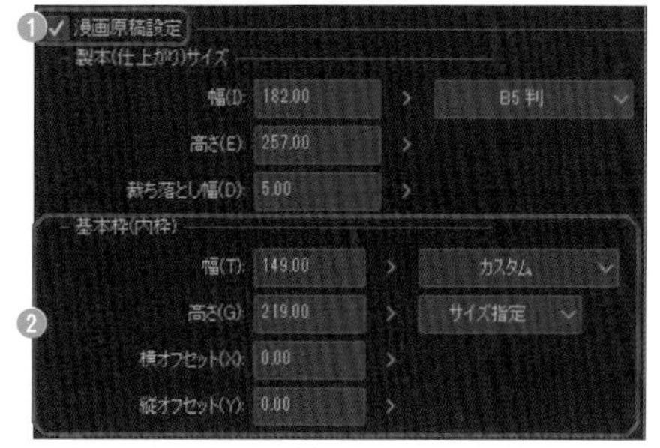

❶漫画原稿設定
チェックを入れるとマンガ原稿用紙の設定が表示される。

❷基本枠(内枠)
［サイズ指定］［マージン指定］から設定方法を選択できる。［サイズ指定］では基本枠のサイズを指定し［横（縦）オフセット］で位置を調整する。［マージン指定］は基本枠から仕上がり線までの間隔（マージン）を指定する。

マンガ原稿用紙の基礎知識

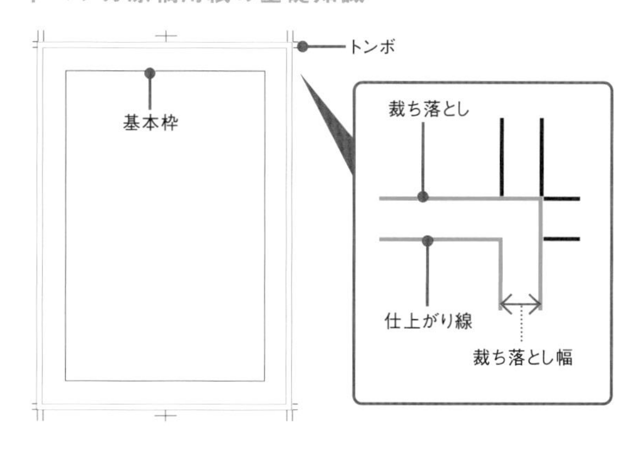

裁ち落とし
紙からはみ出すように描きたい場合は裁ち落としの線まで描く。

仕上がり線
製本（仕上がり）サイズで設定したサイズを表す。印刷時には、この線で裁断される。

裁ち落とし幅
仕上がり線から裁ち落としまでの幅。

基本枠
コマを配置するためのガイド線を指す。通常はこの枠に収まるようにコマを配置する。

Webtoon設定

［作品の用途］→［Webtoon］では縦スクロール形式のマンガを描くためのキャンバスを作成できる。

アニメーション設定

［作品の用途］→［アニメーション］ではアニメーション機能を使ったアニメ制作が可能。

アニメーション機能の使い方→P.168「うごくイラストを作る」)

※［アニメーション］以外の［作品の用途］でもアニメーション機能を使い「うごくイラスト」を作ることができる。

BASIC

06 CLIP STUDIO PAINT PROの基本

ファイルの保存と書き出し

ファイルの保存方法と書き出し可能なファイル形式について知っておこう。

保存

［ファイル］メニュー→［保存］でファイルを保存できる。基本はCLIP STUDIO FORMAT形式で保存する。

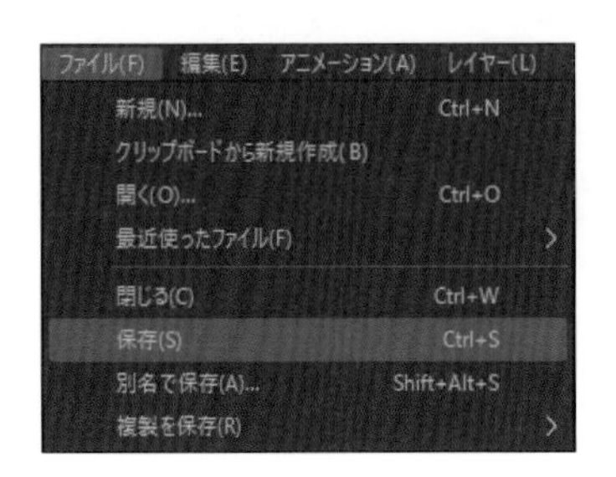

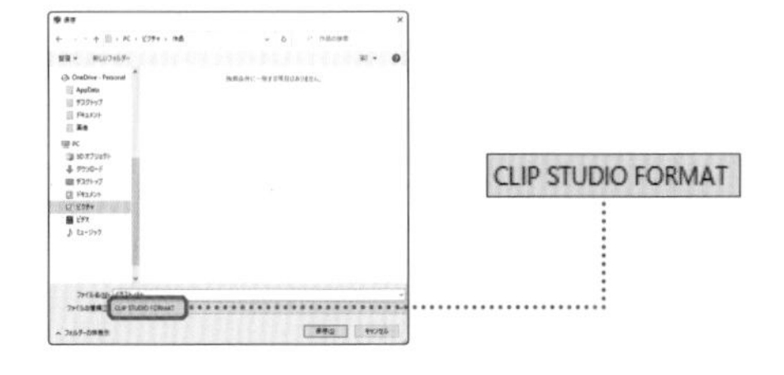

CLIP STUDIO FORMAT

CLIP STUDIO FORMAT形式は、CLIP STUDIO PAINTの、レイヤー情報などを完全な形で保存することができる標準的な保存形式だ。拡張子は［.clip］。

別名で保存／複製を保存

→ 別名で保存

［別名で保存］は、編集中のファイルの名称や画像形式を変えて保存できる。

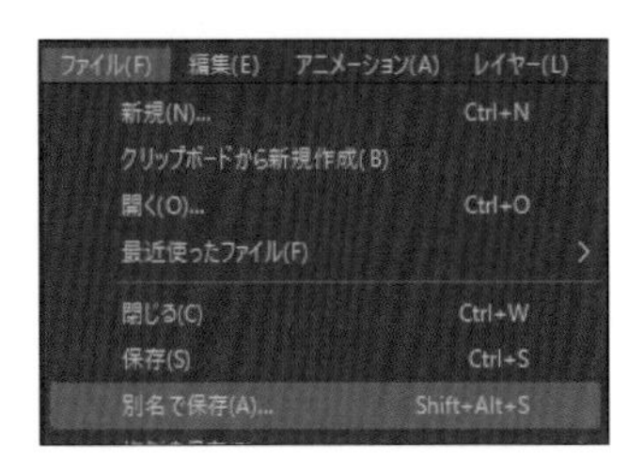

→ 複製を保存

［複製を保存］は、編集中のファイルを複製して保存できる。［ファイル］メニュー→［複製を保存］→［(任意の画像形式)］の選択により、手早く別の画像形式でファイルの複製を保存可能だ。

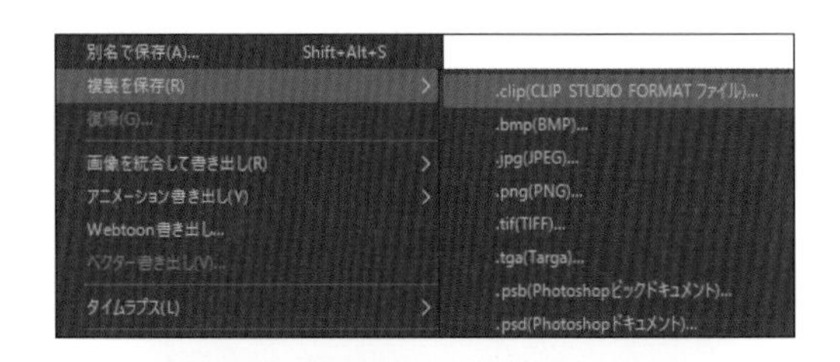

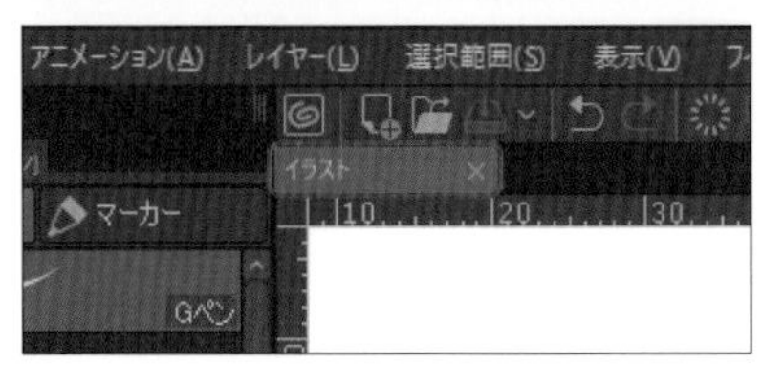

［別名で保存］後は、キャンバスには［別名で保存］したファイルが開かれた状態になる。対して［複製を保存］後のキャンバスでは、元々のファイルが引き続き開いた状態になっている。開いているファイルの名前をよく確認しておこう。

Webtoon書き出し

Webtoon形式で保存したファイルは、縦に長いサイズになるが、［ファイル］メニュー→［Webtoon書き出し］から書き出すことで、縦に分割した複数のファイルに書き出すことができる。

CLIP STUDIO PAINTで扱える画像形式

CLIP STUDIO PAINTで保存、または開くことができる画像形式について知っておこう。

.jpg（JPEG）	JPEG形式は写真などでよく使われる画像形式。圧縮して容量を軽くできるが画質が劣化する可能性がある。ネットワーク上でファイルをやりとりする際など使用頻度が高い。
.png（PNG）	PNG形式はウェブでよく使われる画像形式で、圧縮保存されている。画質は比較的よいがJPEGほど容量は軽くはならない。透過画像を作成できるのも特徴的。
.tif（TIFF）	TIFF形式は高い画質を保って圧縮保存できる画像形式で、印刷物などで使用されることが多い。
.tga（TGA）	TGA形式はアニメやゲームの業界でやりとりされることの多い画像形式。
.psd （Photoshopドキュメント）	Adobe Photoshopの標準形式。レイヤーを保持して保存できるが、レイヤーの種類によってはラスタライズされる。また一部の合成モードが変更されるなど残せない機能もある。
.psb （Photoshopビッグドキュメント）	幅か高さのどちらかが30000ピクセルを超える大容量ファイルに対応したAdobe Photoshopの形式。

ベクター形式の入出力

Adobe Illustratorなどで作成したベクター形式（SVG）ファイルは、[ファイル]メニュー→[読み込み]→[ベクター]から読み込める。また、ベクターレイヤーを[ファイル]メニュー→[ベクター書き出し]でSVG形式のファイルとして書き出せる。

用途に応じた画像形式

ウェブ用の画像ならJPEGやPNGがよく使われる形式だろう。印刷業界ではAdobe製品のソフトウェアが普及しているので、同人誌の入稿データはPhotoshopドキュメント形式を求められる場合が多い。またPhotoshopドキュメント、Photoshopビッグドキュメント、TIFF、JPEGでは印刷に適したCMYKの設定が可能だ。

画像を統合して書き出し

[画像を統合して書き出し]は、レイヤーを統合し、詳細な書き出し設定を指定して書き出せる。

❶プレビュー
書き出し時に出力後の画像をプレビュー表示で確認できる。

❷JPEG設定
[.jpg]で書き出すときに表示される。[品質]の値が高いほど、圧縮率が低くなり画像がきれいになる。

❸出力イメージ
テキストやトンボなどを出力したい場合に設定する。[テキスト]はテキストレイヤー、[下描き]は下描きレイヤーのこと。

❹カラー
[表現色]で、画像のカラー形式を決める。

・最適な色深度を自動判別
各レイヤーの表現色から自動判別してカラー形式を決定する。

・モノクロ2階調（閾値）／（トーン化）
白と黒の2階調にする。（閾値）と（トーン化）があるが、これはグレーやカラーを白と黒に変換するときの基準だ。（閾値）は色の濃度に応じて黒か白にする。（トーン化）はグレーになる部分をトーン（網点）にする。

・グレースケール
白・黒・グレーからなるカラー形式。

・RGB／CMYK
カラーのときはRGBかCMYKを選ぶ。RGBはパソコンのモニターなどで使われる色の表現方法。印刷物の場合はCMYKを選択する。

❺出力サイズ
画像を拡大・縮小して書き出す場合は変更する。等倍で書き出す場合は設定しなくてもよい。

❻拡大縮小時の処理
画像サイズを変えて書き出す際の処理方法を選択する。

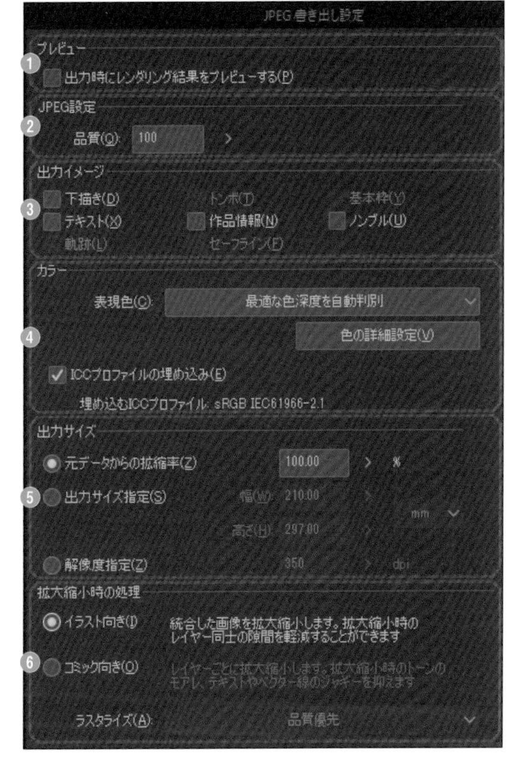

07 CLIP STUDIO PAINT PROの基本

クラウドサービスで作品を共有する

CLIP STUDIOのクラウドサービスを利用すれば、異なるデバイス間で作品やアプリ設定の共有が可能。

作品管理

クラウドサービスを使って作品をやりとりするには、作品管理画面を使用する。
作品管理画面は、CLIP STUDIOの［作品管理］で表示する。作品を一覧管理する［作品管理］に表示されている作品は、クラウドサービスでアップロードやダウンロードができる。

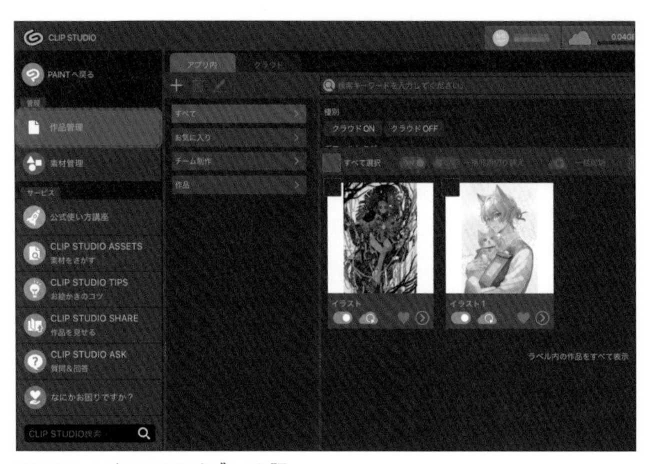

Windows／macOS・タブレット版

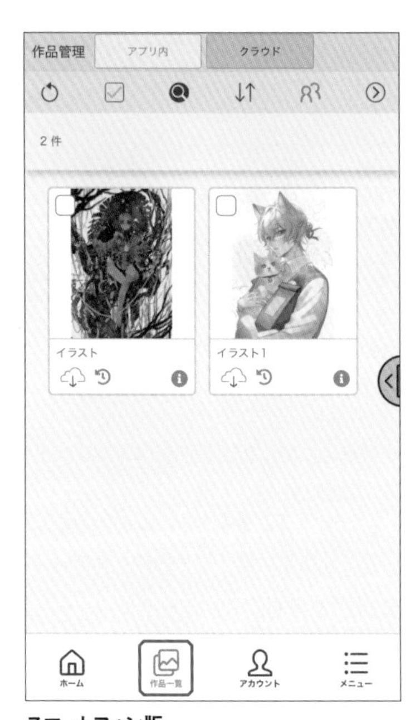

スマートフォン版

［ホーム］の［作品一覧］より、作品管理画面を表示できる。

クラウドサービスで共有できる作品

Windows／macOS版
コンピュータ上に保存されている、CLIP STUDIO PAINTで編集した作品すべてが作品管理画面の［この端末］に表示される。

Galaxy/Android/Chromebook版
［Clip Studio］アプリ内の［ファイル操作・共有］に保存した作品すべてが作品管理画面の［アプリ内］に表示される。

iPad版／iPhone版
ファイルAppの［Clip Studio］アプリのストレージ内に保存した作品のみ、作品管理画面の［アプリ内］に表示される。他の場所に保存した作品は作品管理画面に表示されない。

クラウドサービスで作品を共有する手順

作品のアップロード

作品をアップロードするときは、以下のような手順で行う。

1 ［ログイン］からCLIP STUDIOアカウントでログインし［作品管理］→［この端末］をタップ。

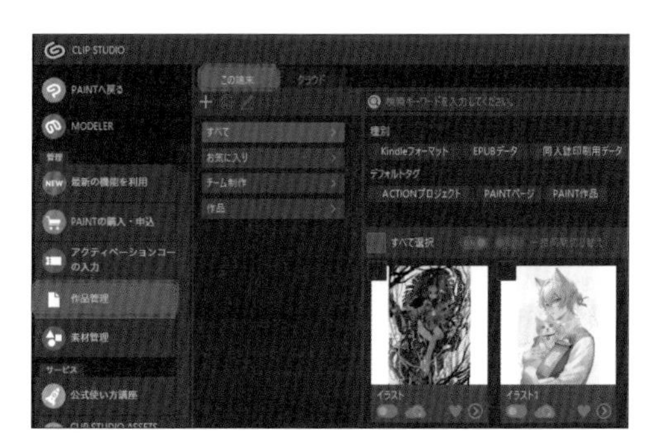

POINT

▶ **Windows／macOS版では［この端末］、タブレット・スマートフォン版では［アプリ内］を選択する。**

2 共有したい作品の［同期切り替え］をタップしてオンにするとクラウドに作品がアップロードされる。

同期切り替え

いますぐ同期

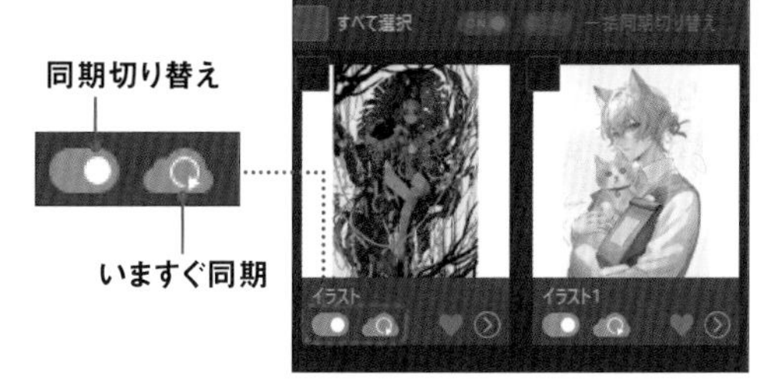

3 ［同期切り替え］がすでにオンに設定されている作品の場合は［いますぐ同期］をタップして作品をアップロードする。

ダウンロードした作品を編集

共有した作品はCLIP STUDIOの［作品管理］→［クラウド］にある。ここから作品を開いて編集できる。

ダウンロード

共有した作品をダウンロードするには、CLIP STUDIOの［作品管理］→［クラウド］より作品を選び、［新規ダウンロード］（もしくは［上書きダウンロード］）をタップする。

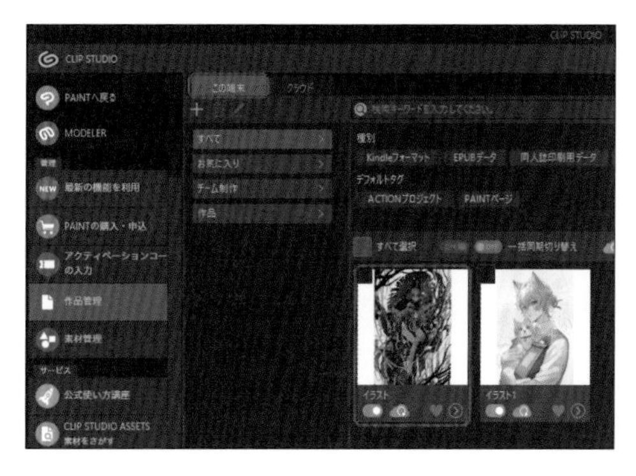

この端末から開く

ダウンロードした作品を編集するときは、［この端末］にある作品を開く。

POINT

▶ **上部の［クラウドバー］から自動同期の設定やアプリ設定のバックアップ・復元が行える。**

BASIC

08 ツールの基本

CLIP STUDIO PAINT PROの基本

ここではツールの選択や、設定するときの手順、使用するパレットについて解説する。

ツール選択と設定の流れ

それぞれのツールには、サブツールが用意されている。基本的な設定は［ツールプロパティ］パレットで行う。

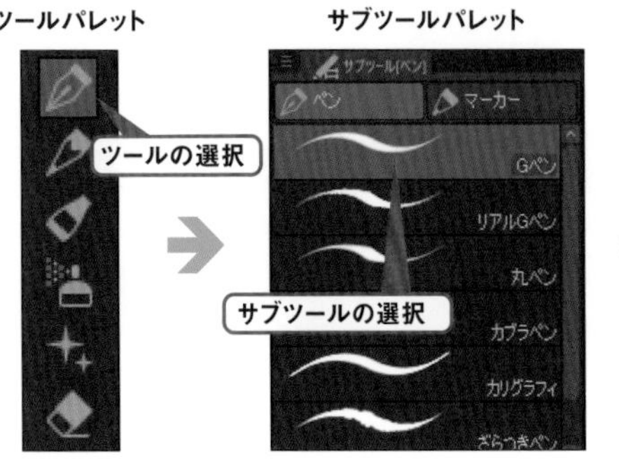

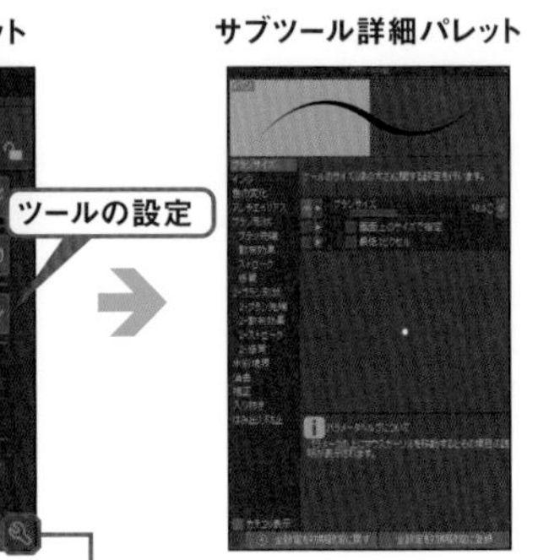

サブツールの選択

［ツール］パレットでツールを選ぶと［サブツール］パレットにサブツールが表示される。たとえば［ペン］ツールには、さまざまなタイプのペン・マーカーのサブツールがある。

設定するパレット

サブツールは、［ツールプロパティ］パレットで基本的な設定を調整する。さらに細かな設定は［サブツール詳細］パレットで行うことができる。

ツールパレット

［ツール］パレットには、ツールを選ぶツールボタンと描画色が表示されたカラーアイコンがある。

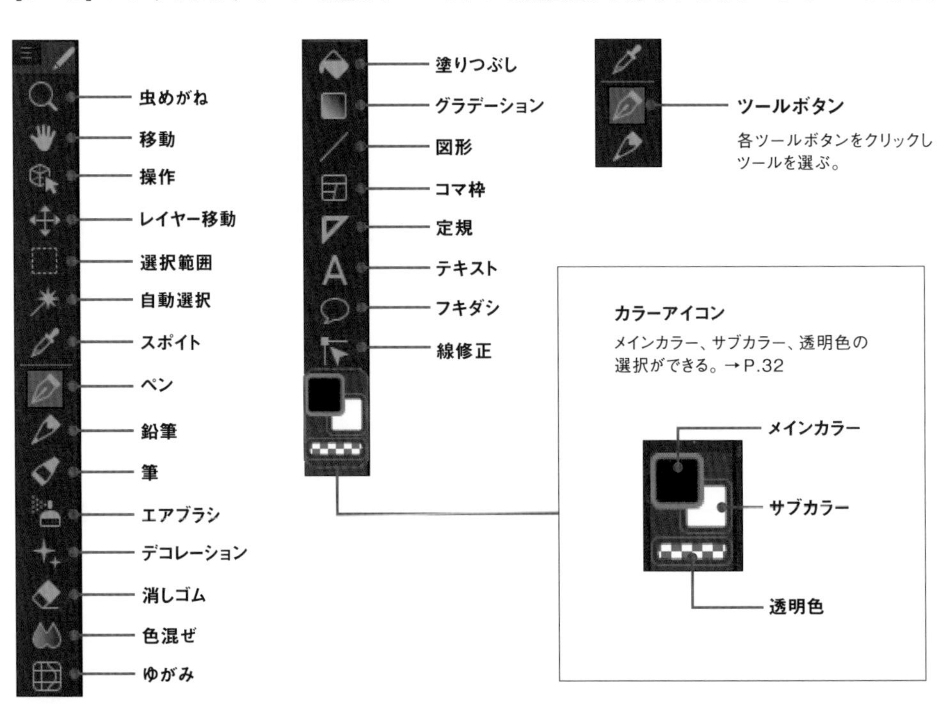

サブツールパレット

［サブツール］パレットでは、各ツールのサブツールがリスト表示されている。

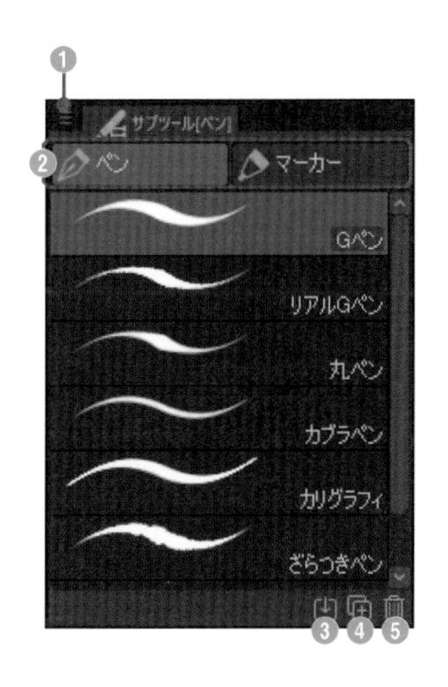

❶メニュー表示
［サブツール］パレットのメニューを表示。

❷サブツールグループ
サブツールがグループごとにまとめられクリックで切り替えられる。

❸サブツール素材を読み込み
ダウンロードした素材などをサブツールに追加できる。

❹サブツールの複製
サブツールを複製する。

❺サブツールの削除
サブツールを削除する。

ストローク

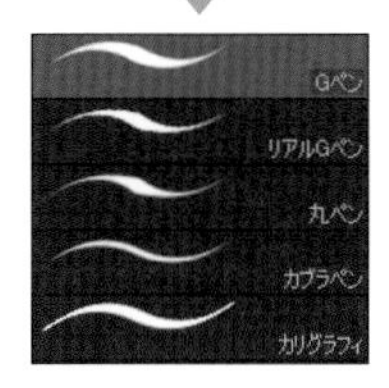

タイル

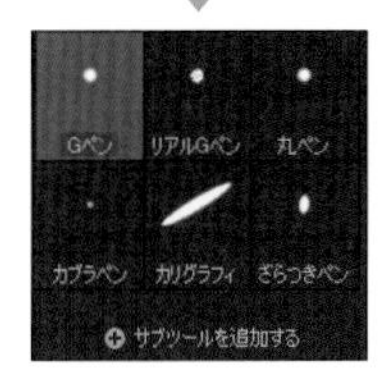

テキスト

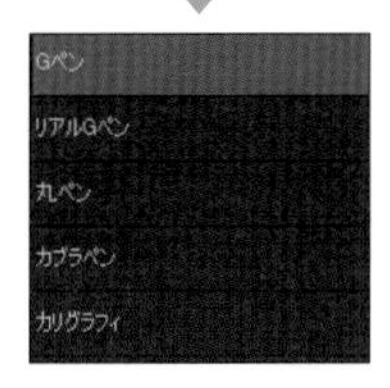

サブツールの表示方法を変更

［ペン］や［鉛筆］などのサブツールは、［サブツール］パレットのメニュー→［表示方法］よりサブツールの表示方法を［タイル］などに変更できる。

よく使うツール／サブツール

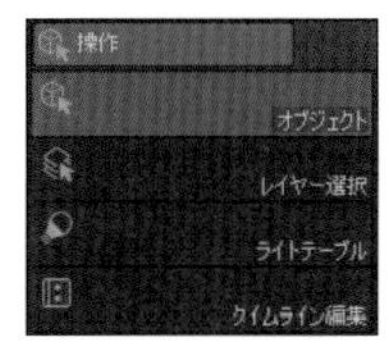

操作

［操作］ツール→［オブジェクト］は、ベクターレイヤーの線や画像素材レイヤーの素材、テキストレイヤーのテキストなど、さまざまなものを編集できるサブツール。

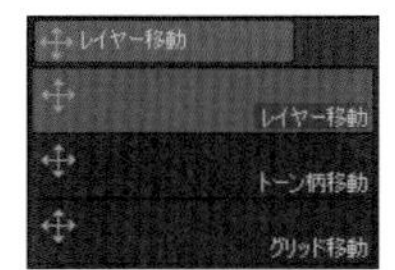

レイヤー移動

［レイヤー移動］は、レイヤーに描画されたものを移動するときに使用する。

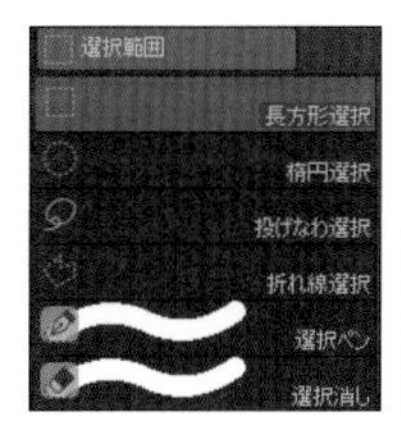

選択範囲

［選択範囲］ツールには、選択範囲を作成するときに使用するサブツールが用意されている。

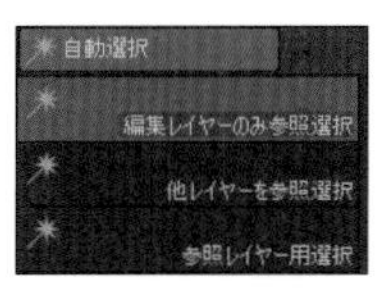

自動選択

クリックした箇所の色を基準に選択範囲を作成する［自動選択］ツールのサブツール。

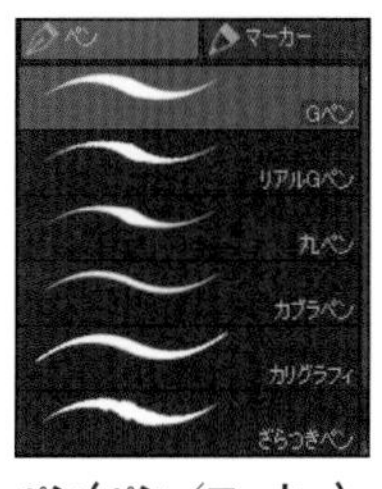

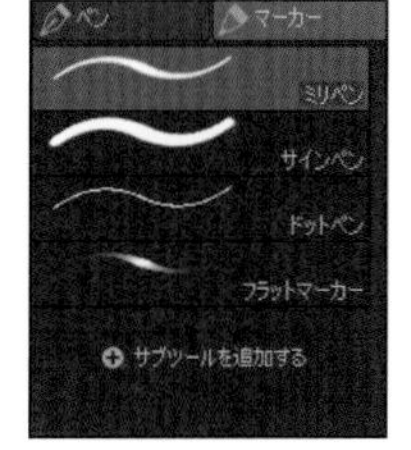

ペン（ペン／マーカー）

［ペン］ツールにはさまざまなペンのサブツールがある。試し書きをして気に入ったペンを見つけよう。［マーカー］グループには［ミリペン］や［マジック］などがある。

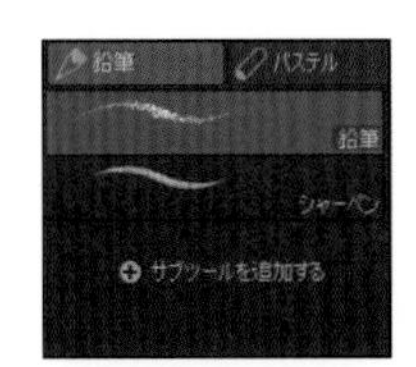

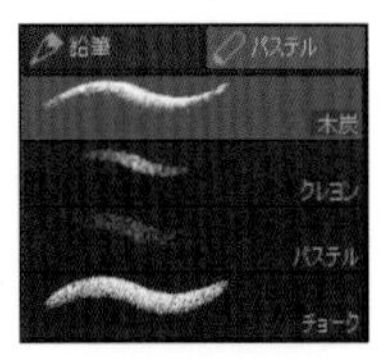

鉛筆（鉛筆／パステル）

［鉛筆］は、鉛筆風の粒子がストロークに出る。［パステル］には［チョーク］や［クレヨン］など粒子の粗いブラシツールがある。傾きに対応したペンを使用すると、本物の鉛筆のような線が描ける。

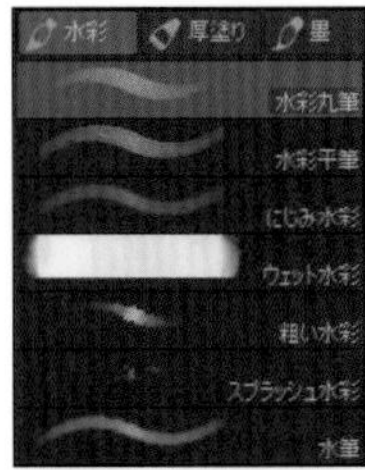

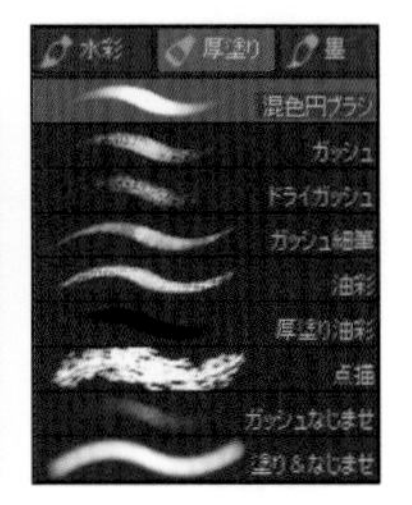

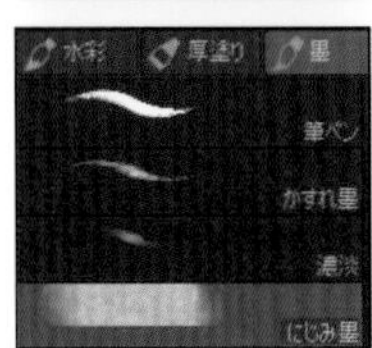

筆（水彩／厚塗り／墨）

［筆］ツールは、筆で塗る感覚で描画できるブラシが揃う。性質の違いから［水彩］［厚塗り］［墨］でグループ分けされている。

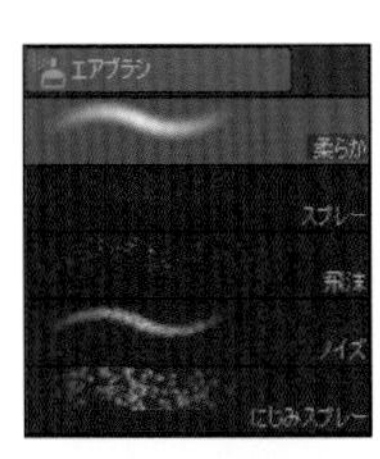

エアブラシ

スプレー状の描画をするサブツールが揃う。［柔らか］は、自然なグラデーションを作りながらソフトな塗りができる。

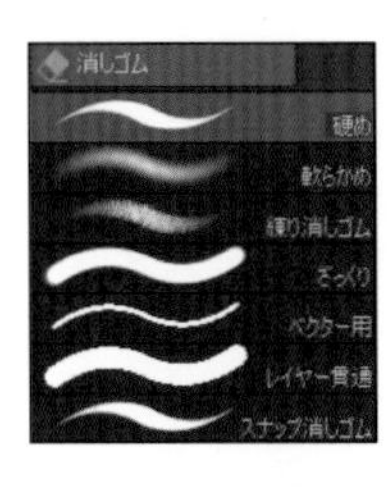

消しゴム

描いたものを消す［消しゴム］ツールでは、［硬め］がクセがなく使いやすい。ベクターレイヤー専用の［ベクター用］も便利だ。

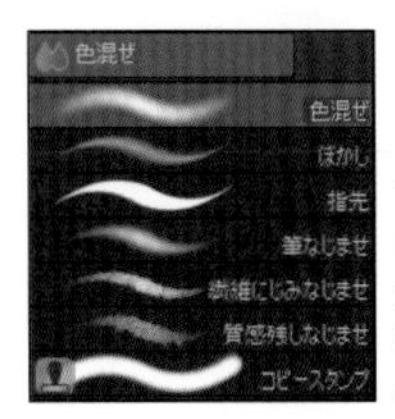

色混ぜ

［色混ぜ］ツールには、キャンバス上の隣り合う色同士をなじませるためのサブツールがある。

ゆがみ

ペンでなぞることで、描いたパーツの形や大きさを編集できる。

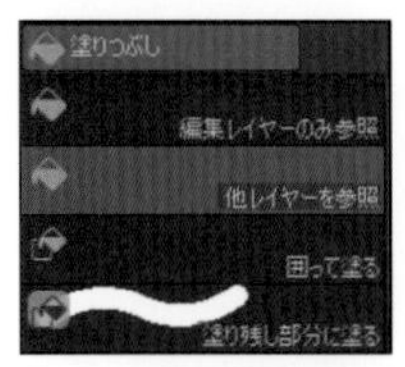

塗りつぶし

［塗りつぶし］ツールの［編集レイヤーのみ参照］や［他レイヤーを参照］はクリックした箇所の色を基準に塗りつぶし範囲を決める。

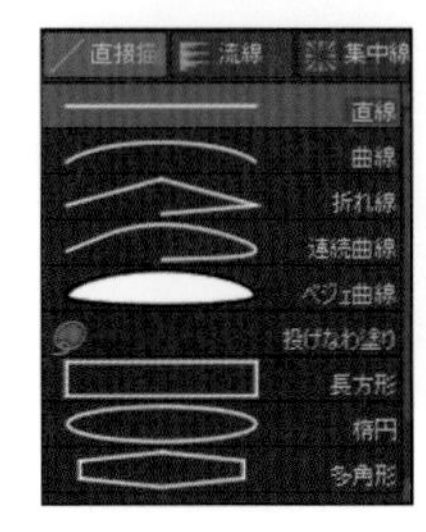

図形

直線や長方形、楕円など、図形を作成できるサブツール。［流線］［集中線］グループのサブツールはマンガの効果線を描ける。

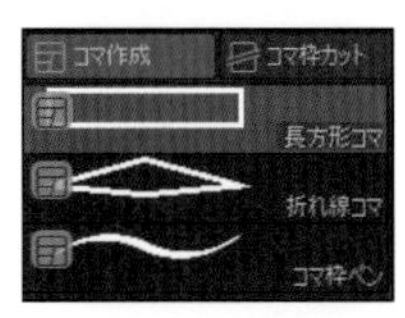

コマ枠

［コマ枠］ツールはマンガのコマを作成するサブツールが揃う。

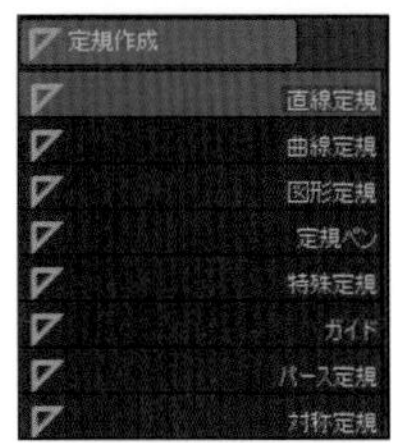

定規

［定規］ツールの［直線定規］などは目盛りの設定も可能。［パース定規］［対称定規］も使い方を覚えると便利。

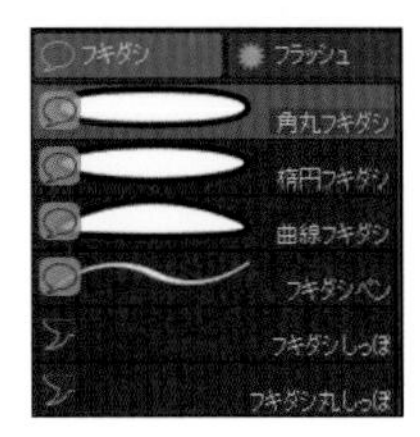

フキダシ

［フキダシ］ツールはセリフを入れるフキダシを作成するサブツールがある。

ツールプロパティパレット

サブツールの基本的な設定は［ツールプロパティ］パレットで行う。

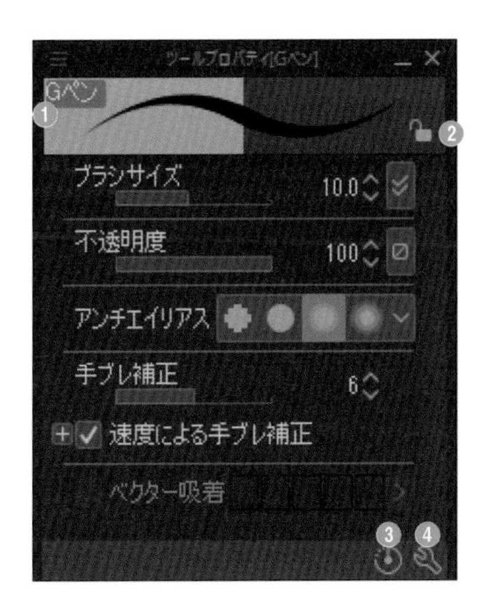

❶ストロークビュー
ブラシツールで描画した場合の見本が表示される。

❷ロック
サブツールの設定を保存できる。ロック状態のサブツールは、［ツールプロパティ］パレットなどで各種設定を変更しても、一度違うサブツールに持ち替えてから再度選択すると、ロックした時点の設定に戻る。

❸初期設定に戻す
各設定が初期設定に戻る。

❹サブツール詳細パレットを表示
クリックすると［サブツール詳細］パレットが開く。

スライダー表示

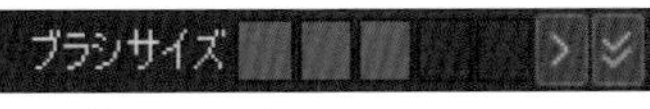

インジケーター表示

設定値の変更方法

設定値はスライダーかインジケーターを動かすことで変更できる。右クリックからスライダー表示とインジケーター表示を切り替えられる。

サブツール詳細パレット

［サブツール詳細］パレットでは、［ツールプロパティ］パレットよりもさらに詳細な設定を行うことができる。

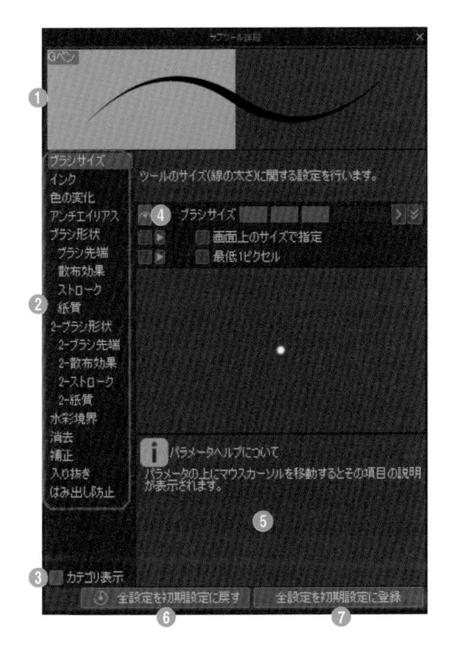

❶ストロークビュー
ブラシツールのストロークが表示される。

❷カテゴリー
設定したい項目のカテゴリーを選択する。

❸カテゴリ表示
オンにすると、［ツールプロパティ］パレットに、カテゴリー名と区切り線が表示される。

❹ツールプロパティに表示する
目のアイコンを表示させた設定項目は［ツールプロパティ］パレットにも表示される。

❺情報表示
設定についての解説が表示される。

❻全項目を初期設定に戻す
すべての項目を初期設定に戻す。

❼全設定を初期設定に登録
変更した設定を初期設定として登録する。

ダウンロードしたサブツールを使う

ASSETSでは、サブツールの素材もたくさんアップロードされている。ダウンロードして使ってみよう。

1 CLIP STUDIOで［CLIP STUDIO ASSETS素材をさがす］をクリックしASSETSを表示させる。

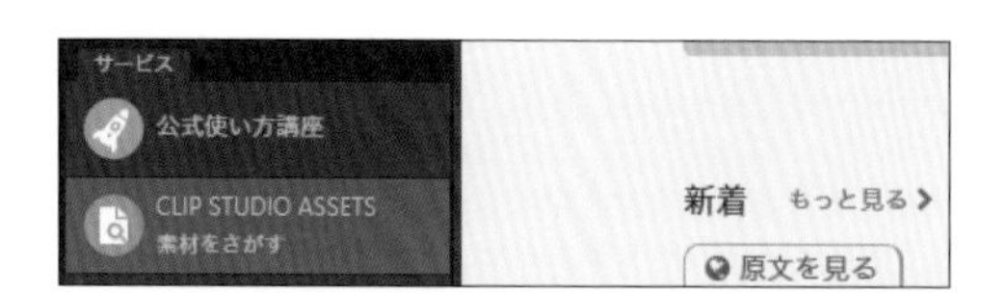

2 ［詳細］をクリックすると種類などの一覧が表示されるので［ブラシ］を選択。ほかに条件があれば検索フォームにキーワードを入力して探すとよい。

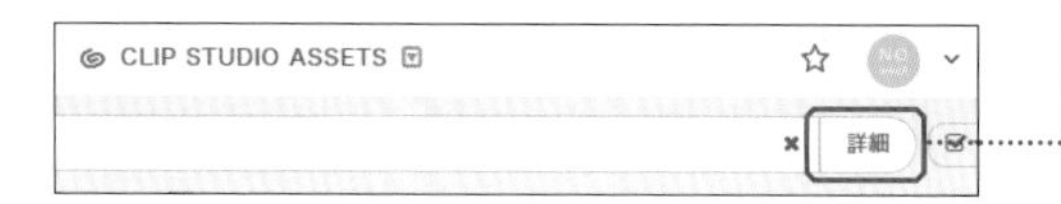

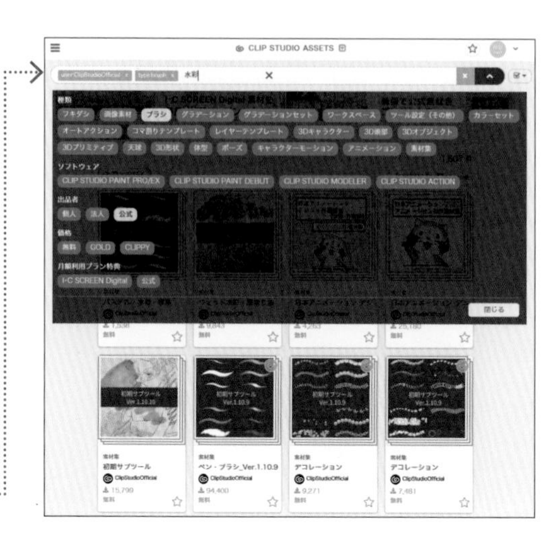

3 表示された一覧から、上部の画像か素材名をクリックすると詳細ページに移動する。

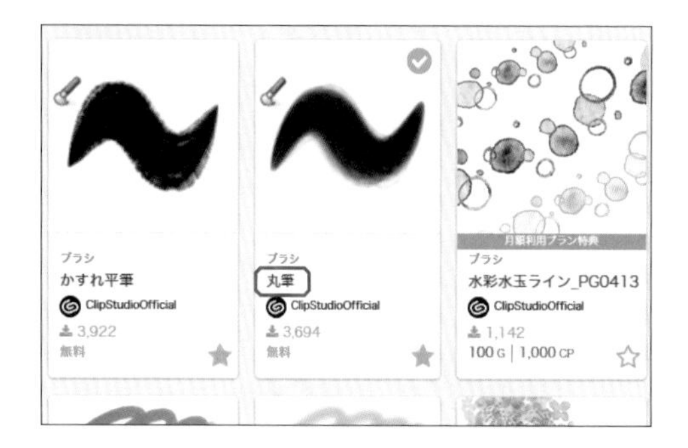

4 ［ダウンロード］をクリックするとダウンロードが始まる。ダウンロードした素材はCLIP STUDIO PAINTの［素材］パレット→［ダウンロード］にある。

素材は［素材］パレット → ［ダウンロード］へ

5 ［素材］パレットから素材をドラッグ&ドロップして［サブツール］パレットに追加できる。［サブツール］パレット下部の［サブツール素材を読み込み］から素材を読み込むことも可能。

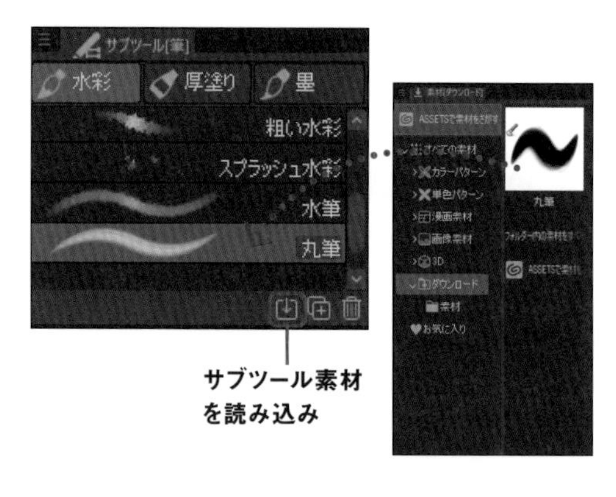

サブツール素材を読み込み

6 ダウンロードした素材が［サブツール］パレットからいつでも使えるようになった。

BASIC

09 CLIP STUDIO PAINT PROの基本
操作を取り消す

操作を誤った場合は、[取り消し]で操作前の状態に戻ることができる。

取り消しとやり直し

取り消し

作業を取り消したいときは［編集］メニュー→［取り消し］で操作を取り消す。

やり直し

逆に取り消した操作を元に戻したければ［編集］メニュー→［やり直し］を選択するとよい。

Shortcut key

取り消し	やり直し
Ctrl + Z	Ctrl + Y

ショートカット
[取り消し]や[やり直し]はよく使用する操作なのでショートカットキーを覚えておこう。

取り消しの設定

［ファイル］メニュー→［環境設定］→［パフォーマンス］にある［取り消し］の項目で［取り消し回数］を設定することができる。

［描画終了後、別の取り消し対象と判断するまでの時間］に値を入力すると、設定した時間の一連の操作が、1度の［取り消し］の対象になる。たとえば［1000］と入力した場合、1000ミリ秒＝1秒間の操作が、1度の［取り消し］で取り消される。

ヒストリーパレット

［ヒストリー］パレットは、操作の履歴が表示される。クリックすると過去の操作時点まで戻ることが可能だ。

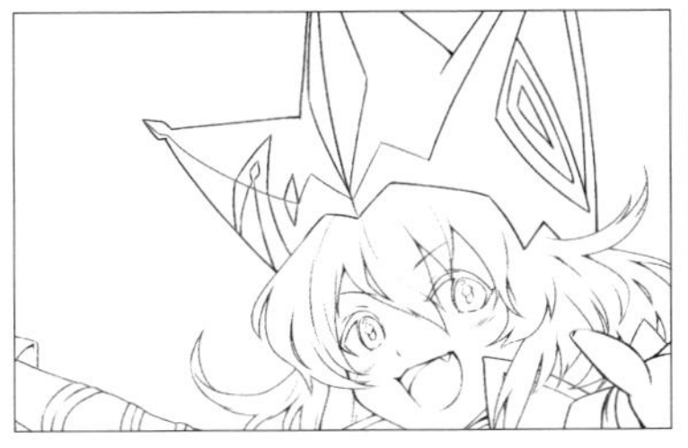

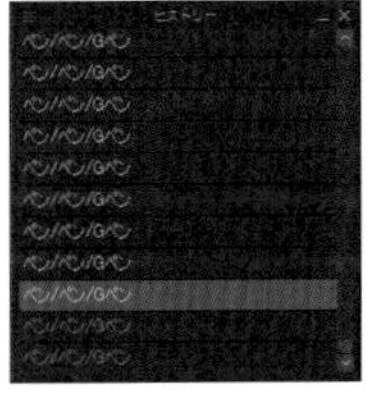

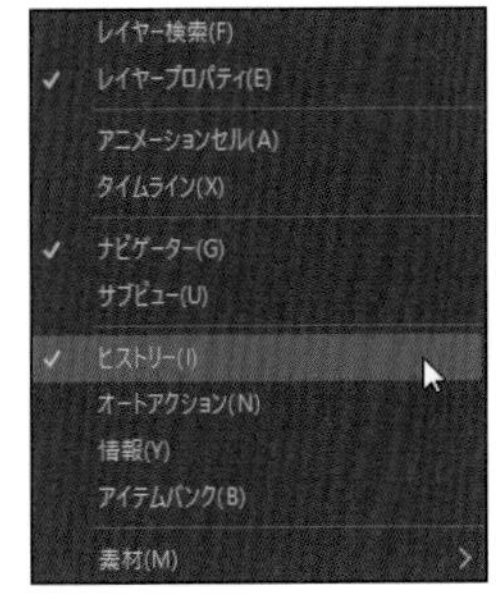

パレットの場所
[ヒストリー]パレットは[レイヤー]パレットと同じパレットドックに収まっている。見つからないときは[ウィンドウ]メニュー→[ヒストリー]で表示させるとよい。

BASIC

CLIP STUDIO PAINT PROの基本

10 レイヤーの基本

レイヤーはとても便利な機能だ。上手に使って効率よく作業しよう。

 レイヤーとは

レイヤーは透明なシートのようなものをイメージするとよい。作業によってレイヤーを分けると便利。

→

 代表的なレイヤーの種類

さまざまなタイプのレイヤーがある。［レイヤー］パレットではアイコンでレイヤーの種類を見分けられる。

100 %通常
レイヤー 1

ラスターレイヤー

最も基本的なレイヤー。

100 %通常
レイヤー 1

ベクターレイヤー

ベクターレイヤーで描画した画像はベクター画像として編集できる。線画や図形の描画に便利。→P.66

100 %通常
色相・彩度・明度 1

色調補正レイヤー

色調補正ができるレイヤー。ほかのレイヤーを編集せずに色調補正ができるため、補正を何度もやり直せる。

100 %通常
おはよう！

テキストレイヤー

［テキスト］ツールでテキストを入力したときに作成されるレイヤー。

100 %通常
グラデーション 1

グラデーションレイヤー

グラデーションが描画されたレイヤー。グラデーションの設定は作成後も編集可能。

100 %通常
アーガイル_透過_JS

画像素材レイヤー

［素材］パレットやASSETSの画像素材は、画像素材レイヤーとして編集する。

 ラスタライズを覚えておこう！

ラスターレイヤー以外のレイヤーは、一部の機能が使えない場合がある。その場合は［レイヤー］メニュー→［ラスタライズ］で、ラスターレイヤーに変換するとよい。ただしラスタライズすると、変換前のレイヤーの特性は失われるので注意しよう。

レイヤー設定(P)
レイヤーから選択範囲(Y)
ラスタライズ(Z)
レイヤーの変換(H)...

レイヤーの作成

レイヤーは［レイヤー］メニュー→［新規ラスターレイヤー］を選択するか、［レイヤー］パレットで作成する。レイヤーの削除も［レイヤー］メニュー、もしくは［レイヤー］パレットで行う。

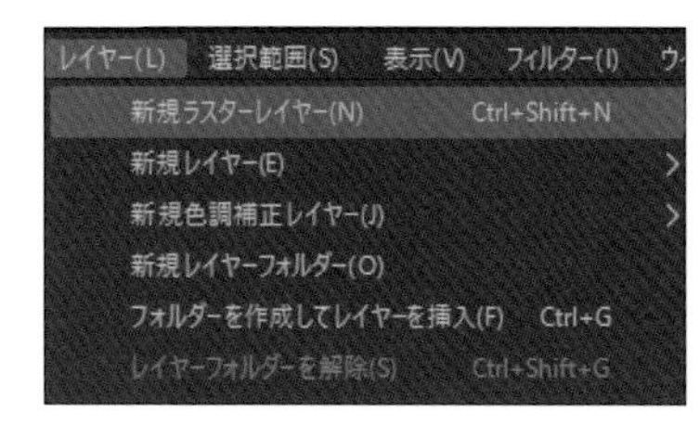

レイヤーパレット

［レイヤー］パレットではレイヤーの作成や削除、レイヤー順の変更など各種操作を行える。

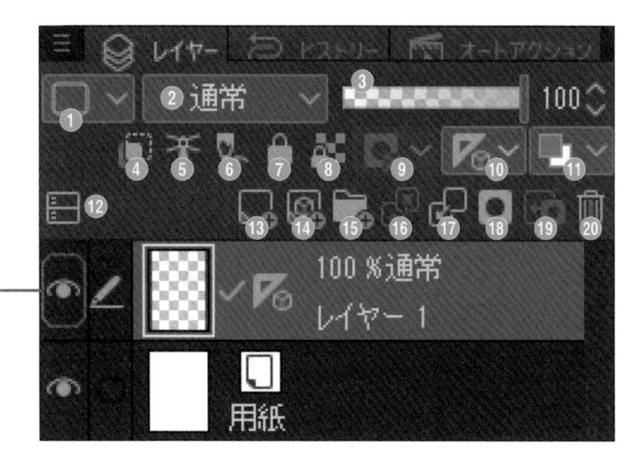

レイヤーの表示／非表示
［レイヤー］パレットにある目のアイコンをクリックしてレイヤーの表示／非表示を切り替えることができる。

❶パレットカラーを変更
レイヤーを色分け表示して管理できる。

❷合成モード
下のレイヤーと色を合成する方法を選べる。

❸不透明度
不透明度を調整すると描画部分を半透明にできる。不透明度が［0］のときは完全に透明になる。

❹下のレイヤーでクリッピング
下のレイヤーの不透明部分以外が非表示になる。

❺参照レイヤーに設定
選択中のレイヤーを参照レイヤーにする。

❻下描きレイヤーに設定
選択中のレイヤーを下描きレイヤーにする。

❼レイヤーをロック
オンにしたレイヤーは編集できなくなる。

❽透明ピクセルをロック
オンにすると不透明部分にのみ描画できるようになる。

❾マスクを有効化
レイヤーマスクの有効／無効やマスク範囲の表示／非表示を設定する。

❿定規の表示範囲を設定
定規が表示される範囲を設定する。

⓫レイヤーカラーを変更
オンにするとレイヤーカラーが有効になる。

⓬レイヤーを2ペインで表示
レイヤーリストの表示が2段になる。

⓭新規ラスターレイヤー
新規ラスターレイヤーを作成する。

⓮新規ベクターレイヤー
新規ベクターレイヤーを作成する。

⓯新規レイヤーフォルダー
新規レイヤーフォルダーを作成する。

⓰下のレイヤーに転写
下のレイヤーに画像を転写する。

⓱下のレイヤーに結合
下のレイヤーと結合する。

⓲レイヤーマスクを作成
レイヤーマスクを作成する。レイヤーマスクは画像を部分的に隠すことができる。

⓳マスクをレイヤーに適用
レイヤーマスクを削除し、画像をマスクされた状態と同じ見た目にする。

⓴レイヤーを削除
選択中のレイヤーを削除する。

レイヤープロパティパレット

レイヤーの設定を行うパレット。レイヤーのタイプによって設定内容は異なる。

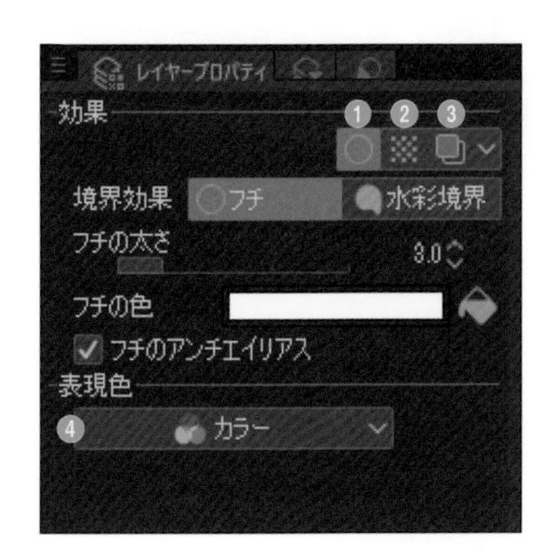

設定の例（ラスターレイヤー）

❶境界効果
オンにすると描画部分のフチに境界線を描画する。

❷トーン
オンにすると描画部分がトーン化され黒の網点になる。

❸レイヤーカラー
オンにすると描画部分が設定した色に変更される。

❹表現色
表現色を［モノクロ］［グレー］［カラー］から選べる。通常はキャンバス作成時に設定した基本表現色に設定されている。

レイヤーの編集に必要な操作

編集中のレイヤー

［レイヤー］パレットで1つのレイヤーを選択すると、ペンのアイコンが表示され、そのレイヤーに絵を描いたりレイヤーの内容を編集したりできるようになる。

レイヤー順の変更

［レイヤー］パレットで上にあるレイヤーの画像は、キャンバス上では前面に表示される。レイヤー順を変更するときは、［レイヤー］パレットでレイヤーをドラッグ＆ドロップする。

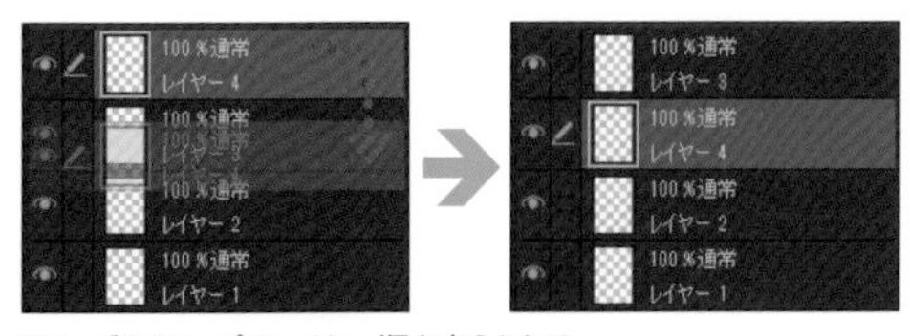

ドラッグ&ドロップでレイヤー順を変えられる。

タブレット・スマートフォン版ではレイヤーの右側にある三本線をつかんで動かす。

レイヤーの複数選択

レイヤーを複数選択し、まとめてレイヤー順を変えたり、削除したりすることができる。
目のアイコンの隣にある空欄をクリックするとチェックマークが表示される。これを繰り返してレイヤーの複数選択が可能だ。

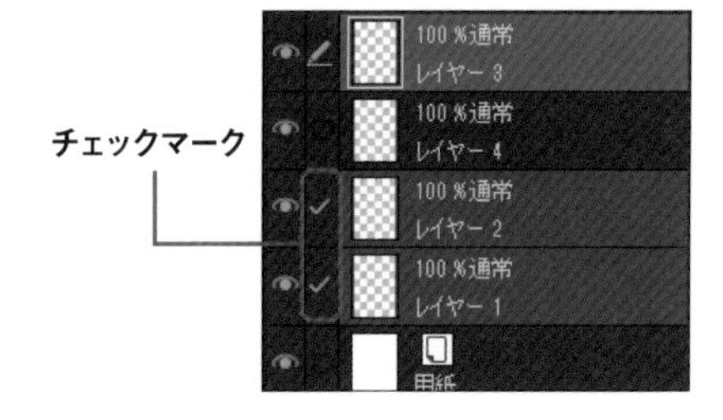

レイヤーを複製

［レイヤー］メニュー→［レイヤーを複製］で、編集中のレイヤーを複製する。レイヤーを複数選択している場合は、複数のレイヤーが複製される。

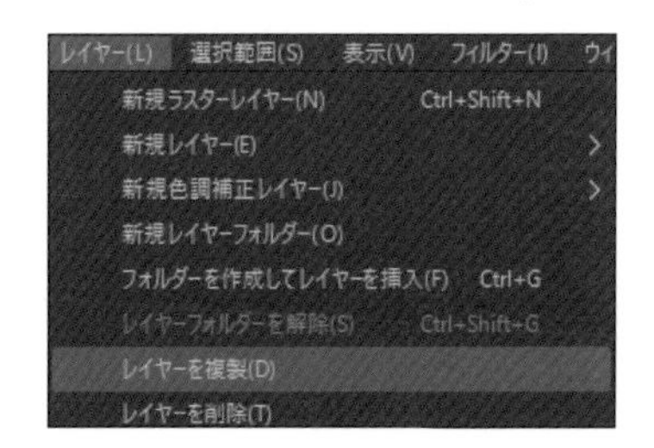

レイヤーを結合

レイヤー同士は［下のレイヤーに結合］や［表示レイヤーを結合］などで結合することができる。

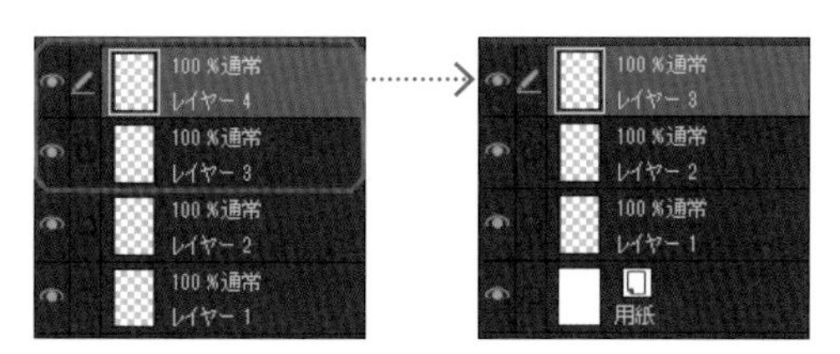

下のレイヤーに結合

［レイヤー］メニュー→［下のレイヤーに結合］で、編集中のレイヤーを下のレイヤーに結合する。レイヤー名は下のレイヤーの名前になる。

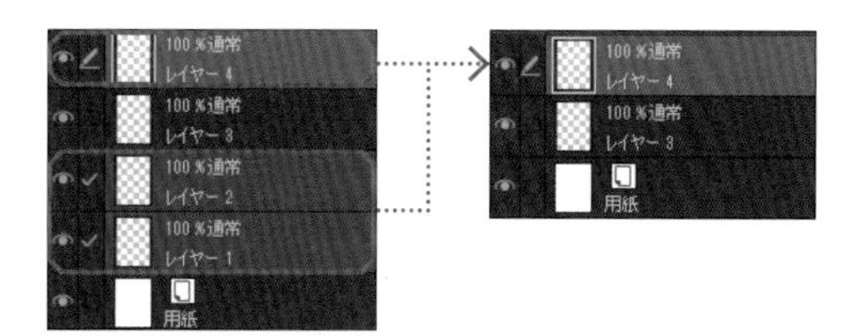

選択中のレイヤーを結合

レイヤーを複数選択し［レイヤー］メニュー→［選択中のレイヤーを結合］で、複数選択中のレイヤーを結合する。

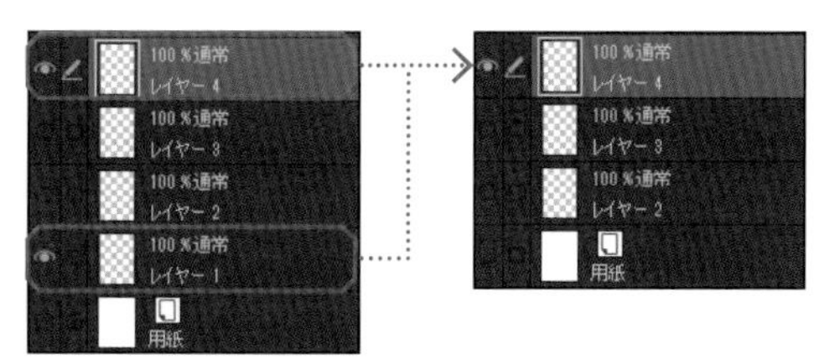

表示レイヤーを結合

［レイヤー］メニュー→［表示レイヤーを結合］で表示中のレイヤーを結合する。

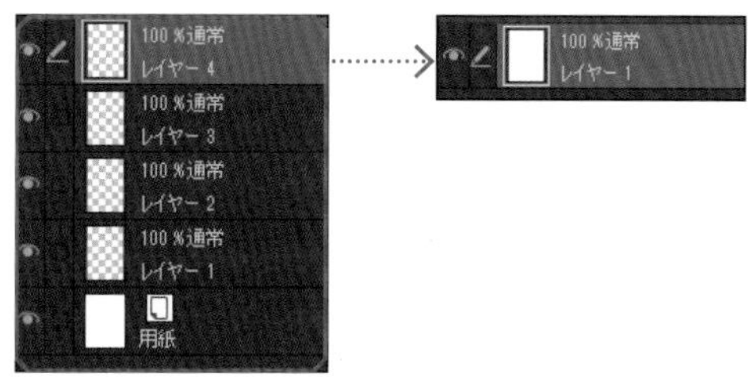

画像を統合

［レイヤー］メニュー→［画像を統合］は、すべてのレイヤーをひとつにしてしまう。画像の統合後はレイヤーごとの編集ができなくなるので注意したい。

レイヤーフォルダー

レイヤーが多い場合は種類別にレイヤーフォルダーにまとめておくと管理しやすい。

新規レイヤーフォルダー

レイヤーフォルダーの作成

レイヤーフォルダーは［レイヤー］パレットからアイコンをクリックして作成するとよい。また［レイヤー］メニュー→［新規レイヤーフォルダー］でも作成できる。

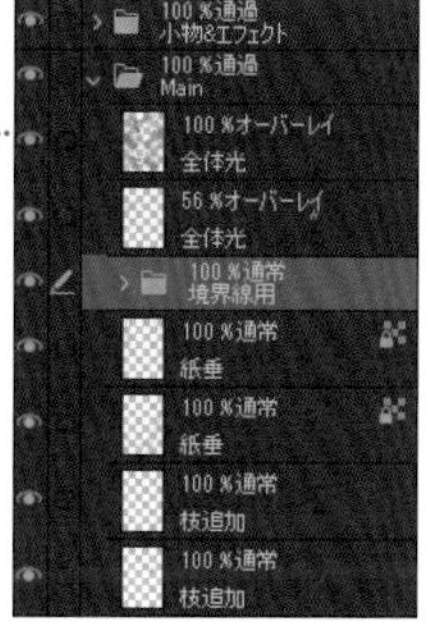

レイヤーフォルダーで整理しながら作業しよう。フォルダーの中にさらにフォルダーを作成することも可能だ。

BASIC

11 CLIP STUDIO PAINT PROの基本 描画色の選択

描画色の作り方や、画像にある色から描画色を取得する方法を覚えよう。

カラーアイコン

描画色はカラーアイコンで確認できる。カラーアイコンは、［ツール］パレットや［カラーサークル］パレットにある。

カラーの選択

カラーアイコンにはメインカラー、サブカラー、透明色があり、それらを切り替えながら作業することが可能だ。選択中のカラーの周囲は水色の枠ができる。

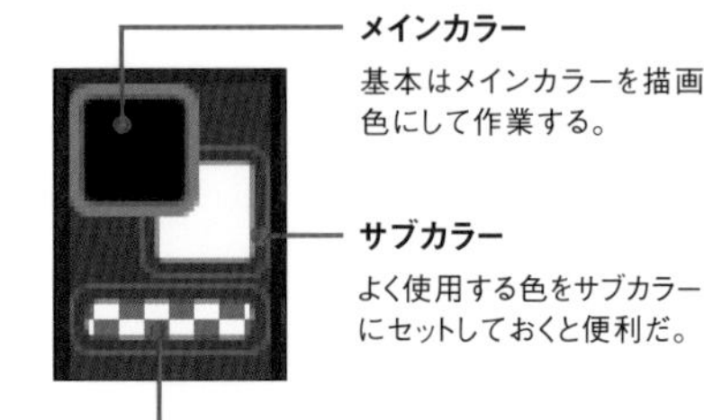

メインカラー
基本はメインカラーを描画色にして作業する。

サブカラー
よく使用する色をサブカラーにセットしておくと便利だ。

透明色
透明色を選択して描いた部分は透明になる。

カラーサークルパレット

［カラーサークル］パレットでは色相・彩度・明度（または輝度）を調整して描画色を作成することが可能だ。

色相を調整

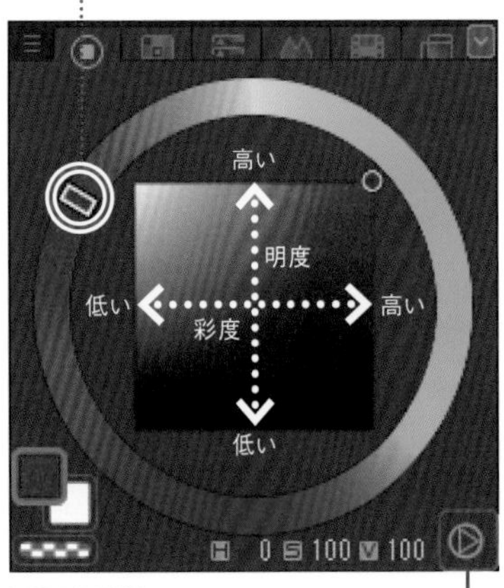

HSV色空間
色相（H）彩度（S）明度（V）からなる色空間。

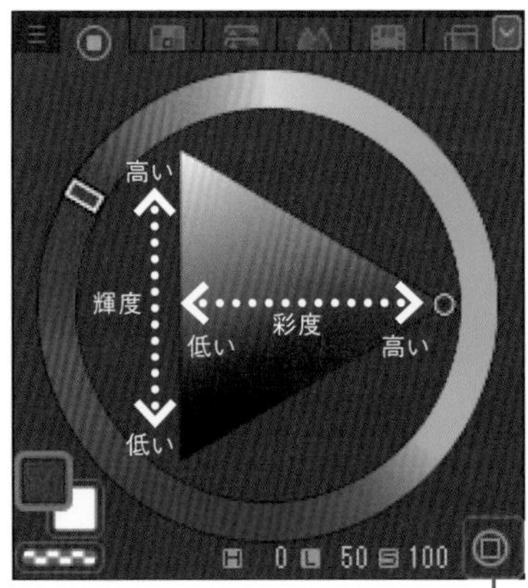

HLS色空間
色相（H）輝度（L）彩度（S）からなる色空間。

HSV色空間／HLS色空間の切り替え
クリックすると色を決める方式を変更する。初期状態はHSV色空間。

色相
赤、青、黄……といった色の種類、様相を色相という。リングで色相を調整できる。

彩度
色の鮮やかさの度合い。四角（三角）のエリアの右側ほど彩度が高く、左側ほど低い。

明度
色の明るさの度合い。四角いエリアの上側ほど明度が高く、下側ほど低い。

輝度
色の明るさの度合いだが、明度とは異なり黒が0%、純色が50%となる。最も輝度の高い100%の色は白。

スポイトツール

[スポイト] ツールはキャンバス上にある色を取得することができる。

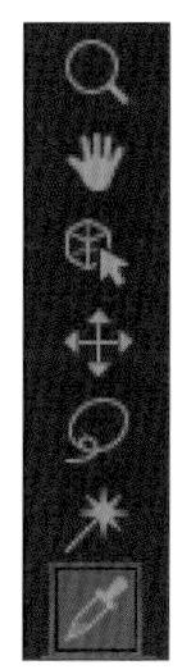

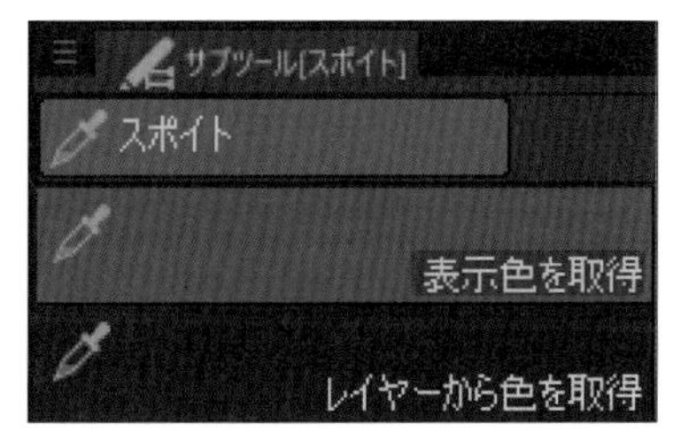

表示色を取得

キャンバスに表示された色を取得して描画色にする。

レイヤーから色を取得

編集中のレイヤーの描画部分の色を取得して描画色にする。

POINT

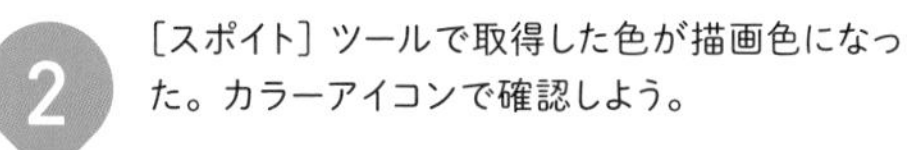

▶ **通常は[表示色を取得]を使い、特定のレイヤーの色を取得したいときだけ[レイヤーから色を取得]を使うとよい。**

キャンバスから色を取得

1 [スポイト] ツールを選択し、キャンバス上に描かれたイラストで描画色にしたい部分をクリックする。

2 [スポイト] ツールで取得した色が描画色になった。カラーアイコンで確認しよう。

修飾キーでスポイト

PC版では、ブラシツールを使用中にAltキーを押すと、一時的に [スポイト] ツールを使うことができる。
タブレット版など、タッチ操作の場合は、長押しで一時的に [スポイト] ツールを使える。このように特定の操作で一時的にツールを変えることを修飾キーという。
修飾キーの設定は [ファイル] メニュー (macOS／タブレット版では [CLIPSTUDIO PAINT]、スマートフォン版では [アプリ設定]) → [修飾キー設定] で確認できる。

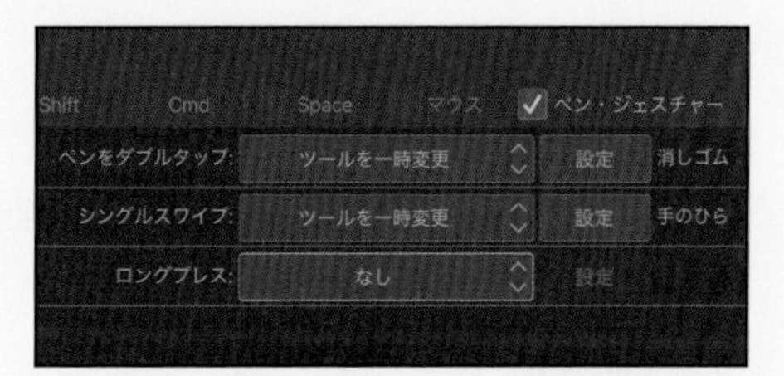

タブレット版で、長押しによる[スポイト]ツールの使用をやめたい場合は、[修飾キー設定]より[ペン・ジェスチャー]にチェックを入れ、[ロングプレス]の設定を[なし]に設定するとよい。

BASIC

12 CLIP STUDIO PAINT PROの基本 キャンバス表示の操作

快適に作業するために、キャンバス表示の操作を覚えておこう。

虫めがねツールで表示を拡縮

[虫めがね] ツールでは画面表示の拡大・縮小ができる。

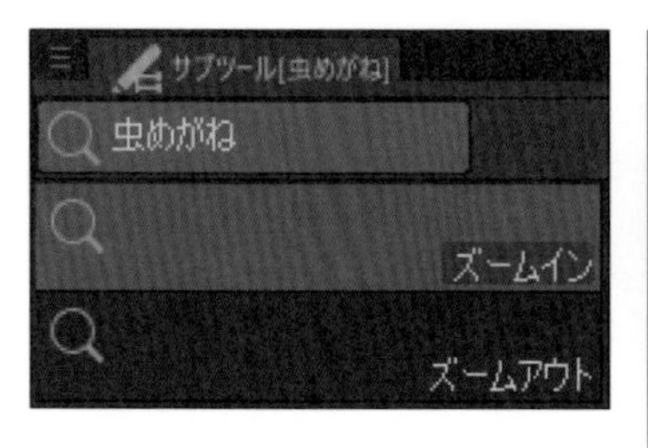

[虫めがね]ツールはキャンバスをクリックするごとに表示が切り替わる。[ズームイン]はクリックするごとに拡大表示に、[ズームアウト]はクリックするごとに縮小表示になる。

ズームイン

ドラッグで拡大・縮小表示

[虫めがね] ツール使用時は、右にドラッグで拡大表示、左にドラッグで縮小表示できる。

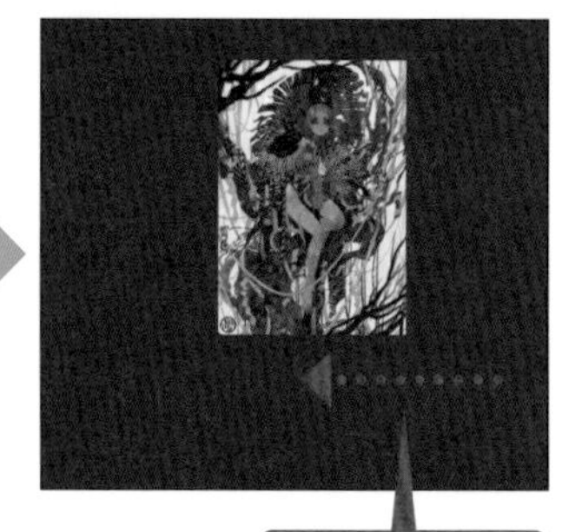

右ドラッグで拡大

左ドラッグで縮小

手のひらツールで表示位置を変える

[移動] ツール→ [手のひら] サブツールはキャンバスの表示位置を動かすことができる。

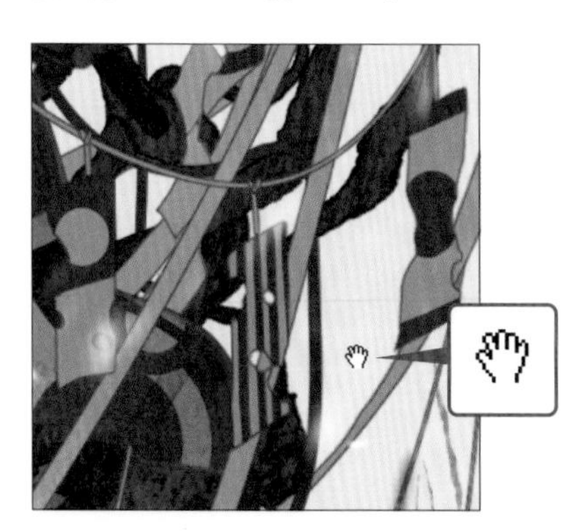

Shortcut key

手のひら

Space

ほかのツールを使っているときでもSpaceキーを押している間は[手のひら]が使える。

キャンバス表示を拡大したときは、作業しやすいように表示位置を[手のひら]で動かすとよい。[手のひら]使用中はマウスカーソルが手のひらのアイコンになる。

表示メニュー

［表示］メニューより、拡大・縮小表示や、画面表示の回転・反転などが行える。

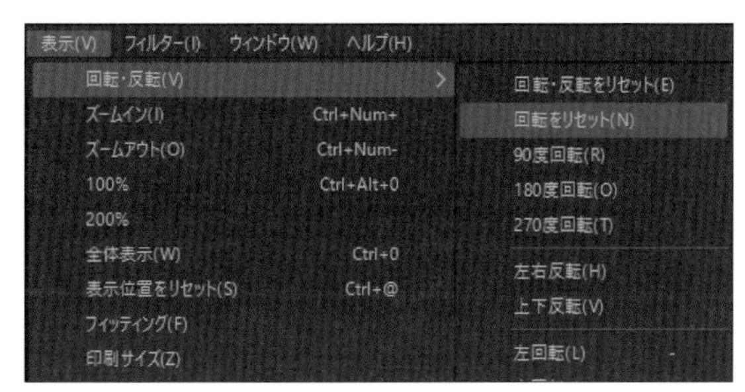

Shortcut key

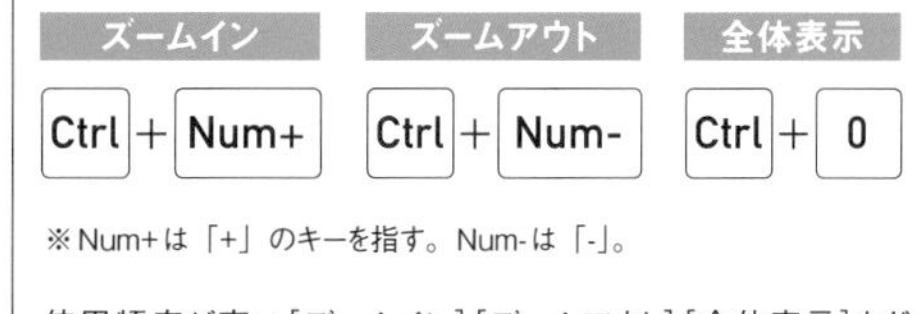

※Num+は「+」のキーを指す。Num-は「-」。

使用頻度が高い［ズームイン］［ズームアウト］［全体表示］などはショートカットを覚えておくと便利だ。

ナビゲーターパレット

［ナビゲーター］パレットは、直感的にキャンバス表示を編集できる。

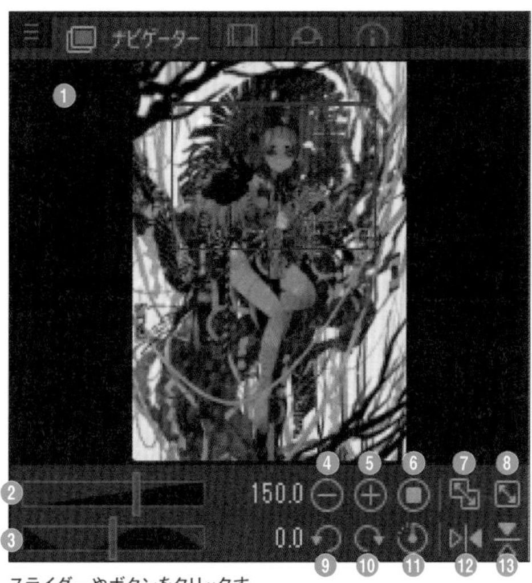

スライダーやボタンをクリックすることで、表示の拡大・縮小や回転、反転などを行える。

❶イメージプレビュー
編集中の画像が表示される。赤い枠はキャンバス表示範囲を表す。赤い枠をドラッグするとキャンバスの表示範囲が変わる。

❷拡大・縮小スライダー
拡大率の調整スライダー。

❸回転スライダー
表示角度の調整スライダー。

❹ズームアウト
クリックするごとに縮小表示する。

❺ズームイン
クリックするごとに拡大表示する。

❻100%
画像を100%で表示。

❼フィッティング
オンにするとウィンドウに合わせて全体表示され、ウィンドウの幅に連動するようになる。

❽全体表示
全体表示する。ウィンドウ幅を変えても連動しない。

❾左回転
左に回転。

❿右回転
右に回転。

⓫回転をリセット
キャンバス表示を回転した場合、［回転をリセット］で元に戻る。

⓬左右反転
キャンバス表示を左右反転する。元に戻すときは再度クリックする。

⓭上下反転
キャンバス表示を上下反転する。元に戻すときは再度クリックする。

13 CLIP STUDIO PAINT PROの基本 選択範囲の基本

選択範囲とは、編集部分を限定できる機能だ。部分的に描画や加工をしたいときに使おう。

選択範囲ツール

［選択範囲］ツールにあるサブツールでさまざまな形の選択範囲を作成できる。

※画像は解説のために選択範囲を赤く表示している。

長方形選択

ドラッグ操作で長方形の選択範囲を作成する。ドラッグ中、Shiftキーを押している間は正方形になる。

楕円選択

ドラッグ操作で楕円の選択範囲を作成する。ドラッグ中、Shiftキーを押している間は正円になる。

投げなわ選択

フリーハンドで選択範囲を作成する。

折れ線選択

クリックを繰り返すことでできる「折れ線」で選択範囲を作成する。

シュリンク選択

囲った範囲内の描画部分の外周から選択範囲を作成する。

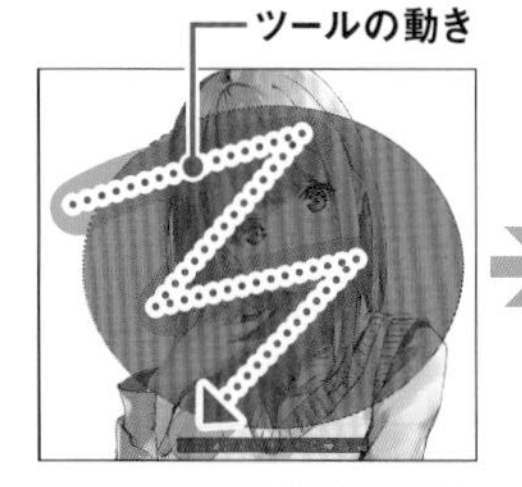

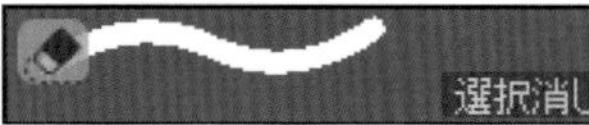

選択ペン

ペンで描画するように選択範囲を作成する。

選択消し

消しゴムで消すような感覚で選択範囲を削除する。

選択範囲メニュー

基本的な選択範囲の操作は［選択範囲］メニューから行える。

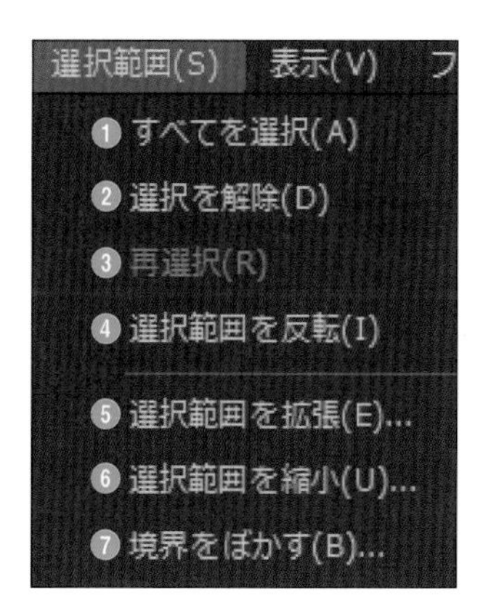

❶**すべてを選択**
キャンバス全体を選択範囲とする。

❷**選択を解除**
選択範囲を解除する。

❸**再選択**
解除した選択範囲を再び有効にする。

❹**選択範囲を反転**
選択範囲が反転し範囲外だった部分が選択範囲になる。

❺**選択範囲を拡張**
選択範囲を広げる。拡張する値は数値で指定できる。

❻**選択範囲を縮小**
選択範囲を縮める。縮小する値は数値で指定できる。

❼**境界をぼかす**
選択範囲の境界をぼかす。［ぼかす範囲］で値を指定できる。

選択範囲ランチャー

選択範囲の下に表示される選択範囲ランチャーでは、各ボタンからさまざまな操作を行える。

※スマートフォン版では、一部のアイコンが表示されない。

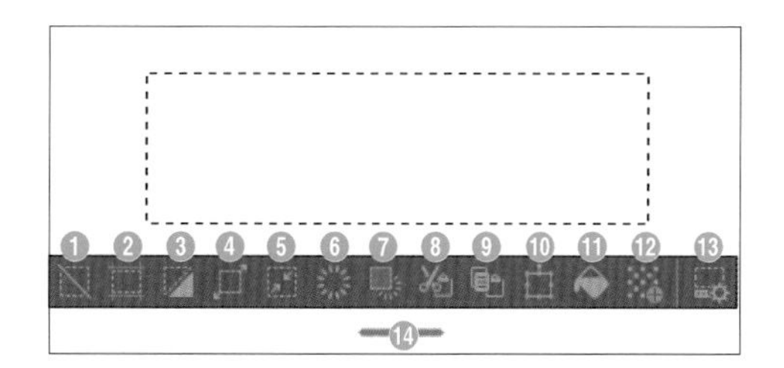

❶**選択を解除**
選択範囲を解除する。

❷**キャンバスサイズを選択範囲に合わせる**
キャンバスサイズが選択範囲の大きさに変更される。

❸**選択範囲を反転**
選択範囲を反転する。

❹**選択範囲を拡張**
選択範囲を拡張する。

❺**選択範囲を縮小**
選択範囲を縮小する。

❻**消去**
選択範囲の画像を消す。

❼**選択範囲外を消去**
選択範囲外の画像を消す。

❽**切り取り＋貼り付け**
選択範囲の画像をコピーした上で消し、新規レイヤーに貼り付ける。

❾**コピー＋貼り付け**
選択範囲の画像をコピーし、新規レイヤーに貼り付ける。

❿**拡大・縮小・回転**
選択範囲の画像を拡大・縮小・回転する。

⓫**塗りつぶし**
選択範囲を塗りつぶす。

⓬**新規トーン**
選択範囲にトーンを貼る。

⓭**選択範囲ランチャーの設定**
選択範囲ランチャーにボタンを追加できる。

⓮**選択範囲ランチャーの移動**
ハンドルをドラッグすることで選択範囲ランチャーを移動できる。

選択範囲の追加と部分解除

[選択範囲] ツール使用時の [ツールプロパティ] パレットにある [作成方法] を設定することで、選択範囲を追加したり部分解除したりすることができる。

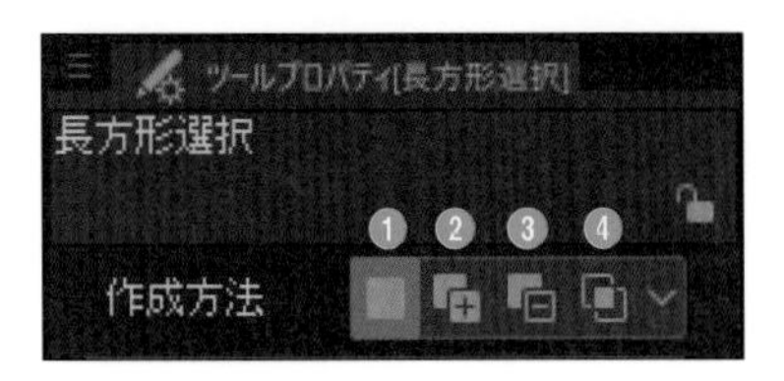

❶新規選択
初期設定。新たに選択範囲を作成する。

❷追加
すでにある選択範囲に追加する。

❸部分解除
選択範囲を部分的に解除する。

❹選択中を選択
すでにある選択範囲と重なる部分のみ選択範囲になる。

自動選択

[自動選択] ツールは色を基準に選択範囲を作る。線が閉じられた領域を選択範囲にする使い方が便利だ。

→ 線画から選択範囲を作る

線が閉じられた領域が選択範囲になる。すき間があると思い通りに選択範囲を作成できない。
思ったように自動選択できない場合、線にすき間部分がないか探すとよい。

※解説のため選択範囲を赤で表示している。

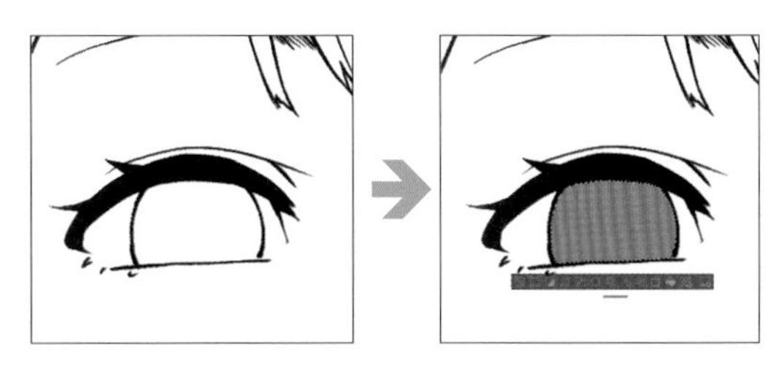

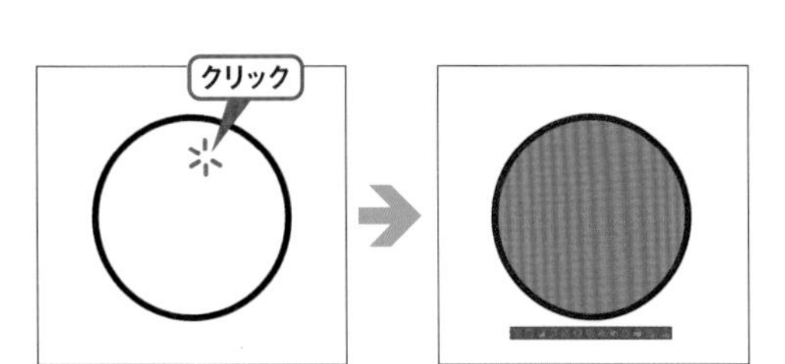

線が閉じている。

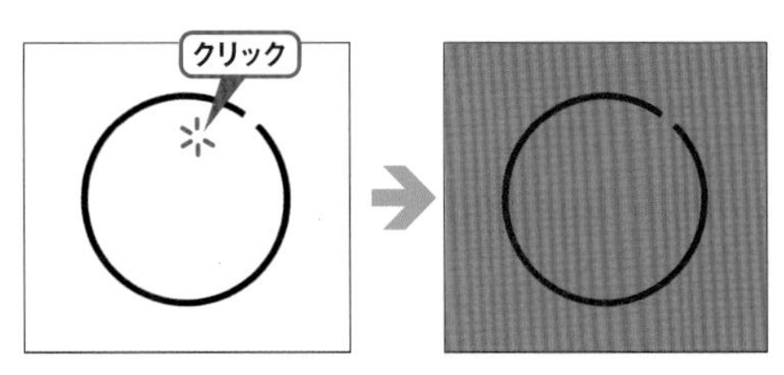

線が閉じていない。

→ 塗った色から選択範囲を作る

クリックした箇所にある色の範囲を選択範囲とする。

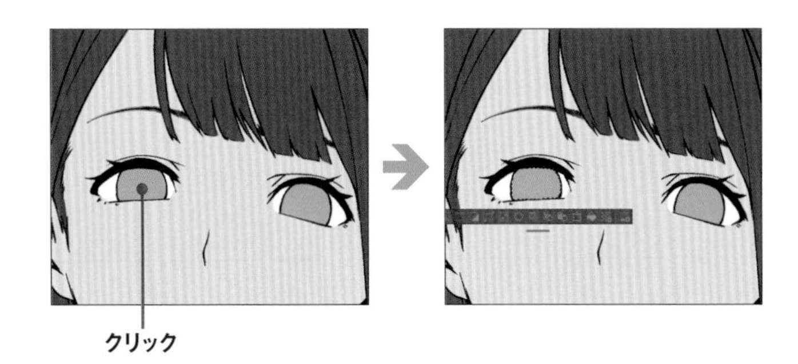

自動選択のサブツール

[自動選択] ツールのサブツールは、どのレイヤーの線や色を自動選択したいかによって使い分ける。編集中のレイヤーの線や色を基準に自動選択したい場合は [編集レイヤーのみ参照選択] を使う。その他のレイヤーに描いた線や色を基準にして自動選択したい場合は、[他レイヤーを参照選択] を選ぶとよい。

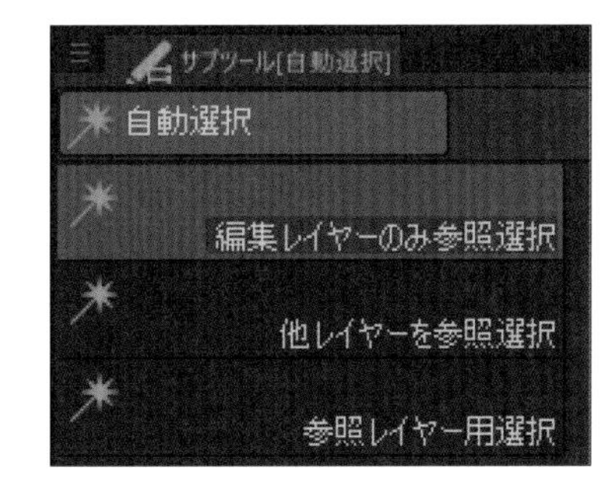

自動選択のツールプロパティ

❶隣接ピクセルをたどる
オンの場合はクリックした箇所の色と隣接した同一色の部分が選択範囲になる。オフにするとレイヤー上の同じ色をすべて選択範囲とする。

❷隙間閉じ
小さなすき間を閉じたものにできる設定。

❸色の誤差
どこまでを同じ色として判定するかを設定できる。

❹領域拡縮
作成される選択範囲を拡張、または縮小する。

❺複数参照

ⓐすべてのレイヤー
すべてのレイヤーを参照する。

ⓑ参照レイヤー
参照レイヤーを参照する。参照レイヤーは [レイヤー] パレットで設定できる。

ⓒ選択されたレイヤー
レイヤーを複数選択している場合、選択中のレイヤーを参照する。

ⓓフォルダー内のレイヤー
編集中のレイヤーと同じレイヤーフォルダー内のレイヤーを参照する。

参照レイヤー

[自動選択] ツールで特定のレイヤーを参照したいときは、参照レイヤーを設定するとよい。参照レイヤーは [レイヤー] パレットで設定できる。

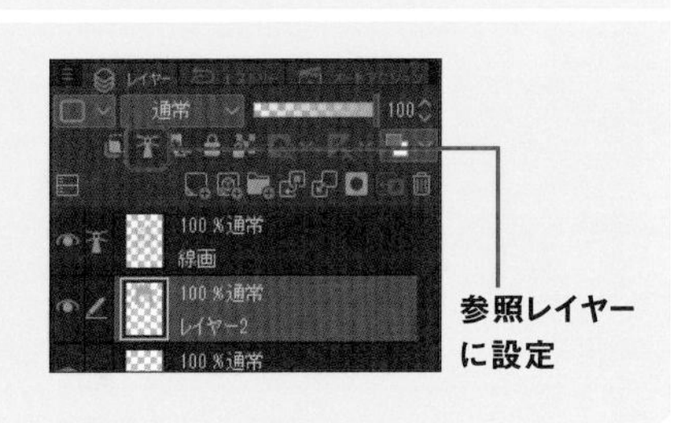

14 画像を変形する

CLIP STUDIO PAINT PROの基本

ここでは画像を変形する基本操作について解説する。

拡大・縮小・回転

［編集］メニュー→［変形］→［拡大・縮小・回転］を選択すると、編集中のレイヤーにある画像を、拡大・縮小したり、回転したりできる。

拡大・縮小

四角いハンドルをドラッグすると縦横比を維持しながら拡大・縮小する。

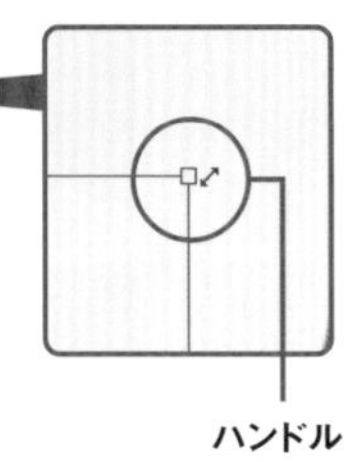

回転

フレームの周りで⤸のマークが出たところでドラッグすると回転する。Shiftキーを押しながらドラッグすると、45°刻みで回転できる。

移動

フレーム内で✥のマークが出ているところでドラッグすると画像を移動する。

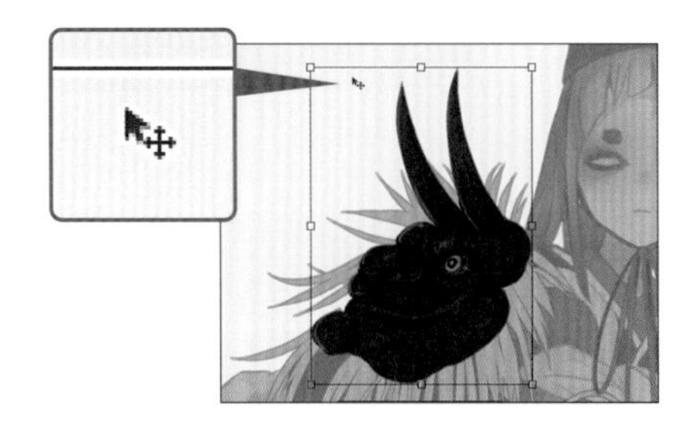

確定とキャンセル

変形を確定させたい場合は［確定］をクリックするか、Enterキーを押す。［キャンセル］をクリックすると変形前の状態に戻る。

自由変形

［編集］メニュー→［変形］→［自由変形］は、画像を歪ませるような変形ができる。

四角いハンドルをドラッグした方向に画像が歪みながら変形する。

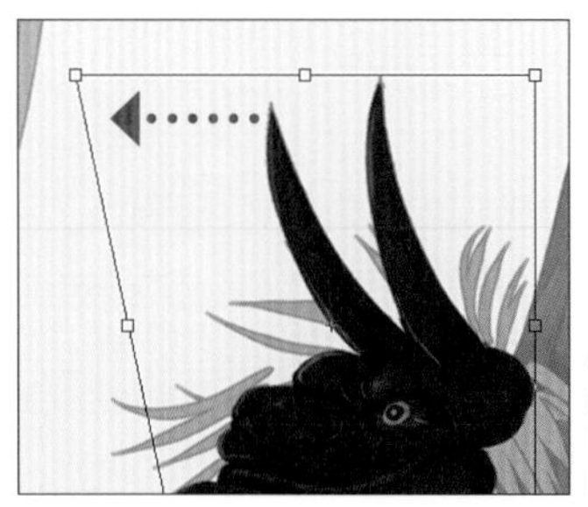

Shiftキーを押しながら操作すると、垂直・水平の方向にドラッグできる。

ゆがみ

［編集］メニュー→［変形］→［ゆがみ］は、ガイド線の向きに沿ってハンドルを移動することができる。ガイド線中央のハンドルをドラッグすると辺ごと移動する。

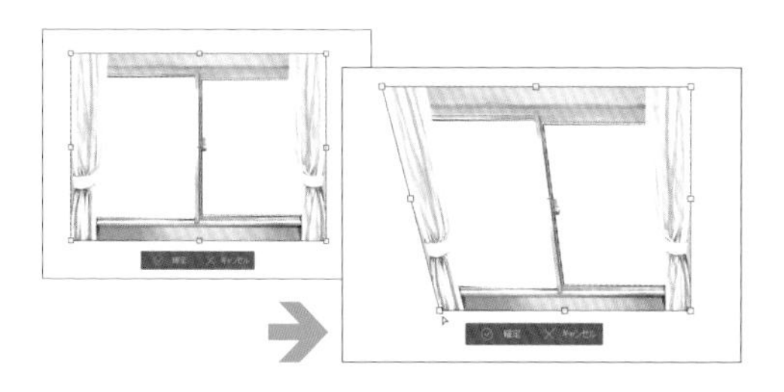

左右･上下反転

［編集］メニュー→［変形］にある［左右反転］や［上下反転］で、画像を反転できる。

平行ゆがみ

［編集］メニュー→［変形］→［平行ゆがみ］は、辺全体をガイド線の向きに沿って移動させることができる。

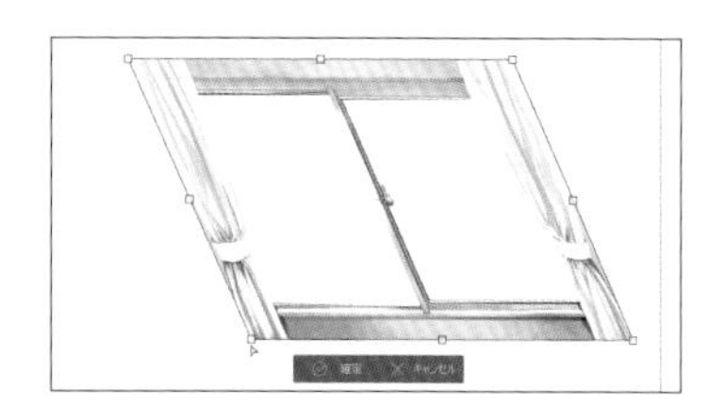

遠近ゆがみ

［編集］メニュー→［変形］→［遠近ゆがみ］は、ハンドルをドラッグすると同じ辺の反対側のハンドルが逆方向に移動する。四角い範囲を変形すると遠近感がついたような形になる。

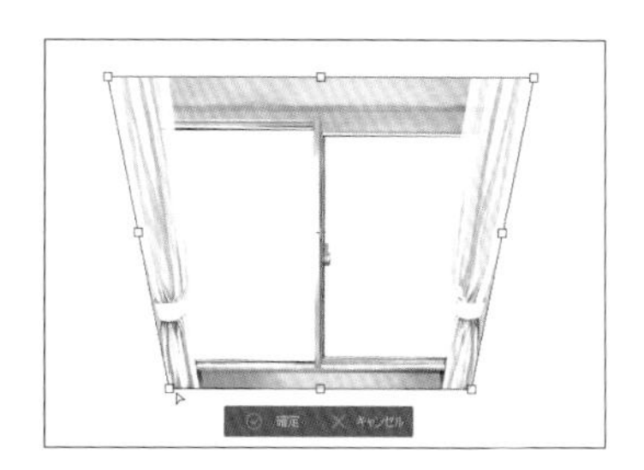

文字の変形

テキストレイヤーの文字は、［編集］メニュー→［変形］にある［回転］や［平行ゆがみ］などで変形ができる。

オブジェクトツールで変形

テキストレイヤーを［操作］ツール→［オブジェクト］で選択すると、ハンドルで拡大・縮小・回転することが可能になる。

BASIC

15 CLIP STUDIO PAINT PROの基本
タブレット版で覚えておきたい操作
(iPad/Galaxy/Android/Chromebook)

タブレット版における、タッチ操作の設定や保存方法などを覚えておこう。

ペンの設定

端末専用のペンで描画する場合は、指とペンで別の操作ができる状態になっているか確認しよう。[コマンドバー] にある [指とペンで異なるツールを使用] をタップしてONの状態にしておくとよい。

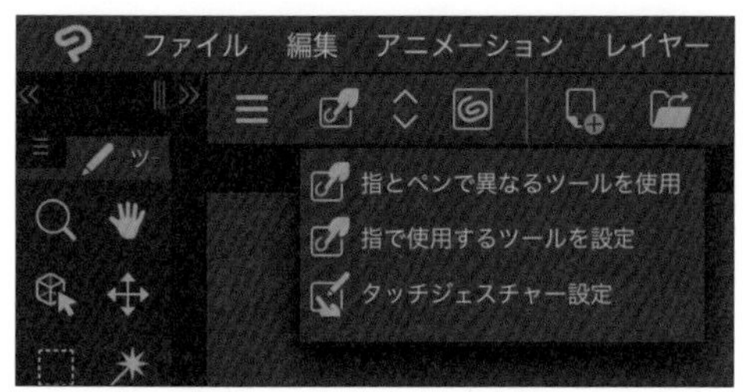

コマンドバーより[指とペンで異なるツールを使用]をオンの状態にすると、指で特定の操作ができるようになる。

初期設定では下記の操作が設定されている。

手のひらツール	1本指でスワイプ
スポイトツール	1本指で長押し

タッチ操作

タッチ操作の設定を変更することができる。[タッチジェスチャー設定] をタップするか、[CLIP STUDIO PAINT] メニュー→ [環境設定] を表示し、[タッチジェスチャー] カテゴリーで設定しよう。

SNSで作品を共有

[ファイル] メニュー→ [クイック共有] を選択すると、利用できるサービスが表示される。サービスを選択すると画像が自動で書き出されて共有できる。

CLIP STUDIOを利用する

コマンドバーにある [CLIP STUDIOを開く] をタップすると、CLIP STUDIOの画面に切り替わる。[作品管理] を表示したり、素材をさがす、質問するなど、さまざまなサービスが利用できる。

作品の保存

iPad版とGalaxy/Android/Chromebook版では保存方法が異なる。使用している端末の保存方法を確認しておこう。

→ iPad版

［ファイル］メニュー→［保存］を選択すると、ファイルAppが表示され、iPad内にファイルを保存できる。

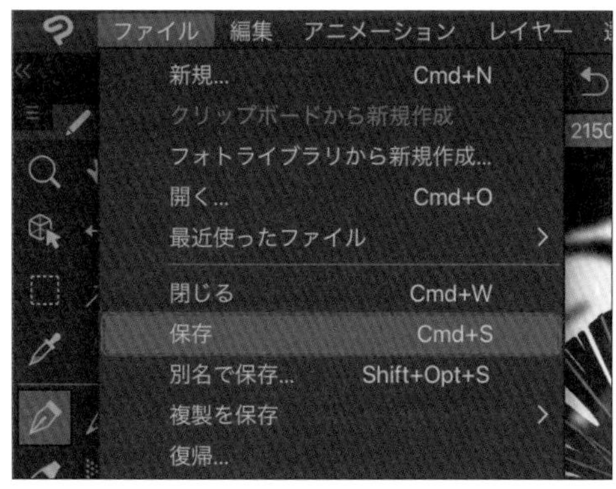

ファイルの保存場所を［このiPad内］の［Clip Studio］にすると、アプリ内にCLIP STUDIO FORMATファイル(.clip)が保存できる。アプリ内に保存した作品は、［作品管理］に表示される。

→ Galaxy/Android/Chromebook版

Galaxy/Android/Chromebook版で保存したファイルは、［ファイル］メニュー→［ファイル操作・共有］で管理する。選択した作品の名前を変更したり、［共有］からSNSに画像を公開したりできる。

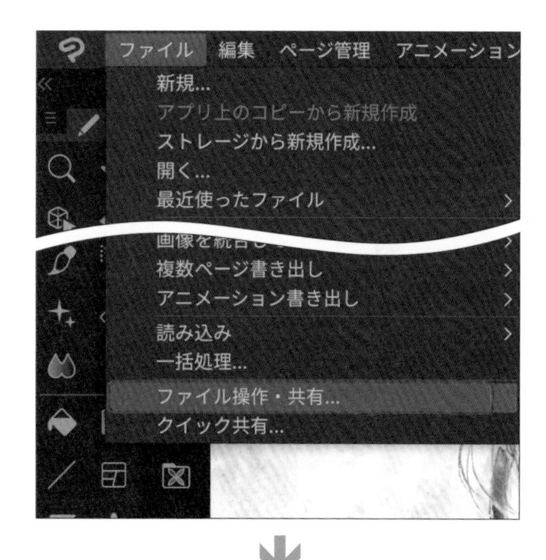

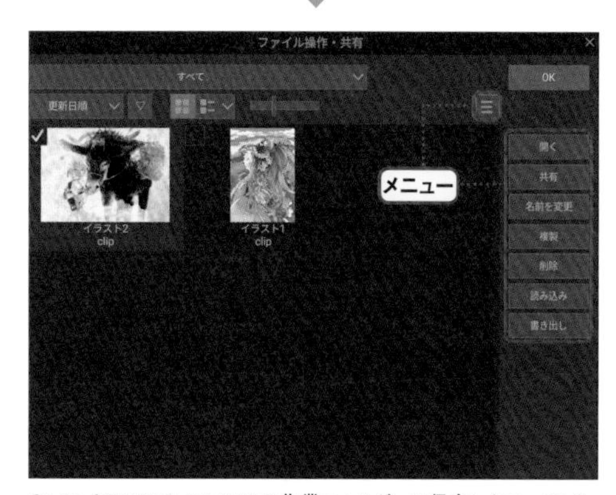

CLIP STUDIO PAINTの作業フォルダーに保存したファイルを、［ファイル操作・共有］ダイアログの［メニュー］から端末のストレージにコピーして書き出すことができる。また、端末のストレージに保存している作品を編集する場合も、［メニュー］から読み込む。

BASIC

16 CLIP STUDIO PAINT PROの基本 スマートフォン版で覚えておきたい操作 (iPhone/Galaxy/Android)

サブツールの選び方など、スマートフォン版ならではの操作を見ていこう。

インターフェイス

ツール、ブラシサイズの設定、各種パレットの場所を覚えておこう。

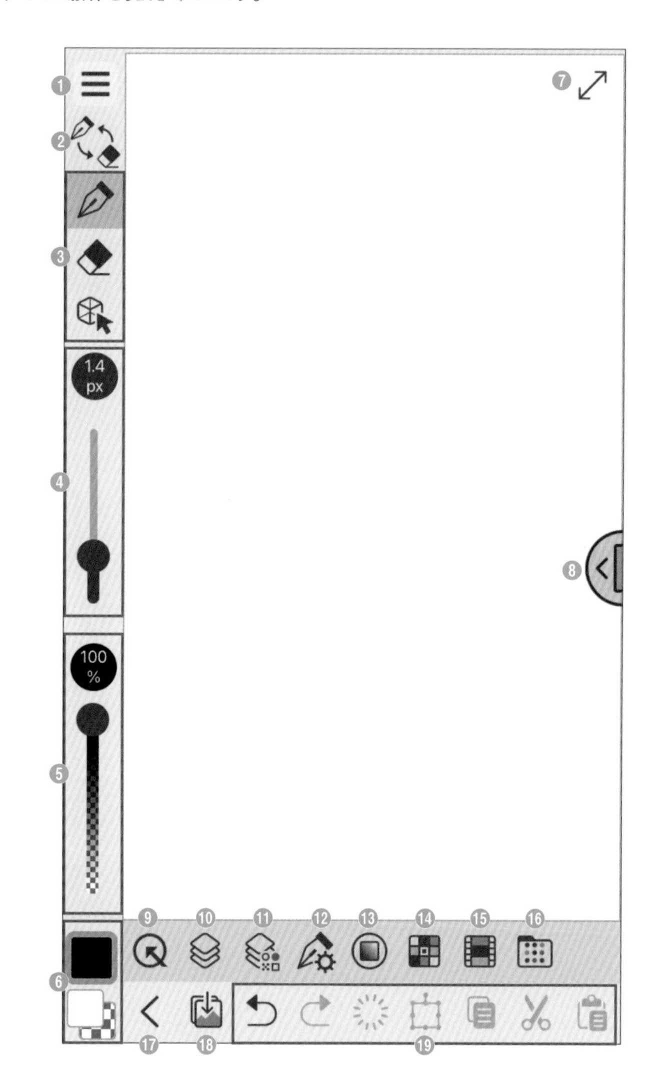

❶メニュー
メニューが表示される。

❷消しゴムに切り替え
選択中のツールと［消しゴム］ツールを切り替える。

❸ツールを選択
ツールやサブツールを選択する。

❹ブラシサイズ
ブラシサイズを変更する。

❺不透明度
ブラシの不透明度を変更する。

❻カラーアイコン
タップすると描画色を変更できる。

❼キャンバス表示ボタン
キャンバスだけを表示できる。画面を広く使いたい時に便利。

❽エッジキーボード表示切替ボタン
エッジキーボードを使用すると、[Space][Shift］などの修飾キーを操作できる。

❾クイックアクセス
便利な機能を登録しておける。

❿レイヤー
［レイヤー］パレットを表示する。

⓫レイヤープロパティ
［レイヤープロパティ］パレットを表示する。

⓬ツールプロパティ
［ツールプロパティ］パレットを表示する。

⓭カラーサークル
［カラーサークル］パレットを表示する。

⓮カラーセット
［カラーセット］パレットを表示する。

⓯カラーヒストリー
［カラーヒストリー］パレットより使用した描画色の記録表示される。

⓰素材
［素材］パレットを表示する。

⓱閉じるボタン
開いているキャンバスを閉じる。

⓲フォトライブラリへ書き出し
カメラロールへ画像を書き出す。

⓳コマンドバー
［やり直し］や［消去］などの機能を手早く実行できる。

隠れたメニュー・パレット

→ メニュー

タップするとメニューが表示される。PC版の上部にあるメニューの内容や、アプリの環境設定などを行う［アプリ設定］が操作できる。

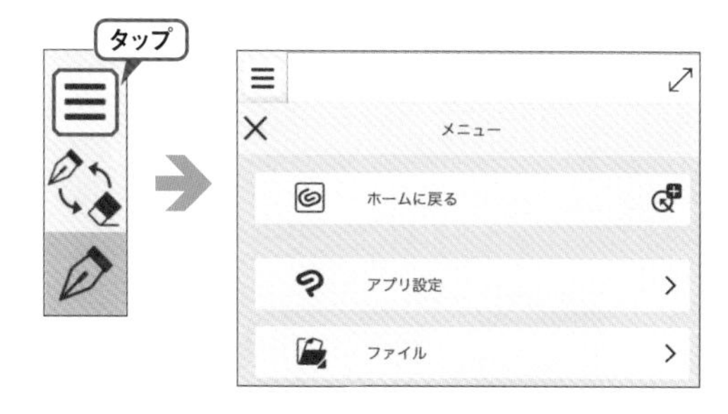

→ サブツールの設定

［ツールを選択］で選択中のツールをタップすると、ほかのツールやサブツールを選択できるようになる。

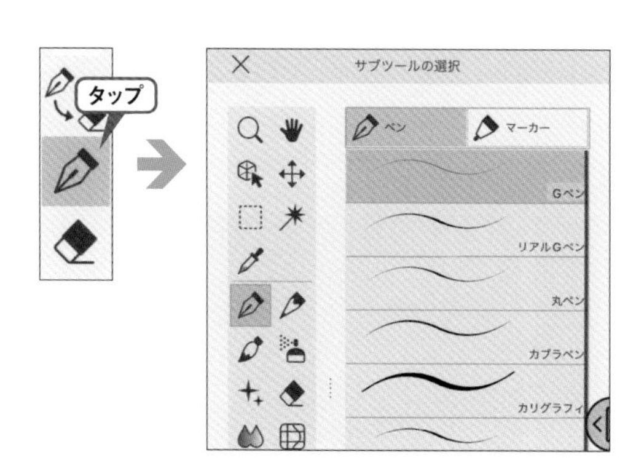

Galaxy/Android版でできること

Galaxy版では、エアアクションに［左右反転］や［やり直し］などの操作を割り当てることができる。エアアクションとは、Galaxy端末付属のSペンを使い、端末に触れずにさまざまな操作を行う機能。
また、筆圧に対応していないAndroidスマートフォンを、液晶ペンタブレットWacom Oneや、Wacom Intuosなどのペンタブレットに接続することで、筆圧を反映させて描けるようになる。

パレットバーのカスタマイズ

初期設定で登録されていないパレットは、パレットバーに登録することで呼び出せるようになる。

1. ［メニュー］→［アプリ設定］→［パレットバー設定］を選択する。

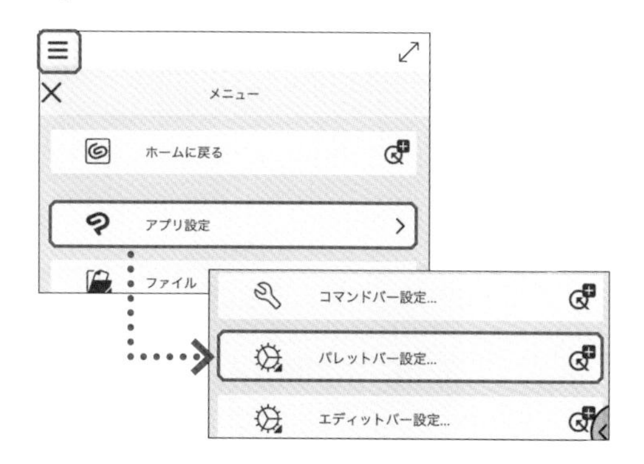

2. ［パレットバー設定］ダイアログで、チェックボックスにチェックを入れたパレットがパレットバーに追加される。

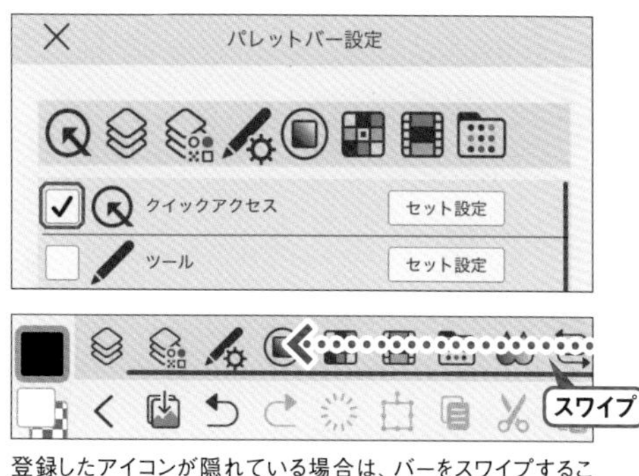

登録したアイコンが隠れている場合は、バーをスワイプすることで表示される。

保存方法

制作中のファイルを閉じても、作品は自動的に保存されている。また［フォトライブラリへ書き出し］よりカメラロールに画像として書き出すこともできる。

BASIC

CLIP STUDIO PAINT PROの基本

17 イラストができるまで

ここでは、イラストの下描きから完成までの流れを、主な使用ツールと合わせて解説する。

Step 01 キャンバスを作成

1 ［ファイル］メニュー→［新規］で新規キャンバスを作成。

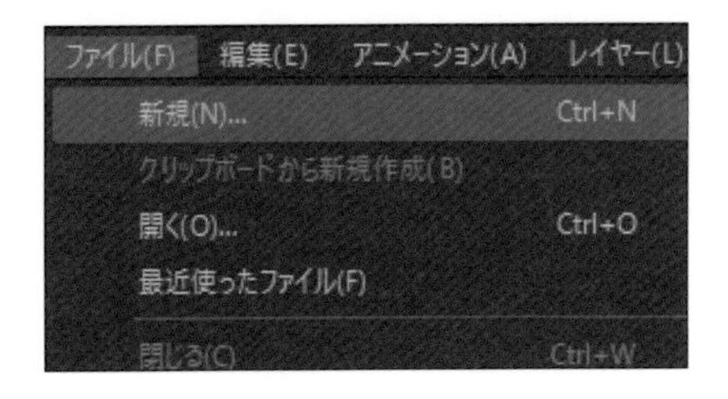

新規キャンバスの作成 →P.16

2 ［作品の用途］は［イラスト］にし、サイズを設定。カラーイラストを描くときは［基本表現色］を［カラー］にする。

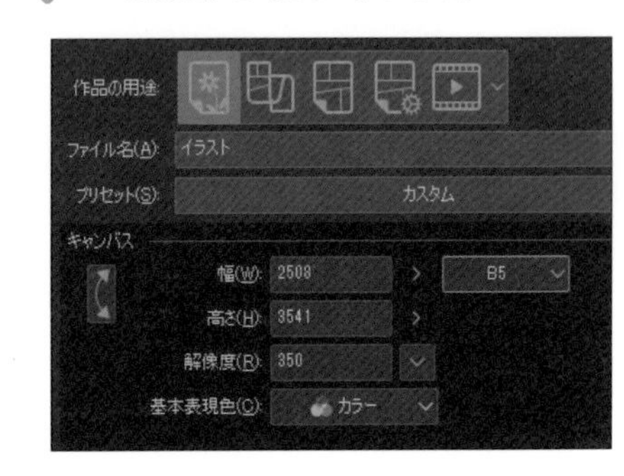

Step 02 下描き

1 下描きする。下描きの線は、仕上がりには残らないため、どんなブラシツールを使ってもよい。

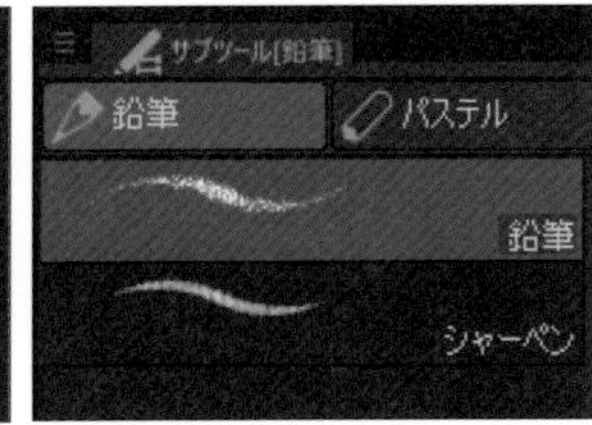

ブラシツールの選択に迷うようなら、［鉛筆］ツールを試してみよう。

2 作例は下描きの線を［筆］ツールの［混色円ブラシ］で描いている。［筆］のやわらかなタッチが好きな人にオススメ。

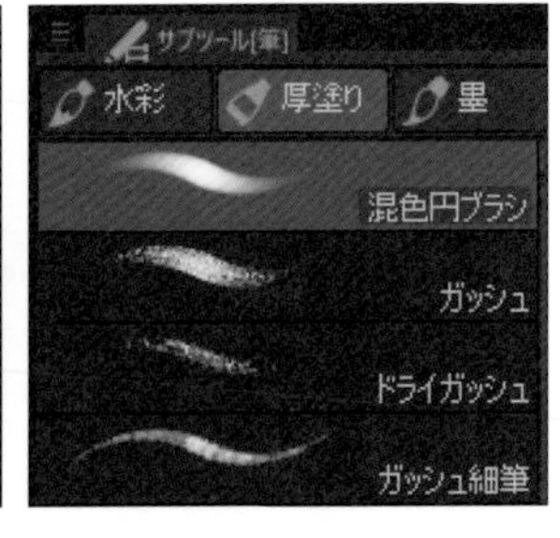

線画用のツールを選ぼう →P.56

下描きができたら、不透明度を下げたりレイヤーカラーで線の色を変えたりすると上から線画を描きやすくなる。

不透明度の変更

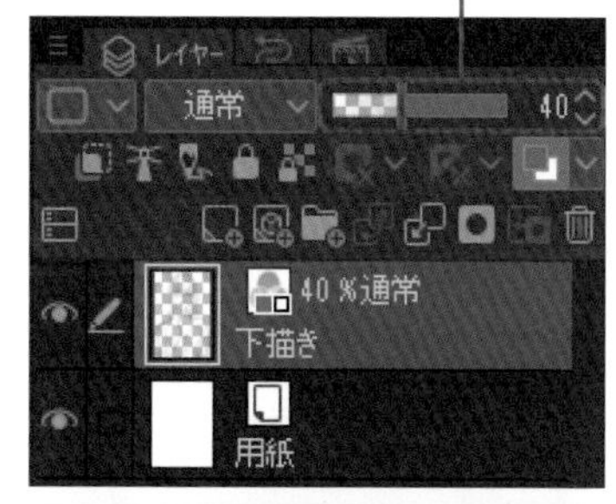

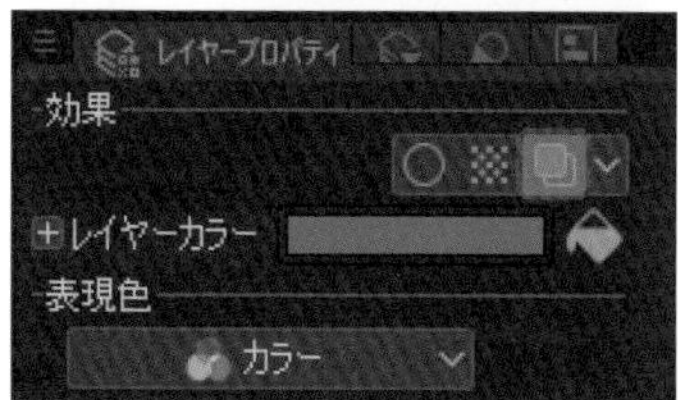

レイヤーカラー

[レイヤープロパティ]パレットで[レイヤーカラー]をオンにすると下描きの線の色が変わる。

レイヤーカラー →P.62

カラーラフ

完成を予想するために時間をかけずに描く絵のことをラフという。下描きやラフに軽く色をつけて配色を検討してみよう。

Step 03 線画（ペン入れ）

線画の清書のことをペン入れという。下描きの上にペン入れ用のレイヤーを作成する。

レイヤーの文字列をダブルクリックするとレイヤー名を変更できる。わかりやすい名前をつけておこう。

2 ［ペン］ツールで線画を描く。ここでは［丸ペン］を使っている。ていねいに仕上げていこう。

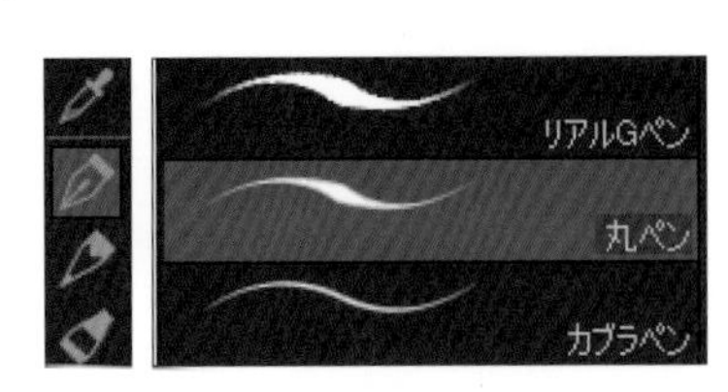

線画のテクニック →P.64

3 ペン入れが完了したら下描きのレイヤーを非表示にする。

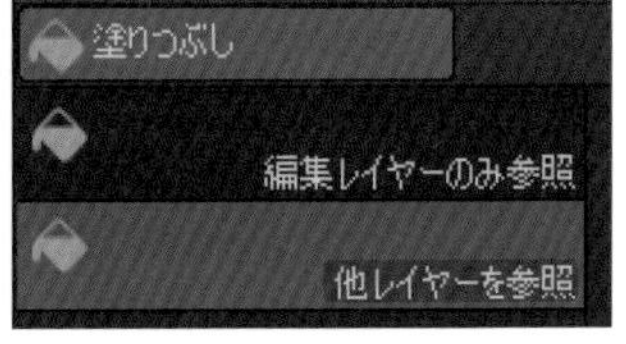

目のアイコンをクリックしてレイヤーを非表示に。

Step 04 下塗り

1 下塗りとは下地になる色を塗っていく作業だ。ツールは［塗りつぶし］ツール→［他レイヤーを参照］を選ぶ。

塗りつぶし
編集レイヤーのみ参照
他レイヤーを参照

2 線画の下に新規レイヤーを作成し下塗り用のレイヤーとする。線画を参照しながら塗りつぶしていく。肌、髪、服……などのパーツごとにレイヤーを作成→塗りつぶしを繰り返す。

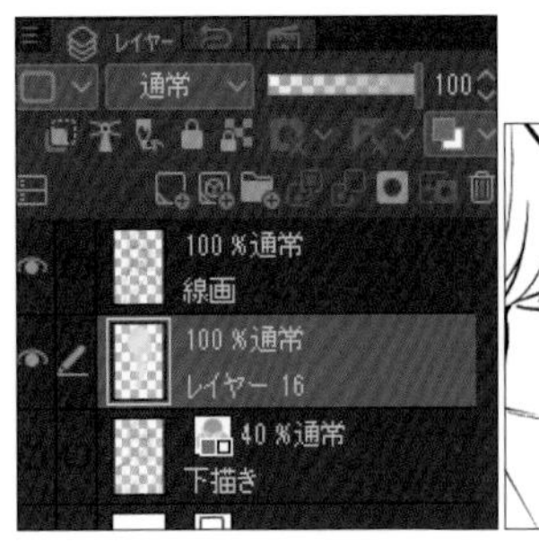

パーツごとの下塗りレイヤーは多くなるのでレイヤーフォルダーに入れると管理しやすい。

POINT

▶ **塗った色は［編集］メニュー→［線の色を描画色に変更］で簡単に変更できる。**

下塗りのテクニック →P.76
塗った色を変更する →P.82

Step 05 影・ハイライトを塗る

1

影に暗い色を、光が当たるところに明るい色を塗っていく。まずは下塗りのレイヤーの上に新規レイヤーを作成し［下のレイヤーでクリッピング］する。

2

クリッピングしたレイヤーで影やハイライトを入れる。ここでは［混色円ブラシ］で塗っている。光源を意識しながらていねいに仕上げていく。

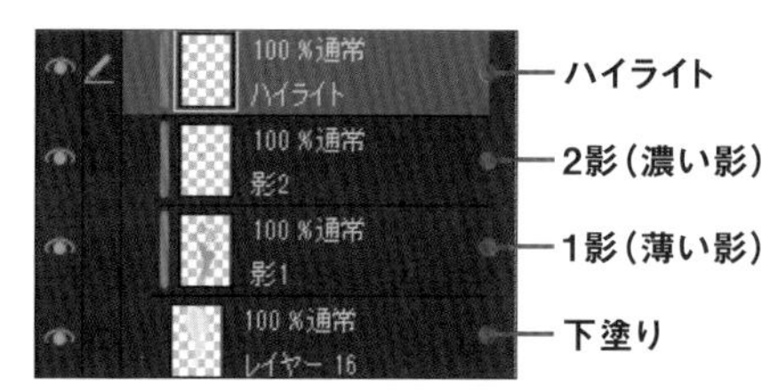

影とハイライトはそれぞれレイヤーを分けたほうが作業しやすい。

影塗りのテクニック →P.86

Step 06 仕上げ

1

瞳のハイライトは、線画より上にレイヤーを作り、［ペン］ツール（ここでは［丸ペン］）でくっきりと描く。

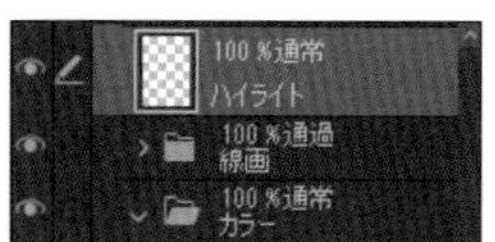

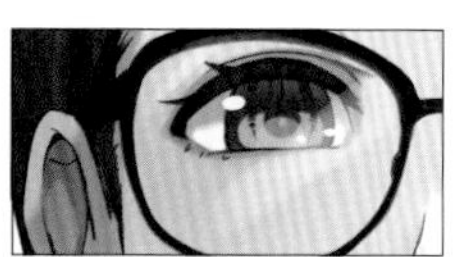

2

合成モードを使って光を表現したり、色調補正をしたりしてイラストの完成度を上げていく。最後に見直して修正するところがなければ完成だ。

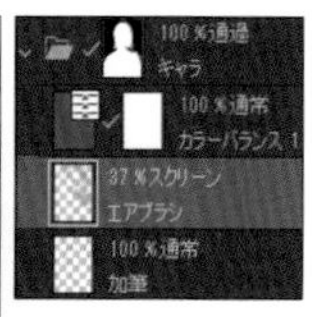

色調補正で全体の色合いが変わっている。

光を描くテクニック→P.88

BASIC

18 CLIP STUDIO PAINT PROの基本 マンガができるまで

マンガ制作に使うツールや機能に注目しながら、原稿の完成までを見ていこう。

Step 01 キャンバスを作成

1 ［ファイル］メニュー→［新規］で新規キャンバスを作成。［作品の用途］は［コミック］に設定する。

2 サイズや表現色を決める設定では［プリセット］から［B5判モノクロ（600dpi）］を選択した。

新規キャンバスの作成 →P.16

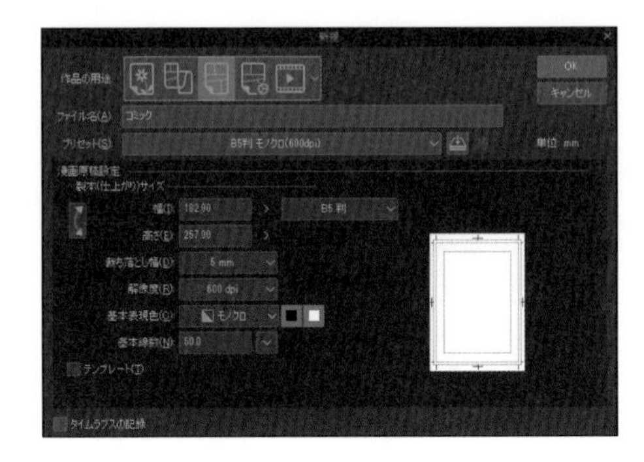

Step 02 ネームを描く

1 マンガの世界ではセリフやコマ割り、構図などを決めるラフをネームという。絵の細部にこだわらず時間をかけないで描く。

ネームのテキスト

作例のネームはセリフを手描きで入れているが、ネームの段階で［テキスト］ツールでセリフを入れてもよい。

Step 03 コマを割る

1 コマ割りの前に［ファイル］メニュー→［環境設定］→［定規・単位］の［長さの単位］を設定しておく。

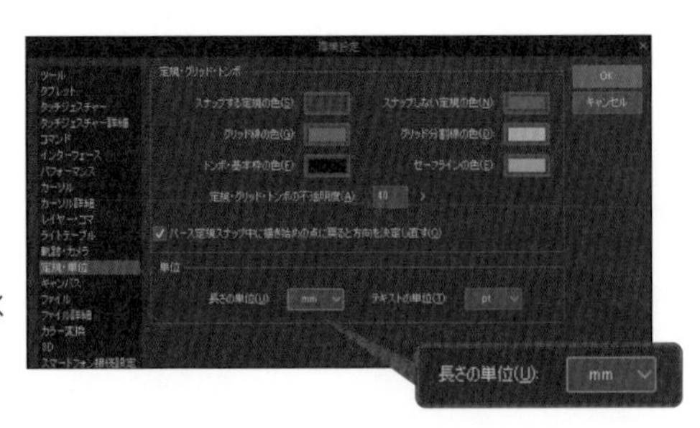

［長さの単位］を［mm］にしておくとサイズをイメージしやすい。

2

コマを作成する。[レイヤー] メニュー→ [新規レイヤー] → [コマ枠フォルダー] を選択。作成時に枠線の太さを設定できる。

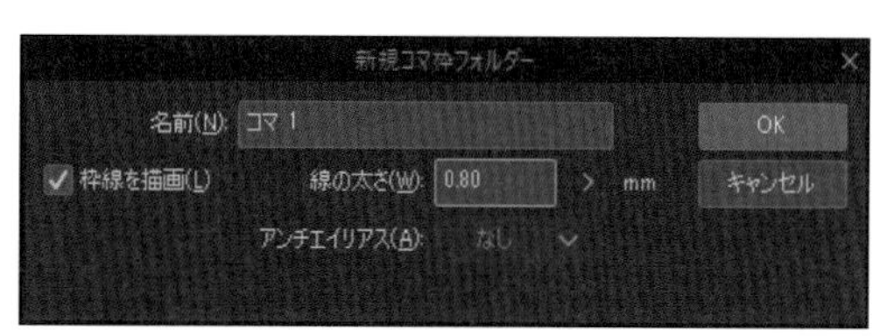

[コマ枠フォルダー]作成時に出るダイアログで[線の太さ]を[0.80]mmとした。

メニューから作成したコマは基本枠を基準に作成される。

POINT

▶ **コマの枠線の太さは0.8mmくらいが標準的だ。**

3

ネームに合わせてコマを割っていく。[ツールプロパティ] パレットで設定できる。

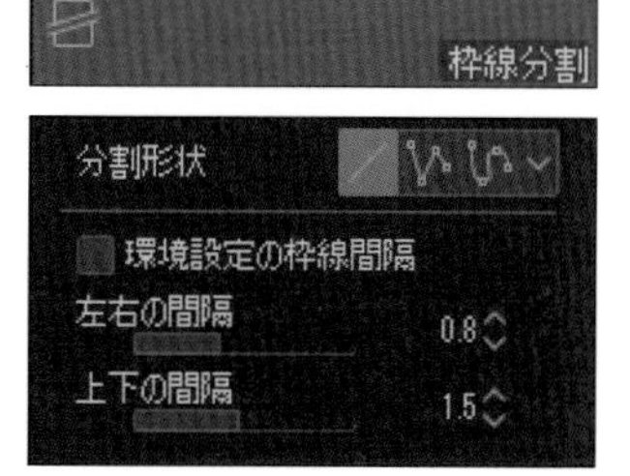

[コマ枠]ツールの[コマ枠カット]にあるサブツールでコマを割っていく。[左右の間隔][上下の間隔]を設定してからコマ割りしよう。ここでは[枠線分割]を使っている。

コマ割り機能でコマを割る →P.140

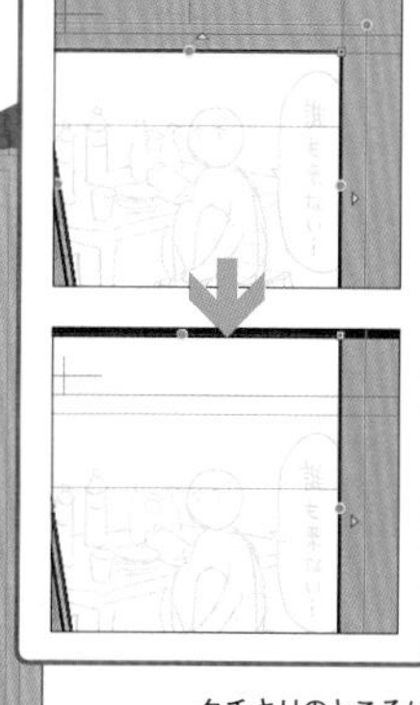

タチキリのところはコマを延ばす。

Step 04

下描き

1

下描きしていく。[ペン] や [鉛筆] ツールから使いやすいものを選ぶとよい。

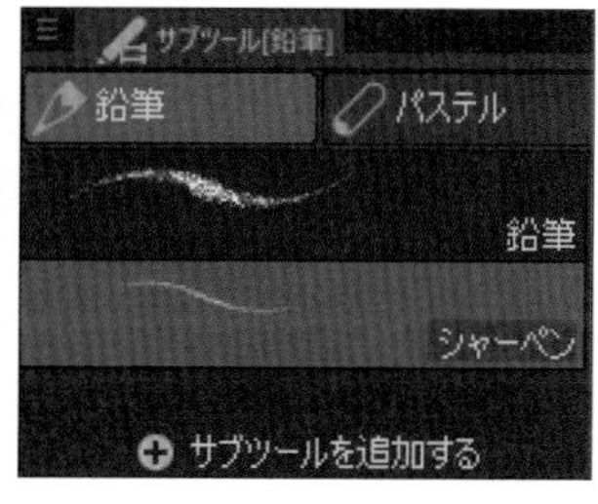

Step 05 ペン入れ

下描きが済んだらペン入れしよう。ペン入れとは、ペンで清書の線を入れること。［ペン］ツールから好みのサブツールを選んで描画する。ここでは、［カブラペン］を使用している。

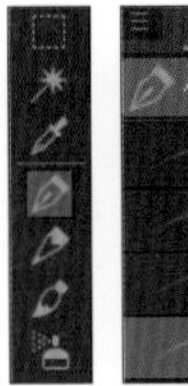

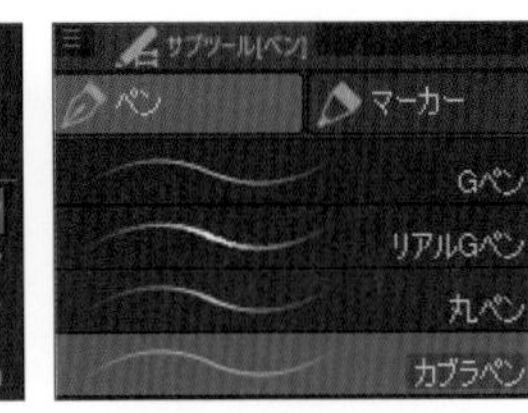

作例では［カブラペン］を使ったが、強弱がつけやすい［Gペン］なども使いやすい。

新規ベクターレイヤー
ベクターレイヤーでペン入れすると線の修正がしやすくなる。

線画のテクニック →P.64
ベクターレイヤーの活用 →P.66

Step 06 効果線と書き文字

［図形］ツールにある［流線］や［集中線］グループのサブツールで効果線を描くことができる。

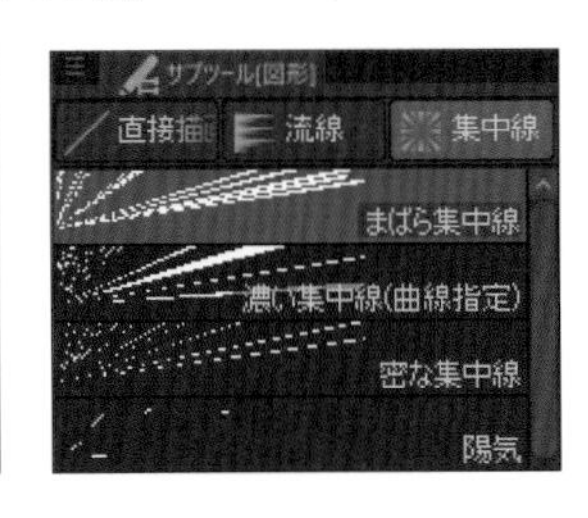

［図形］ツール→［集中線］→［まばら集中線］は楕円の基準線を描画して作成する。

定規でも効果線を描ける。ここでは［定規］ツール→［特殊定規］の設定を［平行線］で作業している。

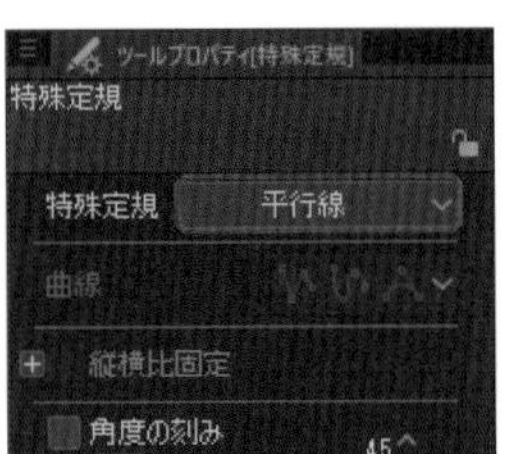

［ツールプロパティ］パレットで［特殊定規］を［平行線］に。

［ツールプロパティ］パレットの［角度の刻み］にチェックを入れると45°刻みで定規を作る（初期設定）ので、横方向にドラッグすると水平な平行定規を作成できる。

定規で描く場合は［ペン］ツールを使って強弱のはっきりした勢いのある線を描く。ここでは［カブラペン］を使った。

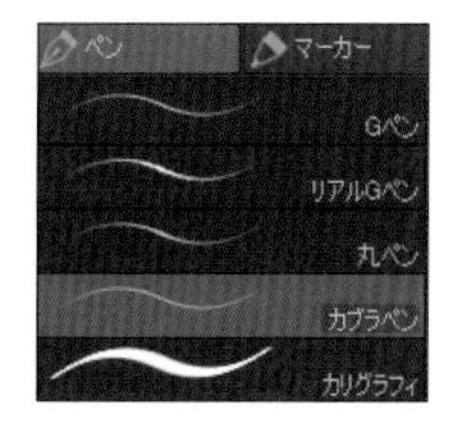

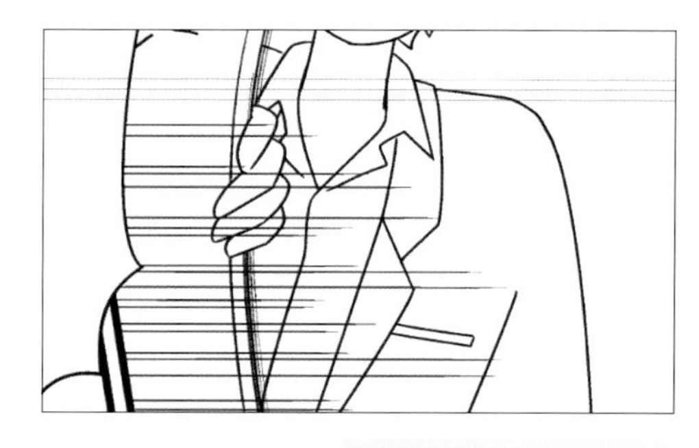

流線と集中線を描く →P.148

書き文字は線の強弱をつけずに描く。［マーカー］グループのサブツールを使って均一の線で描くとよい。

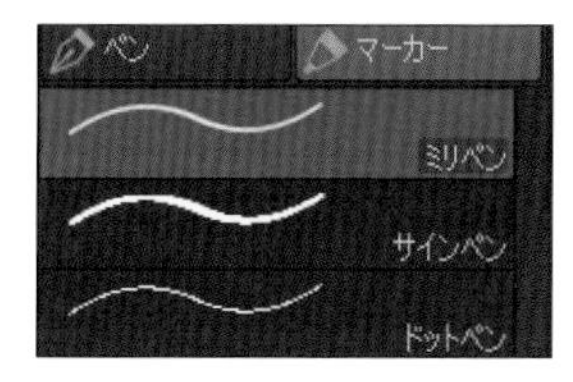

［ミリペン］を使うと均一な線になる。［サインペン］だとマジックで描いたような線になる。

Step 07 フキダシ・テキストを入れる

フキダシは、フキダシ素材や［フキダシ］ツールで作成できる。

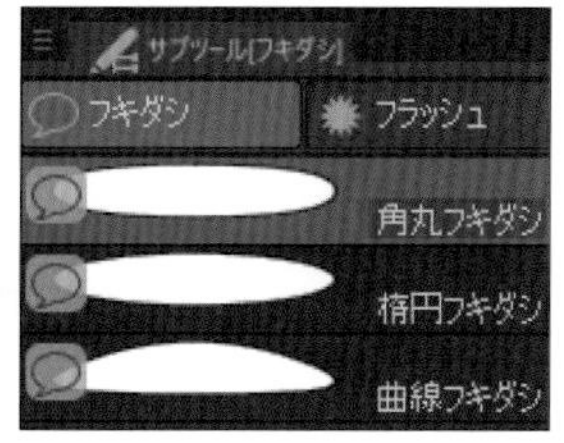

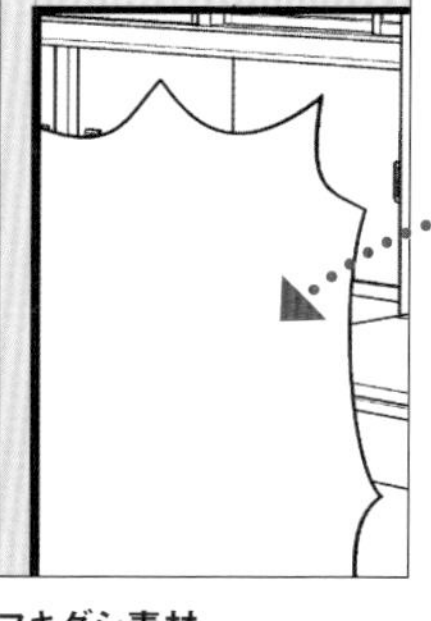
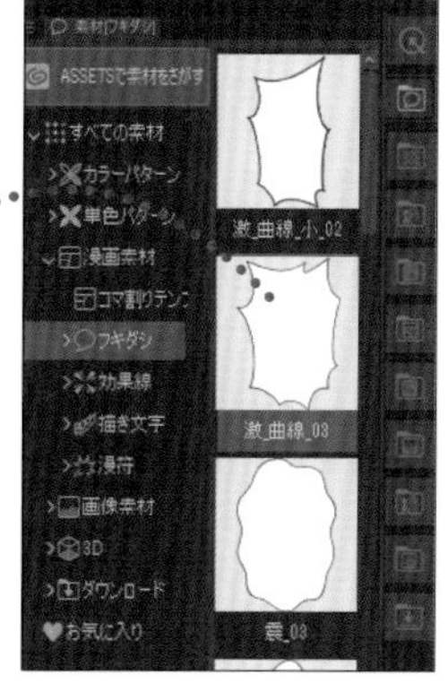

フキダシ素材
［素材］パレットからドラッグ&ドロップで追加。

フキダシツール
［フキダシ］ツールは［フキダシしっぽ］でしっぽをつけられる。

ペンで描いたフキダシ
ほかのペン入れと同じく［ペン］ツールでフキダシを描いてもよい。均一な細い線で描かれることが多いが、強弱のついた線で描く人もいる。好みで使い分けよう。

フキダシを作る →P.144

2

フキダシの中を［テキスト］ツールでクリックし、文字を入力してセリフを入れる。

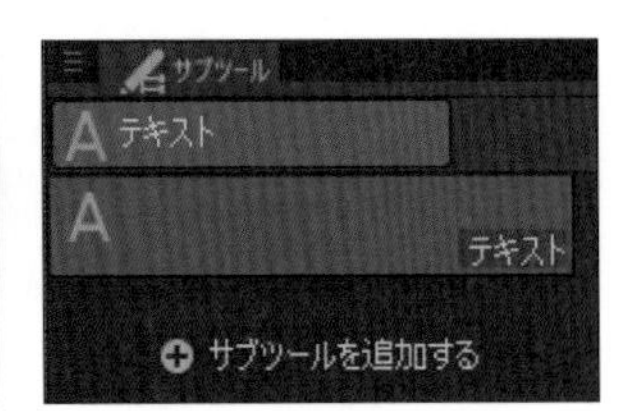

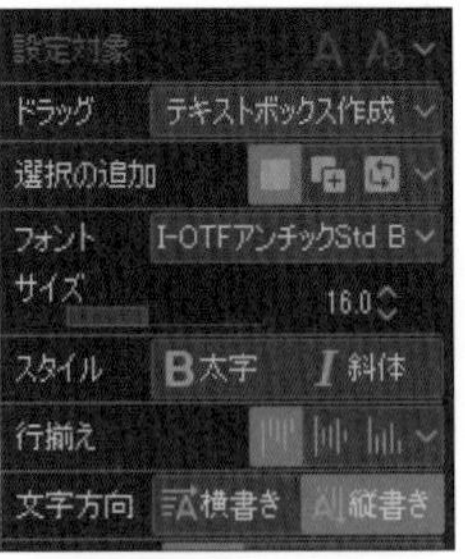

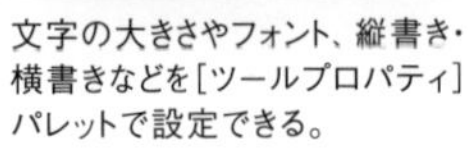

文字の大きさやフォント、縦書き・横書きなどを［ツールプロパティ］パレットで設定できる。

Step 08 ベタ・トーンを貼る

1

マンガでは黒く塗りつぶすことを「ベタ」という。［塗りつぶし］ツールだと手早くベタができる。

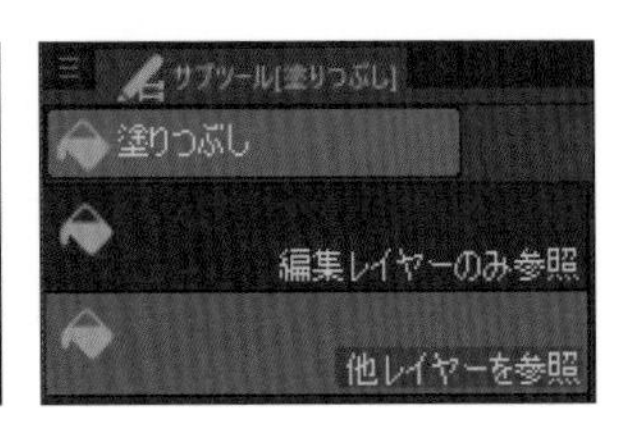

［他レイヤーを参照］だと線画を参照しながら別のレイヤーに塗りつぶしできる。

塗りつぶしツールの使い方 →P.76

2

モノクロのマンガはグレーをトーン（網点）で表現する。選択範囲を作成し、トーンを貼る。

［素材］パレット→［単色パターン］→［基本］にさまざまなトーンが用意されており、ドラッグ&ドロップで貼り付けられる。トーンの種類は貼り付けた後でも変えられる。

トーンを貼る →P.150

完成！

データダウンロード

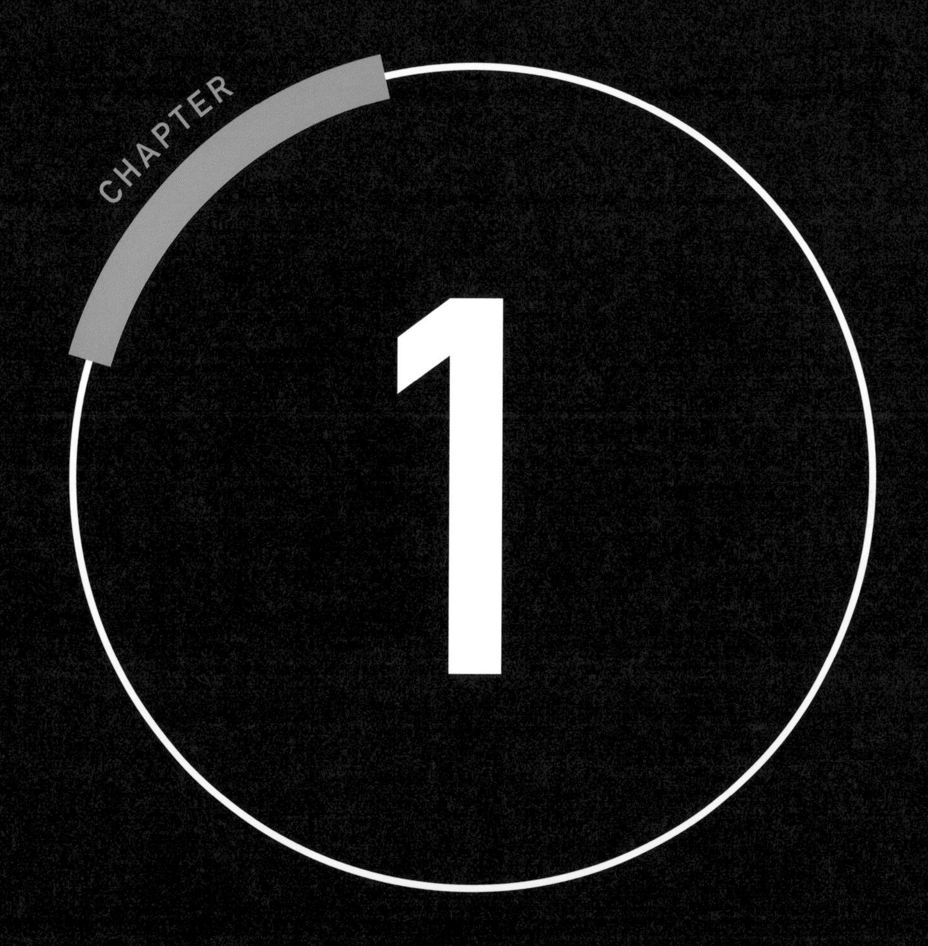

線画を描く

チャプター1では、線画の描き方をテーマに、線画用ツールの設定、
線画を描くときのコツ、ベクターレイヤーによる描画・編集方法などを解説する。

01 線画用のツールを選ぼう
02 ブラシの設定を調整しよう
03 下描きの設定
04 線画のテクニック
05 ベクターレイヤーの活用
06 定規できれいな形を描く
07 紙に描いた線画を読み込む
08 ゆがみツールで形を調整する

CHAPTER:01

01

線画用のツールを選ぼう

線画用のブラシツールには［ペン］や［鉛筆］などがあるが、画風によっては［筆］ツールなどのサブツールを使ってもよいだろう。

線画に使えるツール

ここでは線画を描くときに使いやすいツールを紹介する。試し描きしながら好みのものを見つけよう。

ペン

くっきりとした線を描きたいときは［ペン］ツールを選ぶとよい。アニメ塗りの線画などにも濃淡のない［ペン］ツールが使いやすい。

Gペン

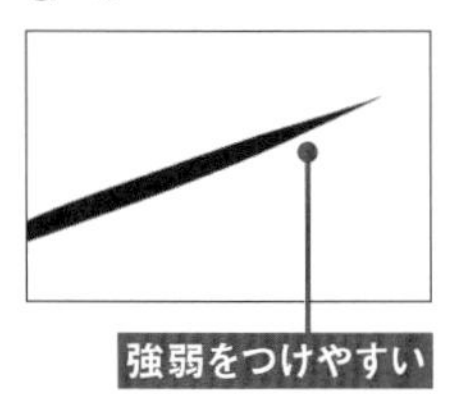

カブラペン

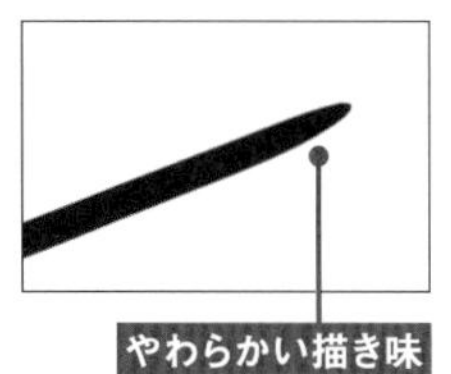

標準的な[Gペン]は筆圧による線の強弱を出しやすい。ほかにも、やわらかい描き味で比較的均一な線を描画できる[カブラペン]などがある。

鉛筆

［鉛筆］ツールは、［ペン］ツールよりもストロークに濃淡があるため、ソフトなイメージの線画になりやすい。

鉛筆

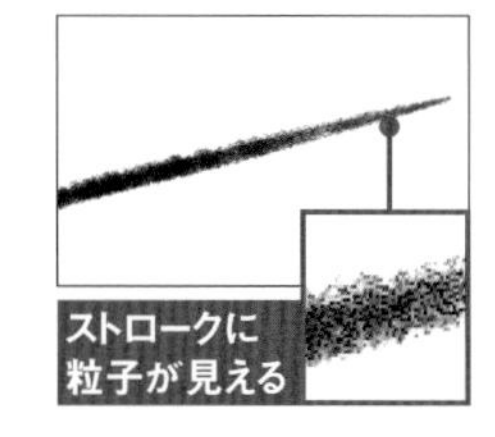

シャーペン

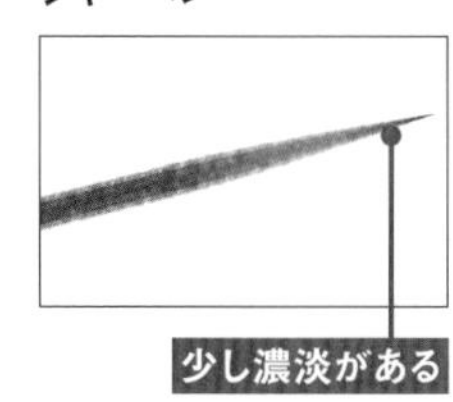

筆圧による強弱に加えて濃淡の表現が可能。[鉛筆]や[シャーペン]は、ストロークに粒子が見えるため、鉛筆らしい描線になる。

筆

［筆］ツールは、やわらかい描線で描くことができ、濃淡を出しやすいのが特徴的。筆特有のかすれた描画ができるサブツールもある。

混色円ブラシ **かすれ墨**

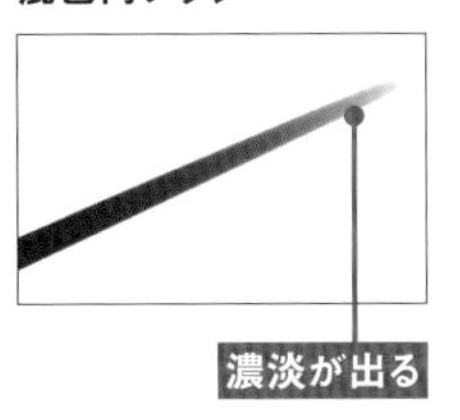

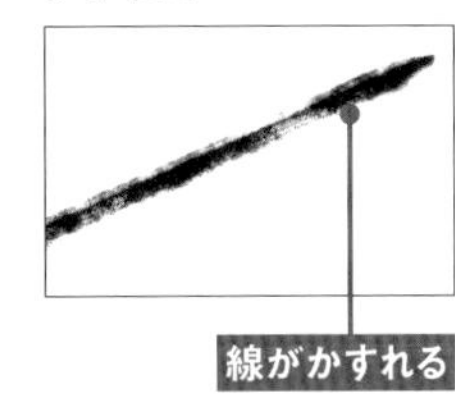

[混色円ブラシ]だと濃淡のある描線になる。[墨]グループの[かすれ墨]は毛筆のような描画ができる。

マーカー

強弱のない均一な線でイラストを描きたいときは［ペン］→［マーカー］グループのサブツールを試してみよう。

ミリペン **サインペン**

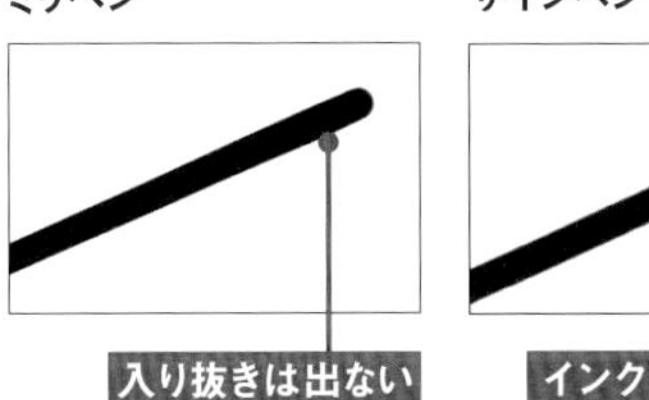

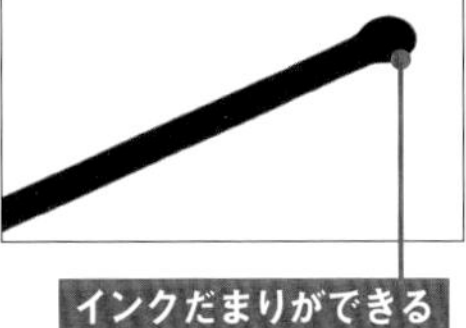

細い線を描きやすい[ミリペン]や、線の先がインクだまりのように太くなる[サインペン]などがある。

Photoshopブラシの読み込み

Photoshopのブラシファイル（拡張子：abr）を読み込み、サブツールとして使うことができる。

メニュー表示

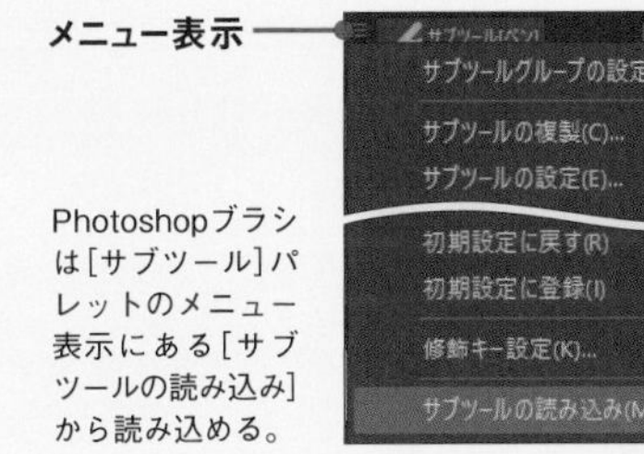

Photoshopブラシは[サブツール]パレットのメニュー表示にある[サブツールの読み込み]から読み込める。

CHAPTER:01
02

ブラシの設定を調整しよう

思い通りの線が描けるように筆圧の影響や補正の設定を調整しよう。
また気に入った設定は新たなサブツールとして保存してもよい。

筆圧

ペンタブレットによる筆圧の影響を、自分に合った設定にできる。アプリ全体の設定は［筆圧検知レベルの調節］で行う。ツールごとに筆圧の設定をするときは［ブラシサイズ影響元設定］を開く。

→ アプリ全体の筆圧の影響を設定

1 キャンバスを開いた状態で［ファイル］メニュー（macOS／タブレット版は［CLIP STUDIO PAINT］メニュー）→［筆圧検知レベルの調節］を選択。［筆圧の調整］ダイアログを表示する。

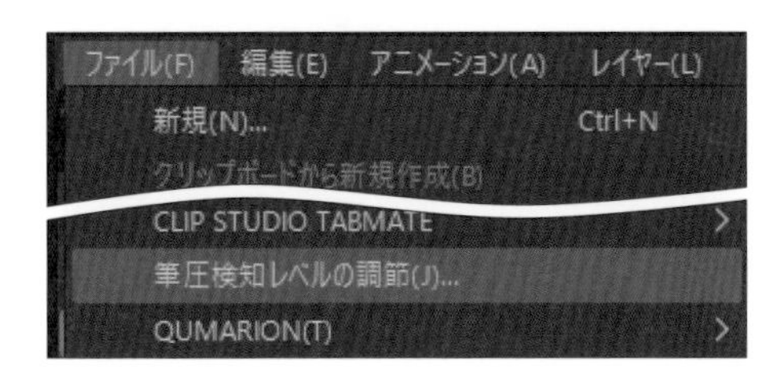

2 画面の指示に従って線を描いたら［調整結果を確認］をクリックする。

3 試し描きをして調整結果を確認する。［もっと硬く］［もっと柔らかく］ボタンで微調整ができる。描きやすく調整できたら［完了］を押す。

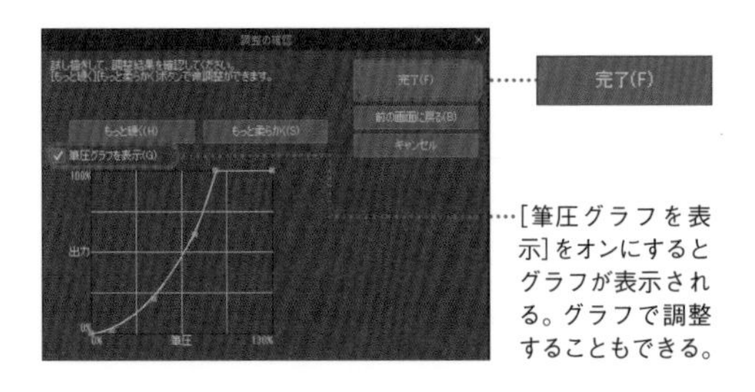

［筆圧グラフを表示］をオンにするとグラフが表示される。グラフで調整することもできる。

→ ツールごとに筆圧の影響を設定

1 ［ツールプロパティ］パレットの［ブラシサイズ］右のボタンを押すと［ブラシサイズ影響元設定］が開く。

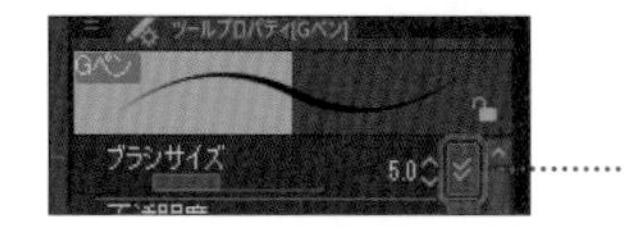

2 ［筆圧］をオンにし、［筆圧設定］のグラフを調整する。設定できたらポップアップ外のエリアをクリックし閉じる。

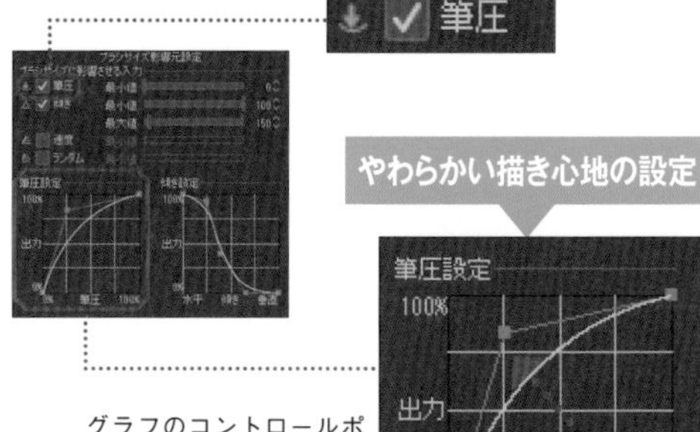

グラフのコントロールポイントを左上へ動かすほど、弱い筆圧でも太い線が出やすい設定になり、やわらかい描き心地になる。

硬い描き心地の設定

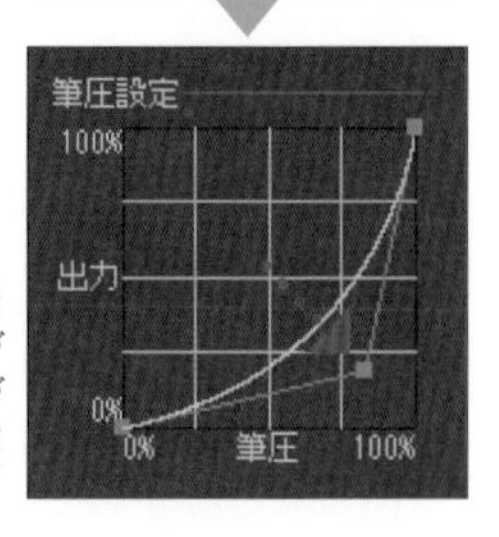

コントロールポイントを右下へ動かすと、太い線が出にくい設定になり、線が細くなりやすく固い描き心地になる。

入り抜き

入り抜きは線画のテクニックの1つ。線の描き始めを細く、だんだんと太くなり、線を抜くときはまた細くしていくことをいう。入り抜きがきれいだと線画の見栄えもよくなる。

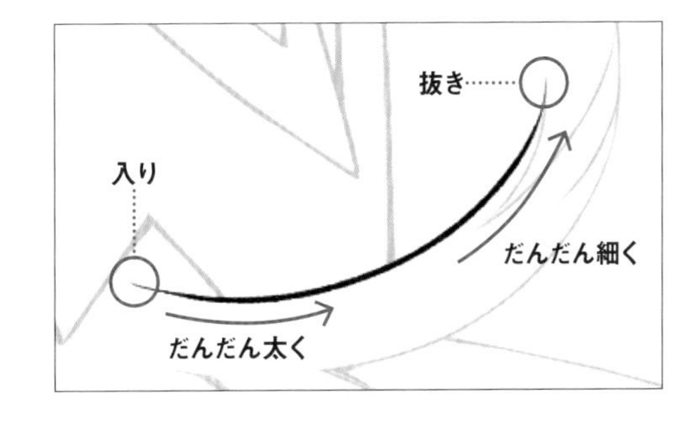

入り抜きカテゴリーの設定

入り抜きは、筆圧の加減で出せるが補正の設定でも出すことができる。設定は［サブツール詳細］パレットの［入り抜き］カテゴリーで行う。［ペン］などのブラシツールに設定できるのはもちろんだが、［図形］ツールの［直線］［曲線］［折れ線］［連続曲線］にも設定可能だ。

1 ［サブツール詳細］パレット→［入り抜き］カテゴリーを表示する。

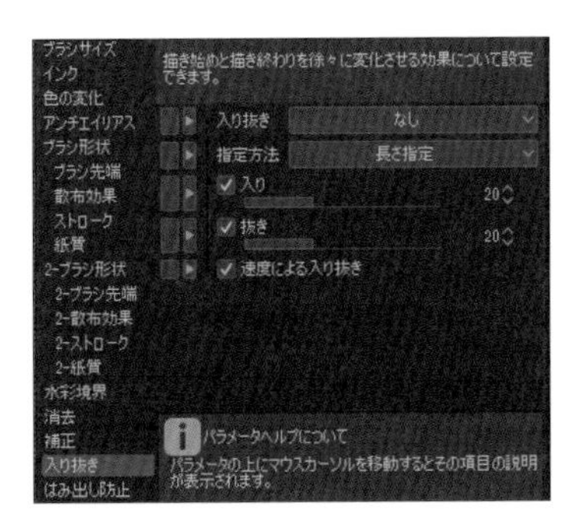

2 ［入り抜き］のボタンをクリックすると［入り抜き影響先設定］が開く。ここでは［ブラシサイズ］だけチェックを入れる。これで描き始めと描き終わりの線が細くなる。

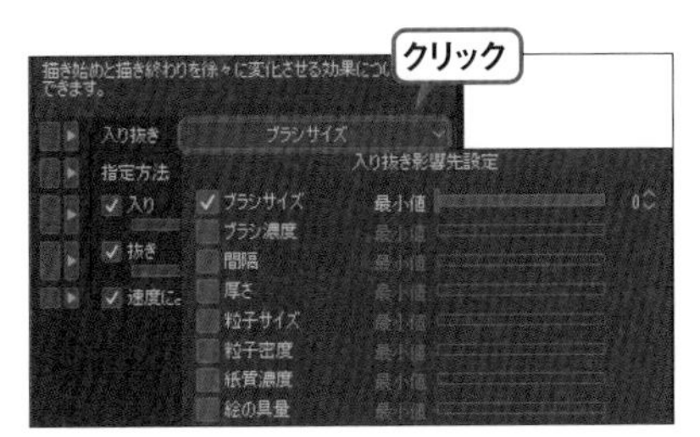

チェックを入れた項目は、描き始めと描き終わりに値が小さくなるよう設定される。

3 ［指定方法］を［長さ指定］にすると、入り抜きの効果の範囲を長さで指定できる。

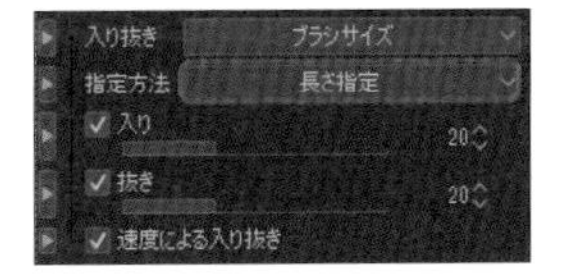

4 ［入り］と［抜き］それぞれの値をスライダーで設定する。値を大きくするほど長い範囲の入り抜きができる。

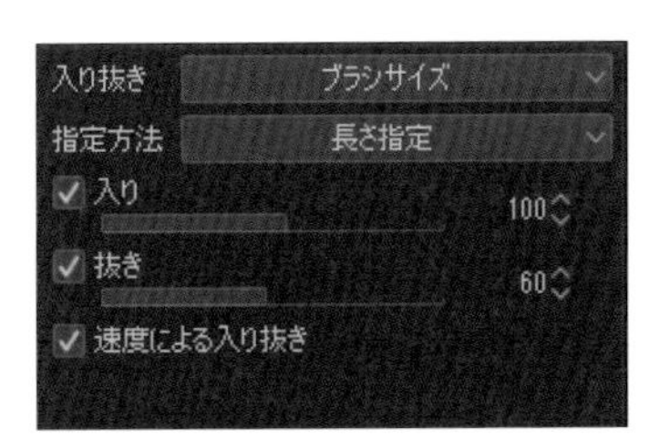

指定方法の違い

［指定方法］には［長さ指定］のほか［パーセント指定］と［フェード］がある。
［パーセント指定］にすると、入り抜きの効果の範囲を、線の長さに対する割合で指定するようになる。
［フェード］にした場合は「抜き」だけのような効果になり［入り］の設定はなくなる。効果の範囲は長さで指定する。

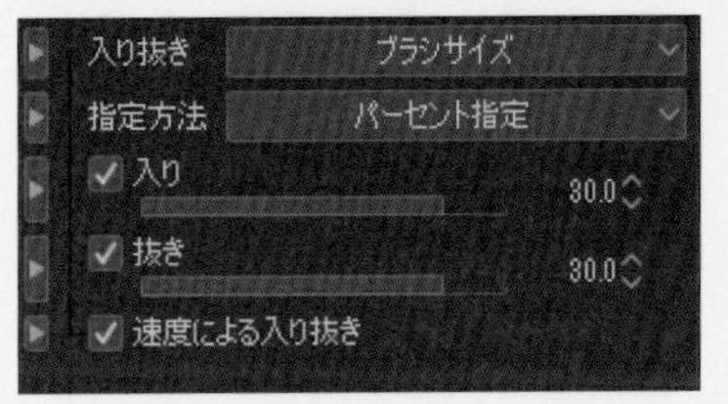

［入り］、［抜き］を［30］でパーセント指定した場合、描いた線の長さの、30％が［入り］［抜き］の長さになる。

ブラシサイズ

ブラシサイズは［ツールプロパティ］パレットで設定する。よく使うサイズは［ブラシサイズ］パレットに登録しておくと便利だ。

Shortcut key

Ctrl+Altキーを押しながらペンをタブレットから離さずに動かすとブラシサイズが変更される。細かな数値を気にせず大きなブラシサイズにしたい場合などに便利なので覚えておこう。

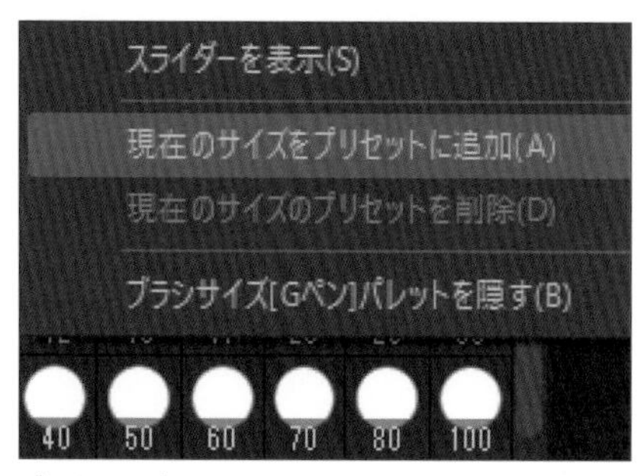

ブラシサイズパレットに登録

［ツールプロパティ］パレットでブラシサイズを設定し、［ブラシサイズ］パレットのメニュー表示より［現在のサイズをプリセットに追加］を選択で、［ブラシサイズ］パレットにないサイズを登録できる。

不透明度

［不透明度］を設定すると線の濃度を変更できる。

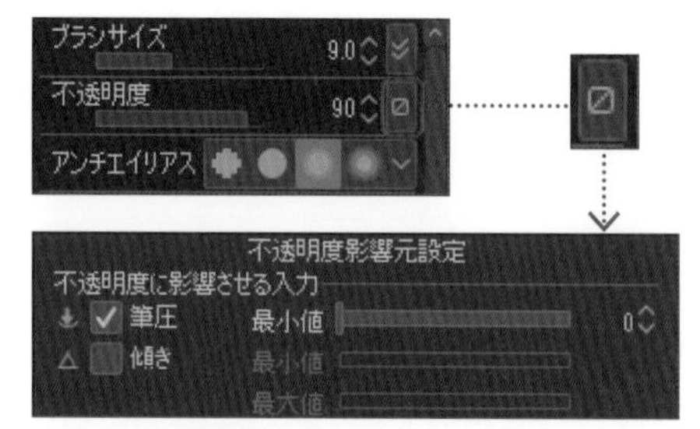

筆圧で不透明度をコントロール

筆圧の加減で不透明度をコントロールできるように設定できる。［ペン］ツールを選び［ツールプロパティ］パレットの［不透明度］右にある［不透明度影響元設定］ボタンをクリック。開いたダイアログで［筆圧］にチェックを入れると筆圧が不透明度に影響するようになる。

ブラシ濃度

［鉛筆］ツールの［ツールプロパティ］パレットなどにある［ブラシ濃度］設定でも線の濃度を変更できる。
ブラシツールは1つのパターン（ブラシ先端素材）を繰り返してストロークを形作るが、［ブラシ濃度］は、この1つのパターンの不透明度を調整する設定となっている。対して［不透明度］はストローク全体に対する濃さを変更する。

手ブレ補正

［手ブレ補正］はペンタブレットによる手ブレを補正する設定だ。

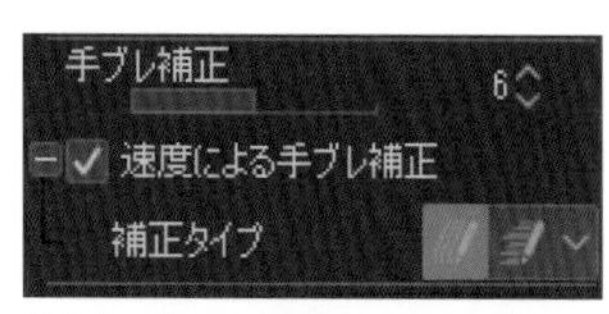

設定値が高いほど線がなめらかになるように補正される。0〜100で設定できるが、高い設定値にすると動作が遅くなる場合がある。［速度による手ブレ補正］は、オンにするとストロークの速度によって、手ブレを補正する。［ゆっくり描いたときに補正をかける］［すばやく描いたときに弱く補正］から選べる。

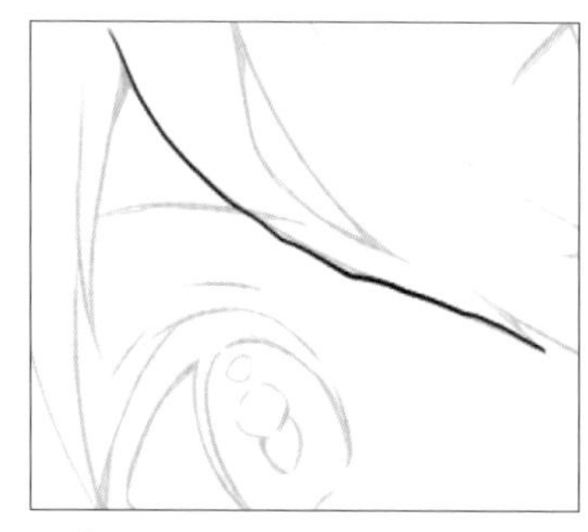

手ブレ補正:0

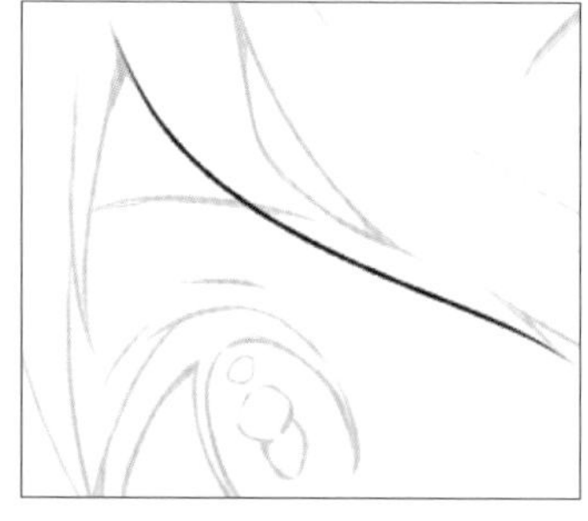

手ブレ補正:10※

※手ブレ補正の適正値には個人差があります。

カスタムブラシ作成の手順

設定を調整したブラシを、サブツールにして用意しておくと効率よく作業できる。サブツールを複製してカスタムブラシを作れば、カスタム前のサブツールの設定を残しておける。

1 まずはベースにするサブツールの上で右クリック（タブレット・スマートフォン版は指で長押し）し［サブツールの複製］を選択。

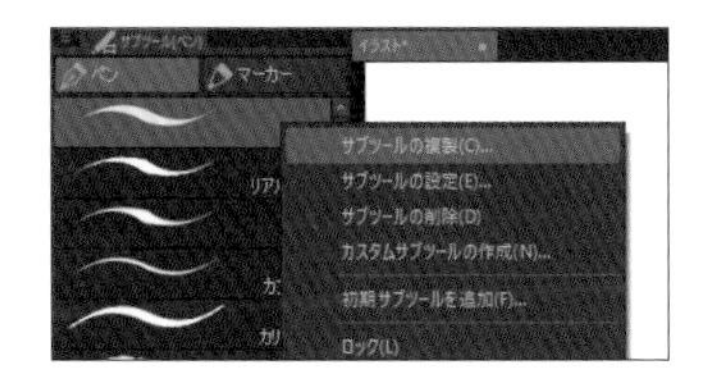

2 ［サブツールの複製］ダイアログで、サブツールの名称を決めよう。ここではアイコンの設定も行える。

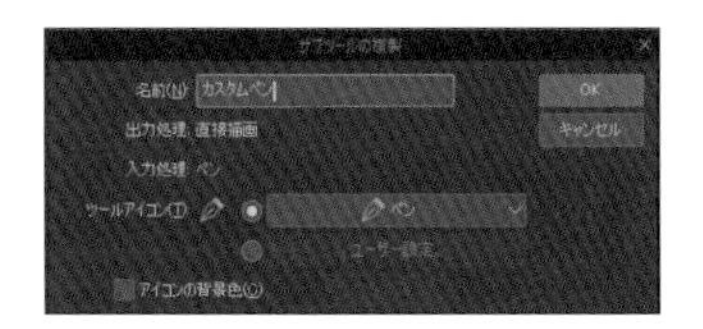

3 ［サブツール］パレットに追加されたカスタムブラシを、［ツールプロパティ］パレットや、［サブツール詳細］パレットで設定する。

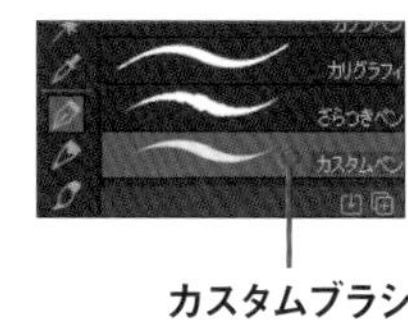

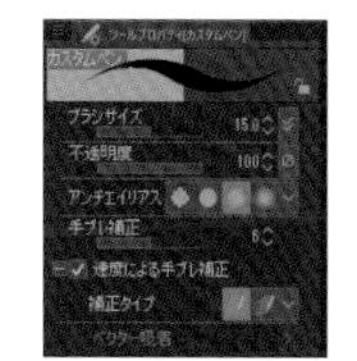

4 設定が完了したら［サブツール詳細］パレット→［全設定を初期設定に登録］をクリックする。これでカスタムブラシの完成となる。

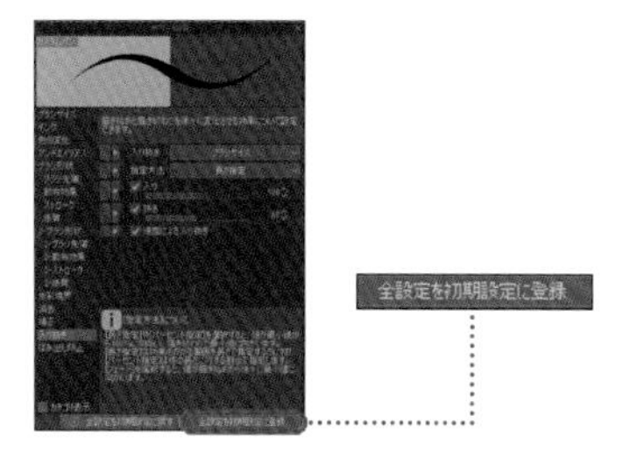

デュアルブラシ

デュアルブラシは、1つのブラシに別のブラシ形状を設定し、2種類のブラシの特性を合わせることができる。

1 デュアルブラシを設定するときは、［サブツール詳細］パレットの［2-ブラシ形状］カテゴリで［デュアルブラシ］をオンにする。

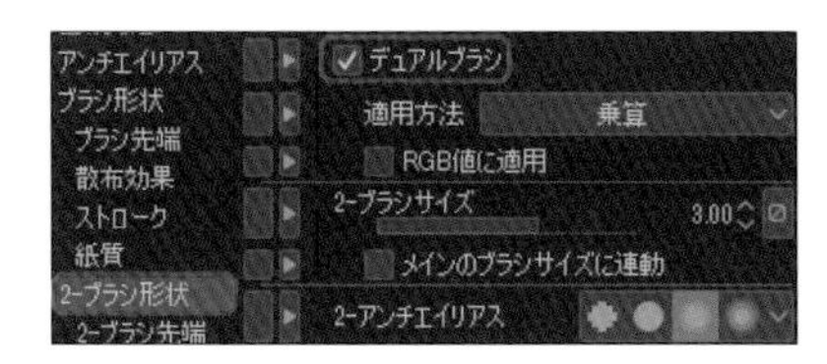

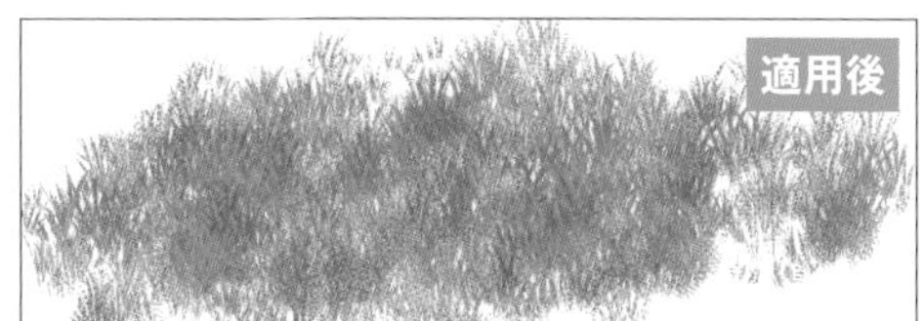

2 リストからブラシを選び［ブラシ形状を適用］をクリックすることで、2種類目のブラシが設定される。また［2-ブラシ形状］以下の［ブラシ先端］などの項目を設定することでも変更できる。

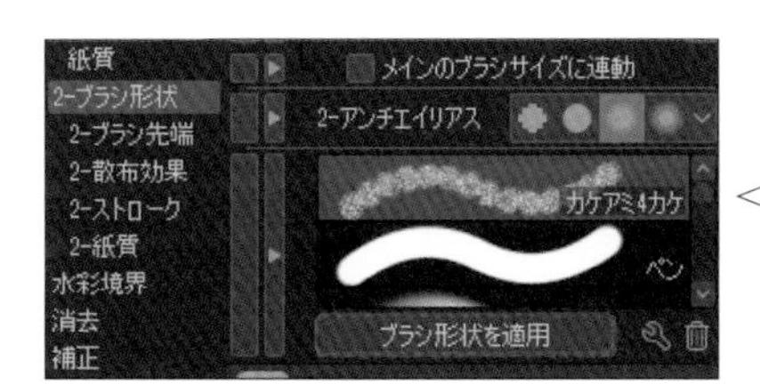

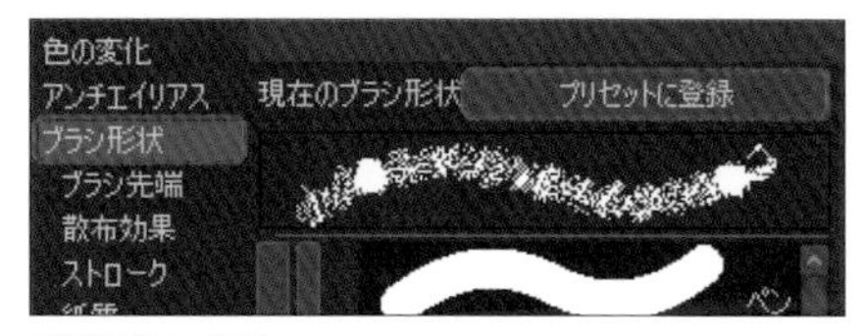

2種類目のブラシ

2種類目のブラシには好きなブラシを設定できる。適用させたいサブツールを選び、［サブツール詳細］パレットの［ブラシ形状］より［プリセットに登録］で登録しておくと、［2-ブラシ形状］のリストから選べるようになる。

CHAPTER:01
03

下描きの設定

ここでは下描きを薄く表示して清書を描きやすくしたり、下描きレイヤーに設定して作業を効率化したりする方法を解説していく。

下描きでしっかり形をとる

下描きは、仕上がりの際には非表示にするため、線のきれいさにこだわる必要はない。絵の形をしっかりとることに注力しよう。

ツールは何を使ってもよい。[鉛筆]ツールだとアナログの鉛筆のような雰囲気を出せる。

レイヤーカラー

下描きのレイヤーの色を［レイヤーカラー］で変更すると、下描きの線と清書の線の区別がつきやすくなる。［レイヤーカラー］は、レイヤーに描画された色を特定の同一色に設定する機能だ。

レイヤーカラーを設定

［レイヤープロパティ］パレットで［レイヤーカラー］をオンにするとレイヤーの描画部分の色がすべて同一色に変更される。

レイヤーカラーをオン

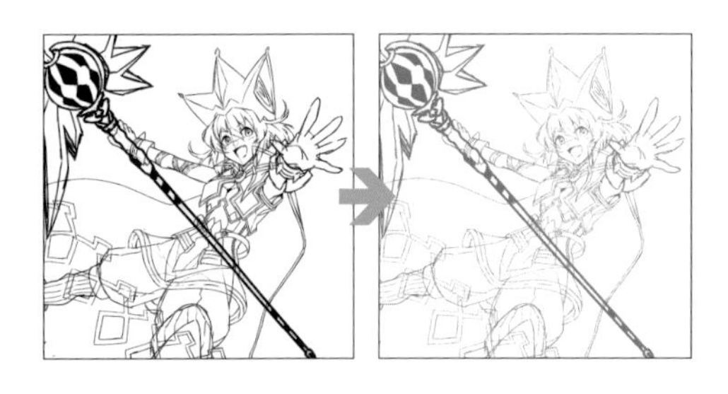

色を変更する

初期設定では［レイヤーカラー］をオンにすると描画部分が青になる。色を変更したいときはカラーアイコンをクリックして［色の設定］ダイアログを表示し別の色に設定する。

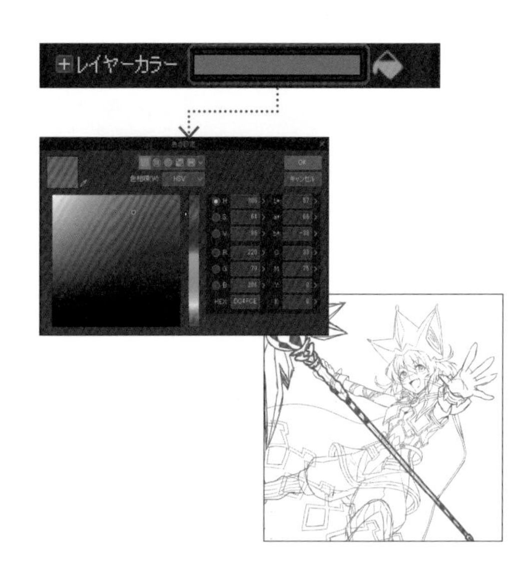

レイヤー不透明度の変更

［レイヤー］パレットで不透明度を変更し、下描きを薄く表示するとより清書しやすくなる。［レイヤーカラー］と併用するとよい。

フォルダーで一括変更

複数のレイヤーをレイヤーフォルダーにまとめている場合は、レイヤーフォルダーの不透明度や［レイヤーカラー］を変更すると複数のレイヤーにまとめて反映される。

下描きレイヤー

ラフや下描きを下描きレイヤーに設定すると、［画像を統合して書き出し］で書き出すときや、印刷するときに除外することができる。

下描きレイヤーに設定

［レイヤー］パレットで［下描きレイヤーに設定］をオンにすると、レイヤーを下描きレイヤーに設定できる。

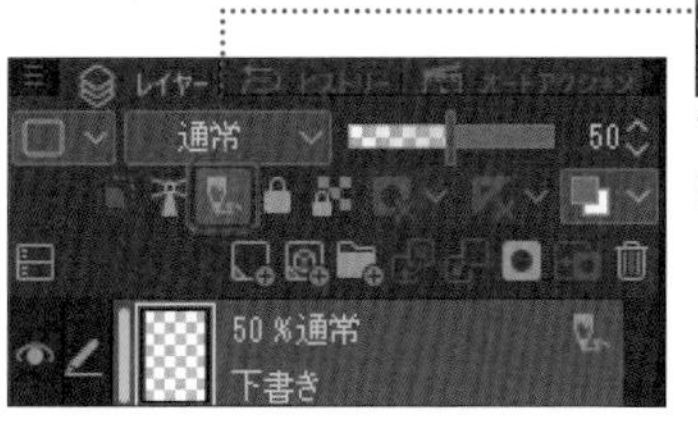

下描きレイヤーに設定※

※［下描きレイヤーに設定］アイコンが表示されていない場合は、パレットの横幅を広げると表示される。

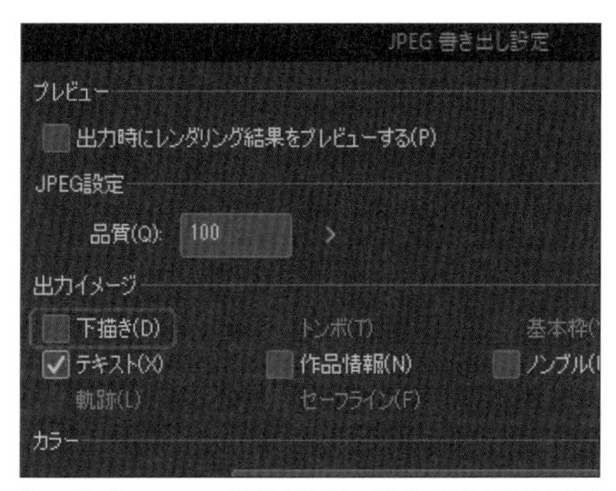

［ファイル］メニュー→［画像を統合して書き出し］より開くダイアログで［下描き］のチェックが外れているときは下描きレイヤーは書き出されない。

塗りつぶしで参照しない

下描きレイヤーは、［塗りつぶし］ツールや［自動選択］ツールの参照元からも外せるため、間違って下描きの線を参照して塗りつぶしたりするのを防げる。

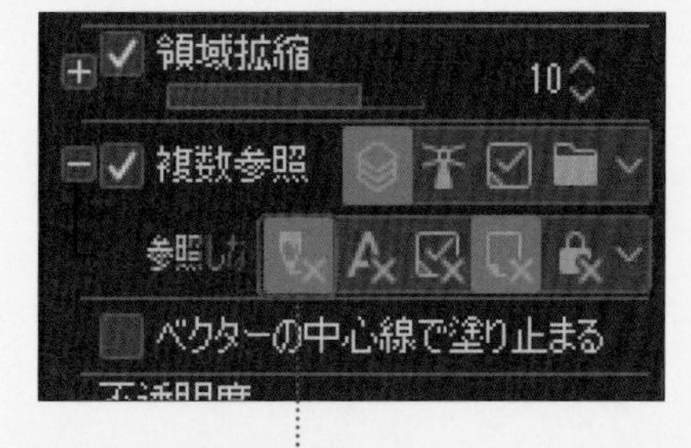

下描きを参照しない

［塗りつぶし］ツール→［他レイヤーを参照］の初期設定では、下描きレイヤーを参照先に含めない設定になっている。

CHAPTER:01
04

線画のテクニック

ペンタブレットによる描画には、実際のペンや鉛筆などとは少し違ったコツがある。ここでは覚えておきたい線画のテクニックを解説していく。

線画の完成度を上げるコツ

線画は、失敗を恐れず思い切りよく描こう。失敗したら［取り消し］（Ctrl+Z）で戻ったり、［消しゴム］や透明色で修正したりすればよい。

→ 線を重ねて描く

1本線できれいな線を引くのもよいが、線を重ねて描く方法もある。短い線をつなげて長いストロークの線を描いていく。

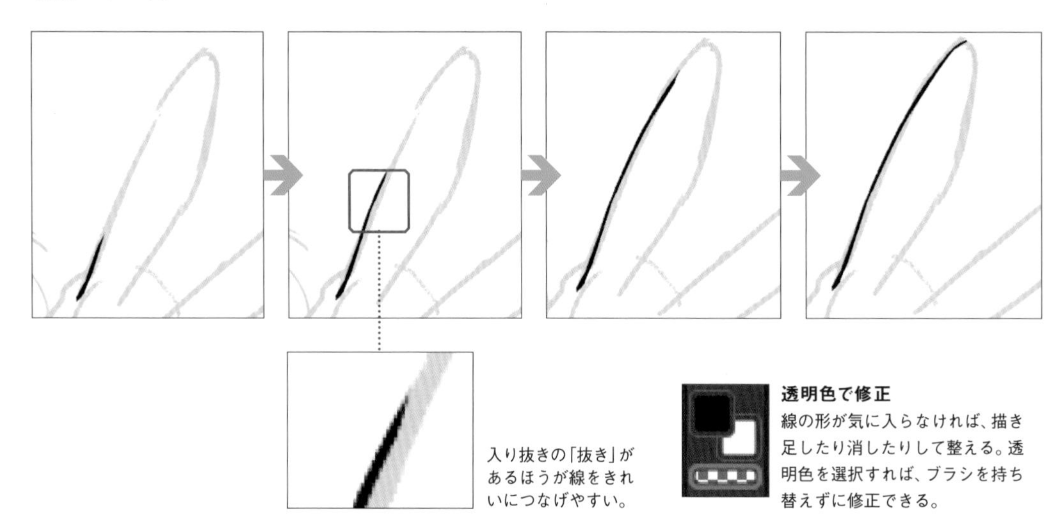

入り抜きの「抜き」があるほうが線をきれいにつなげやすい。

透明色で修正
線の形が気に入らなければ、描き足したり消したりして整える。透明色を選択すれば、ブラシを持ち替えずに修正できる。

→ 線の太さを使い分ける

線の太さに変化をつけると線画の見栄えがよくなる。りんかくはしっかりした線で、シワなどのディテールは細い線で描こう。

顔のりんかくは太めの線で目立たせたい。まぶたのシワやほおに入ったタッチなどは特に細く描かれている。

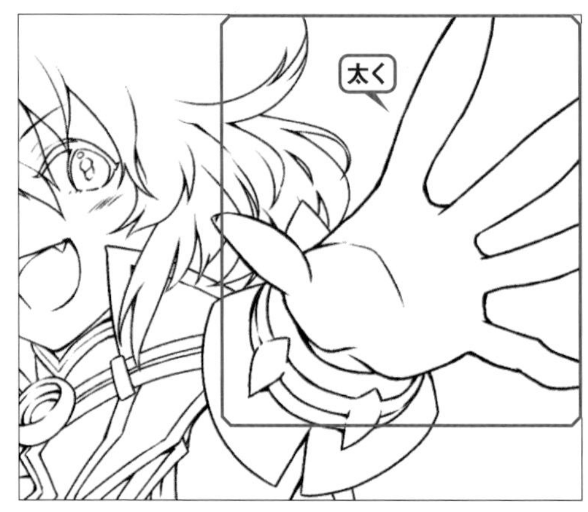

手前にあるものを太めの線で描くと遠近感が出る。

立体感を出す

線が重なっている部分はインクだまりのような小さな影を描くと立体感が出る。

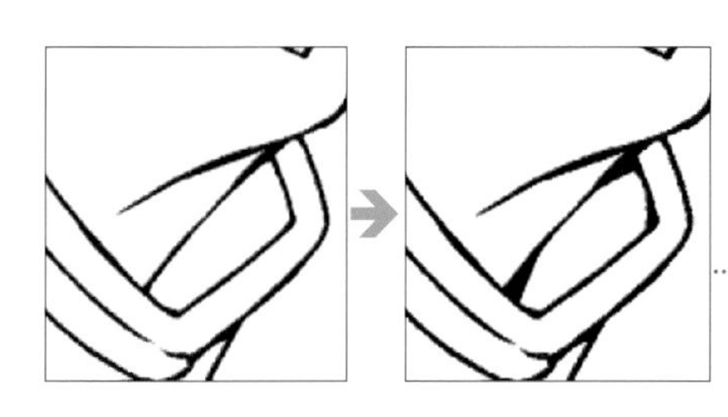

線がうまく引けないときは

線が引きにくいときは、キャンバスの表示を変えてみたり、[手ブレ補正] の値を見直したりしよう。

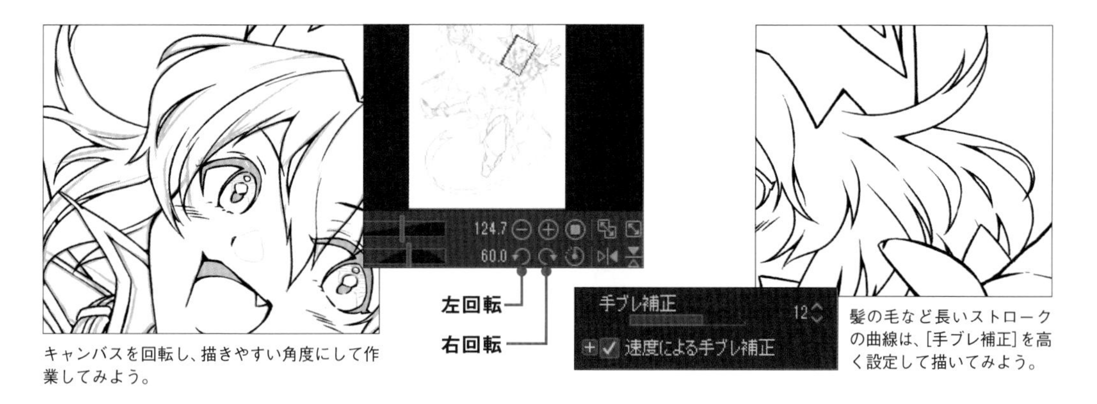

キャンバスを回転し、描きやすい角度にして作業してみよう。

髪の毛など長いストロークの曲線は、[手ブレ補正] を高く設定して描いてみよう。

デッサンの確認

実際の紙に描く場合は、紙を裏から透かして見てデッサンの狂いがないか確かめたりする。デジタルではキャンバスを左右反転すれば同じことができる。[ナビゲーター] パレットから [左右反転] してみよう。

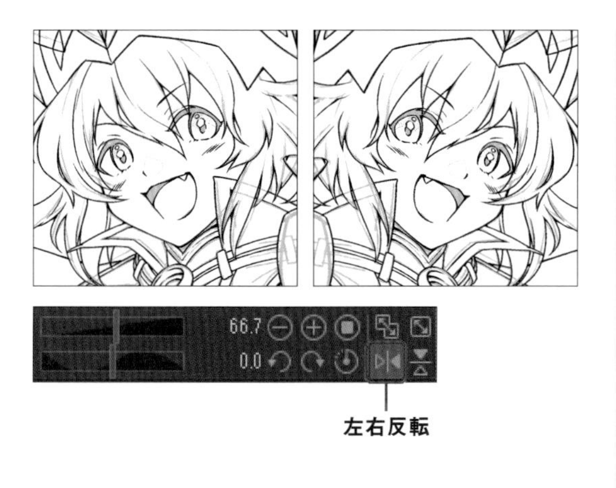

ペンのアンチエイリアス

[ペン] ツールを使う際、[ツールプロパティ] パレットで [アンチエイリアス] の設定ができる。[無し] にすると線にギザギザができるので [弱] や [中] を選んでおこう。モノクロのマンガの場合は、ギザギザが気にならないくらいの高解像度で描くのが一般的なので [無し] で問題ない。

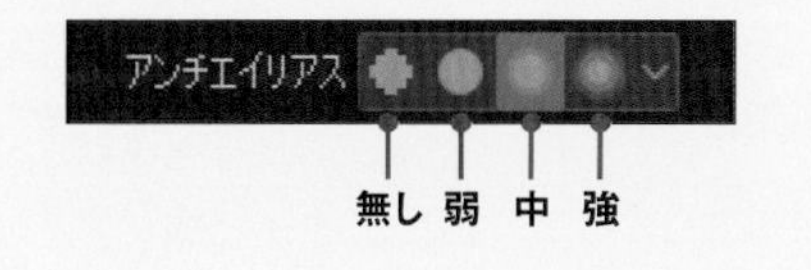

CHAPTER:01

05

ベクターレイヤーの活用

ベクターレイヤーに描画すると、ラスターレイヤーではできない線の編集が可能になる。

ベクターレイヤーの作成

ベクターレイヤーを作成するときは、[レイヤー] パレットから [新規ベクターレイヤー] をクリックする。ラスターレイヤーと同じ感覚でブラシツールを使うことができるが、描画後も自由に線の編集ができるのが大きな違いだ。たとえば画像を劣化させずに変形させるような操作も行える。

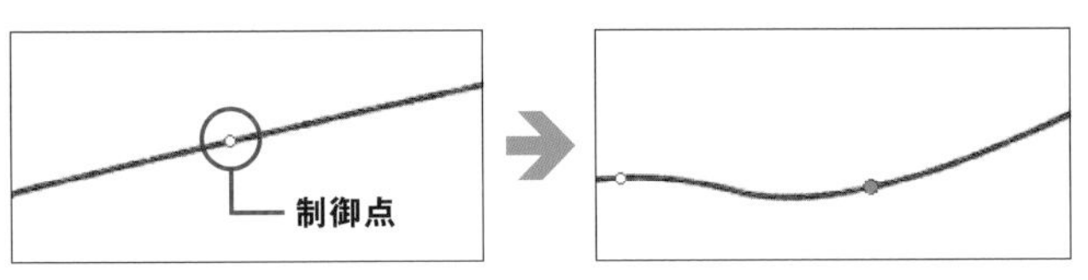

制御点
ベクターレイヤーに描画した線には制御点ができる。制御点を動かすと線の形も変わる。この制御点のある線をベクター線という。

交点消去で楽に修正

[消しゴム] ツールの [ツールプロパティ] パレットには [ベクター消去] という設定がある。ここでは、ベクター線を消す方法を選択できるが、中でもおすすめは [交点まで] だ。これを選ぶと、はみ出した線などを素早く消すことができる。

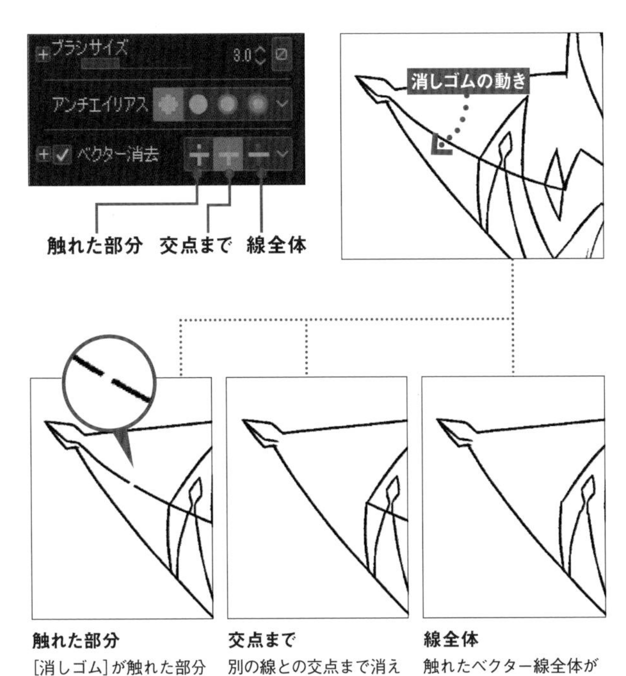

触れた部分
[消しゴム] が触れた部分だけ消える。

交点まで
別の線との交点まで消える。

線全体
触れたベクター線全体が消える。

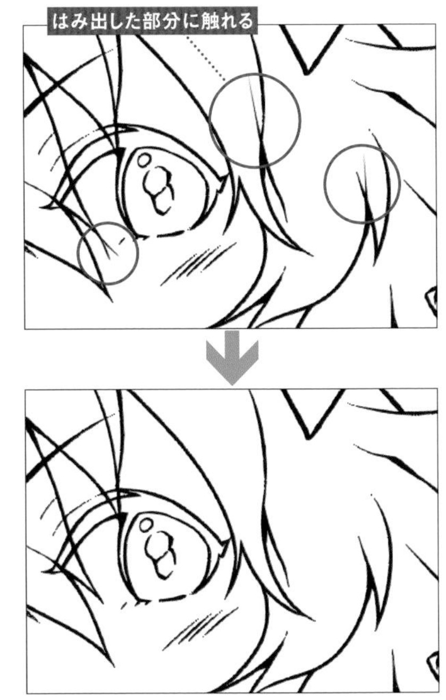

[交点まで] に設定した場合、線がはみ出たところに触れるだけで簡単に修正できる。

オブジェクトサブツールでベクター線を選択

[操作] ツール→ [オブジェクト] でベクターレイヤーを選択すると、描いた線の色や幅などを変更できるようになる。

ベクター線の選択

[レイヤー] パレットで、ベクターレイヤーを選び、[オブジェクト] で線をクリックすると1つのベクター線を選択できる。

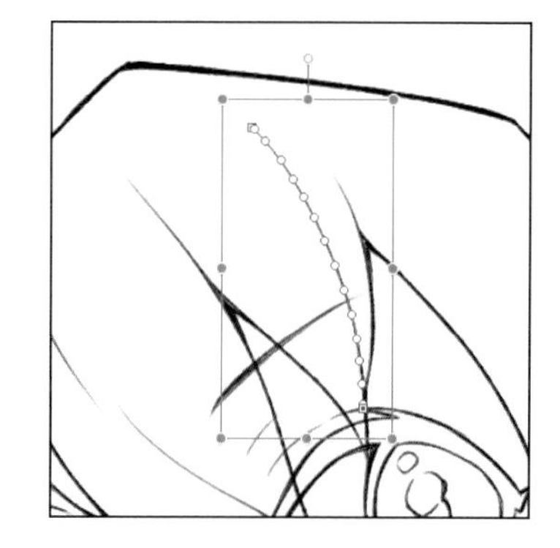

ドラッグで複数選択

ドラッグすると複数のベクター線を選択することができる。

1 [オブジェクト] サブツールの [ツールプロパティ] パレットで複数選択する方法を設定しておく。

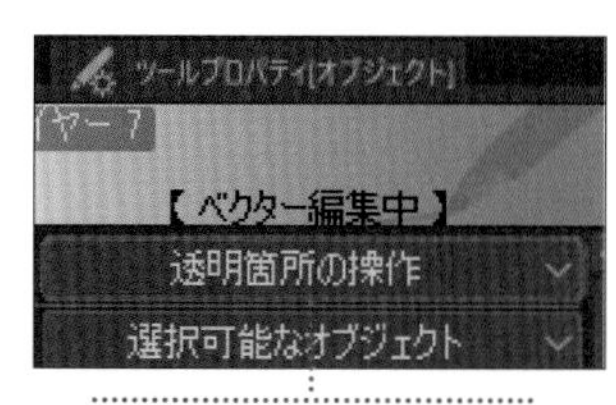

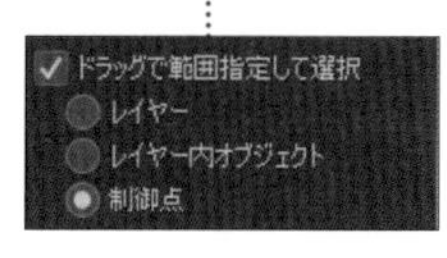

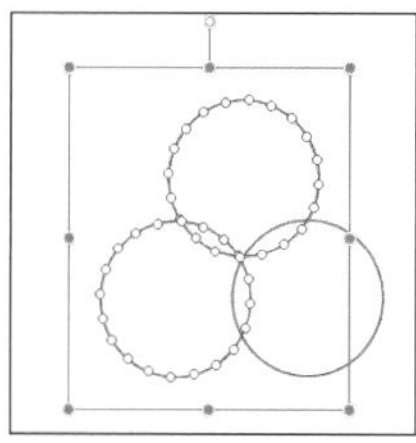

[ドラッグで範囲指定して選択] をオンにして、[レイヤー内オブジェクト] を選択すると、ドラッグした範囲内のベクター線を複数選択できる。

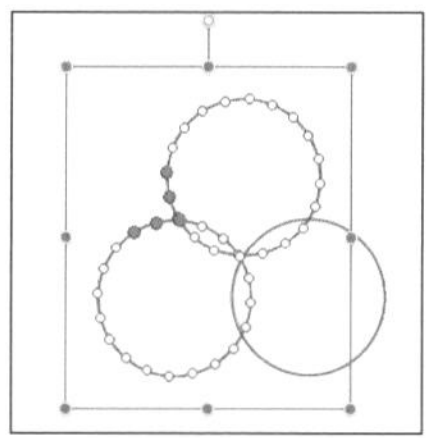

[ドラッグで範囲指定して選択] をオンにして、[制御点] を選択すると、ドラッグした範囲内の制御点を複数選択できる。

2 [ツールプロパティ] パレットで [拡縮時に太さを変更] はオフにしておく。オンにすると拡大・縮小したとき線の太さも変更される。

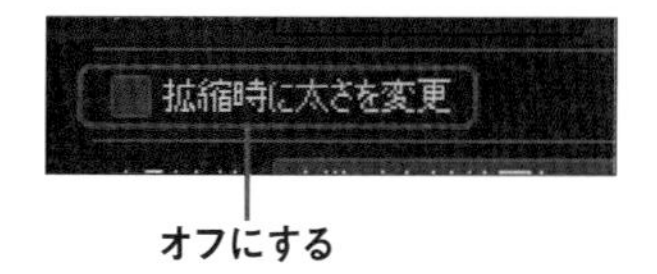

3 変形するベクター線をドラッグして選択する。ほかのパーツを避けて選択したい場合は、Shiftキーを押しながらの追加選択を利用するとよい。

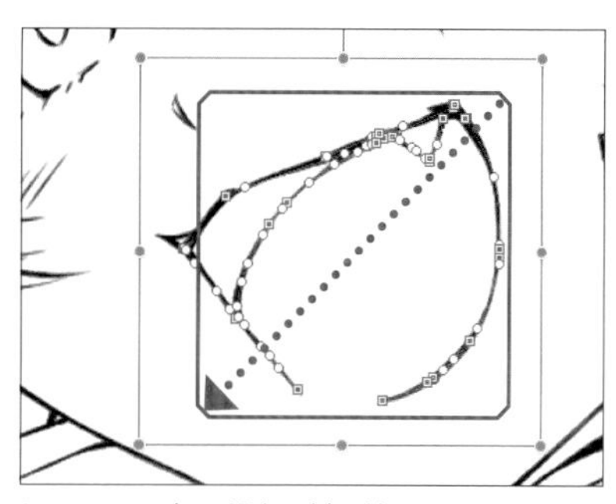

ほかのパーツ(この場合は鼻)に触れないようにドラッグして選択。

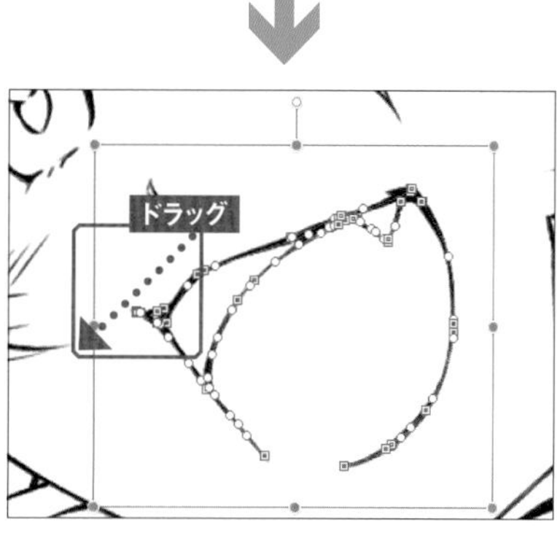

選択しきれなかった部分を追加選択(Shiftキーを押しながらドラッグ)する。

拡大・縮小・回転

ベクター線を［操作］ツール→［オブジェクト］で選択すると、ハンドルを操作して拡大・縮小・回転ができるようになる。

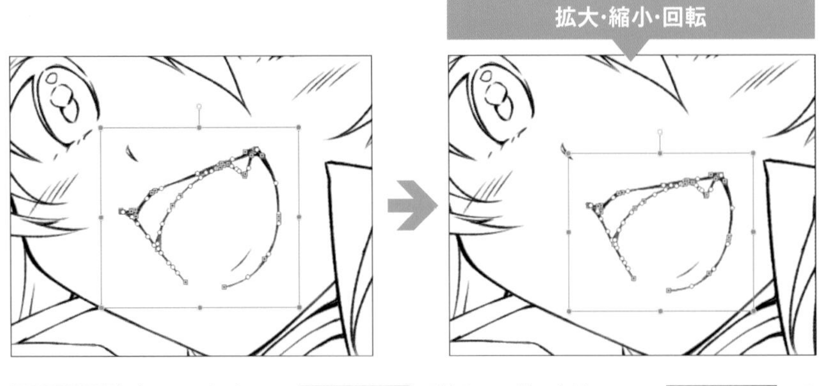

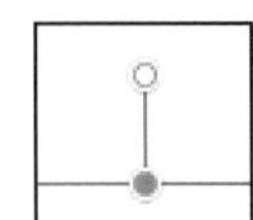

白いハンドルをドラッグで回転する。

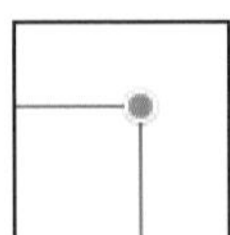

四隅のハンドルをドラッグで拡大・縮小する。縦横比を保持したいときはShiftキーを押しながらドラッグする。

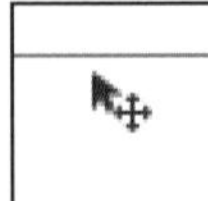

ハンドルの周りで移動のマークが出たところでドラッグするとベクター線を移動できる。

ベクター線の設定を変える

ツールプロパティパレット

［オブジェクト］でベクターレイヤーを選択中は［ツールプロパティ］パレットでベクター線を編集できる。

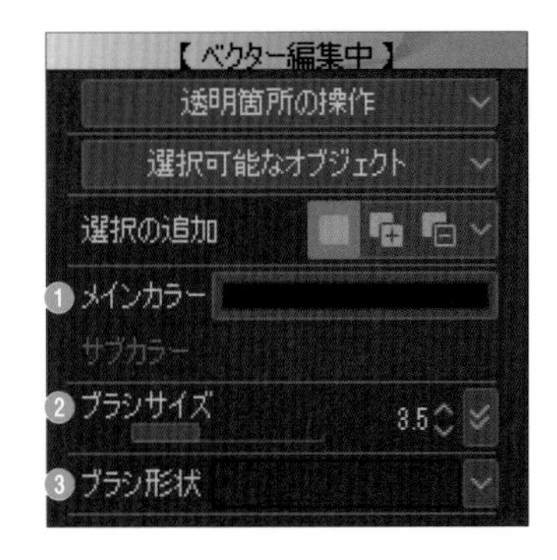

❶メインカラー

クリックすると［色の設定］ダイアログが表示され、線の色を変更できる。特定の線を選択していない場合はベクターレイヤーに描画された線全体に編集が適用される。

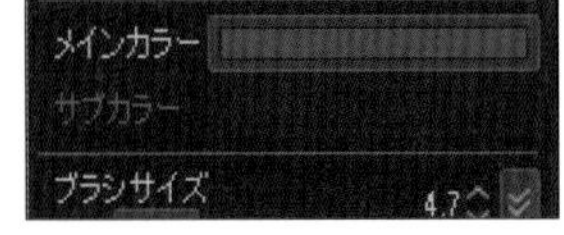

❷ブラシサイズ

ブラシサイズを変更すると、線の幅が変わる。特定のベクター線を選択している場合はその部分だけ編集できる。

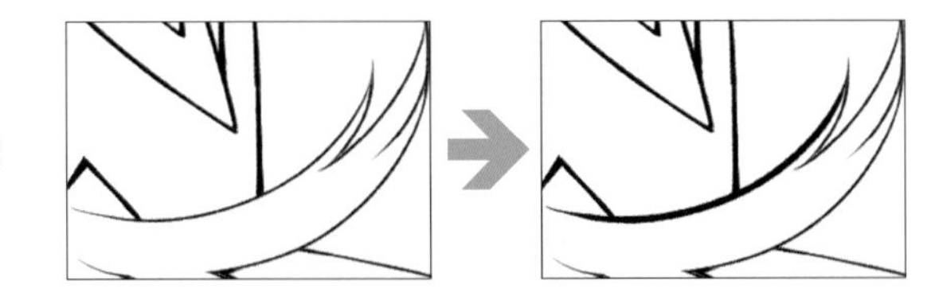

❸ブラシ形状

ブラシ形状をプリセットから選択して変更できる。

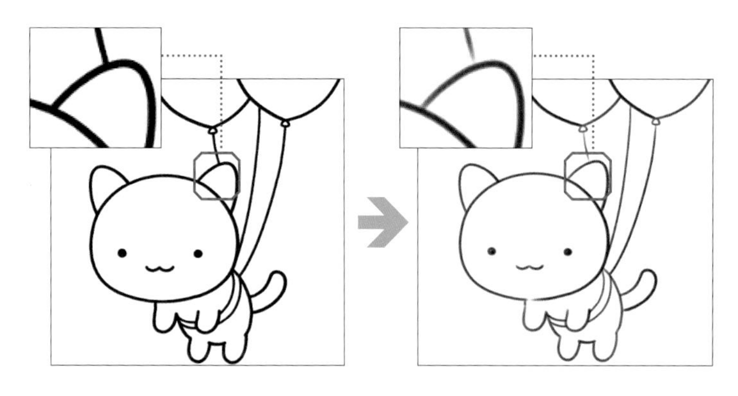

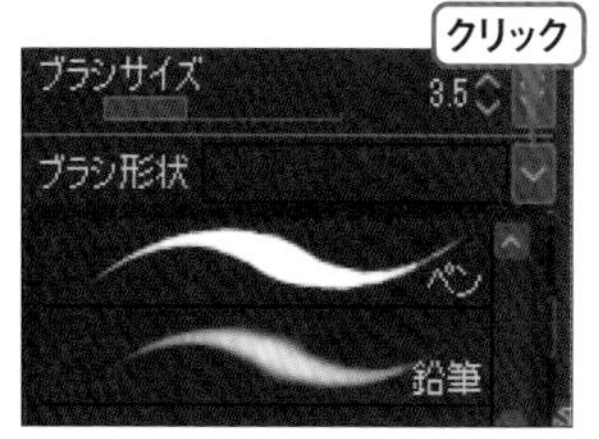

▼からブラシ形状のリストを開き、ブラシ形状を選択することが可能。[鉛筆]に変更すると濃淡のある線になる。

ベクター線を単純化する

制御点が多いベクター線は編集が難しい。[線修正] ツール→[ベクター線単純化] でベクター線をなぞると、制御点が減り編集しやすくなる。

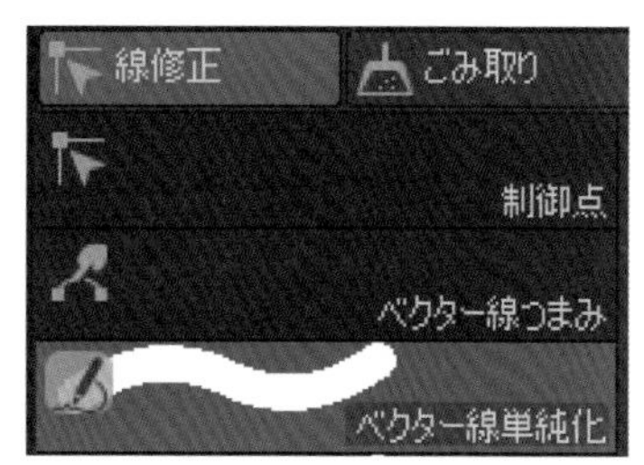

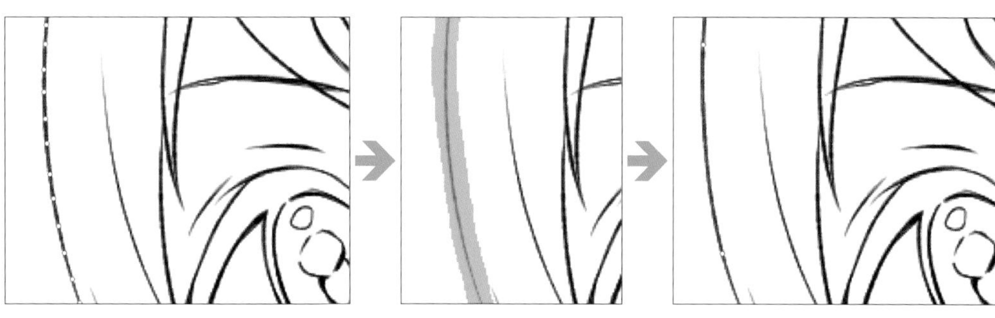

線幅修正ツールで線幅を変える

[線修正] ツール→ [線幅修正] は、ベクター線の幅を手早く変更できるサブツール。処理の内容を [ツールプロパティ] パレットで設定し、線幅を変えたいところをなぞって使う。

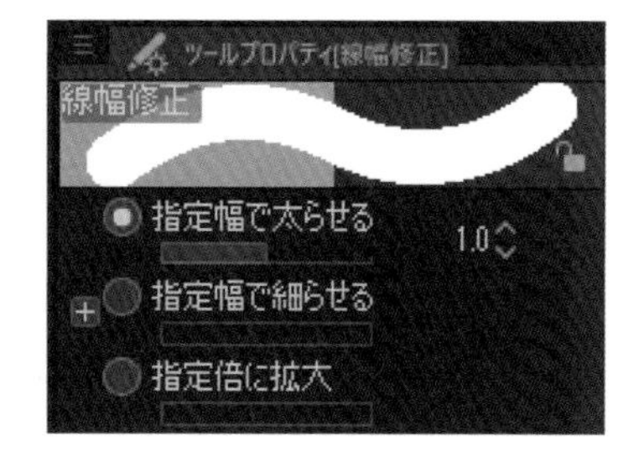

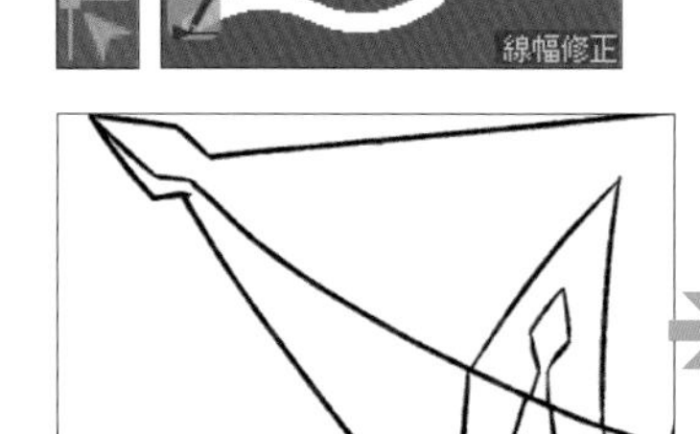

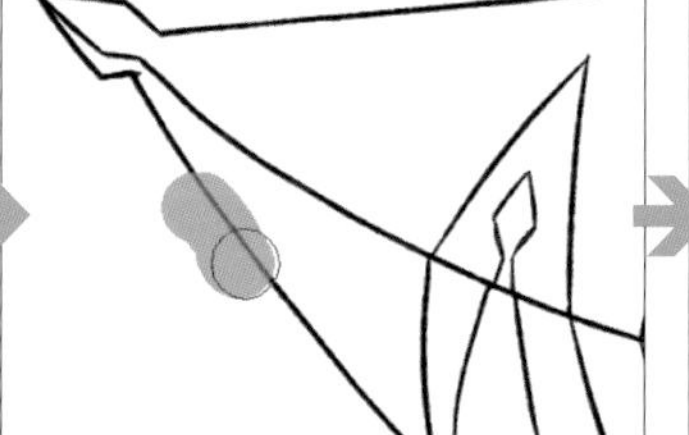

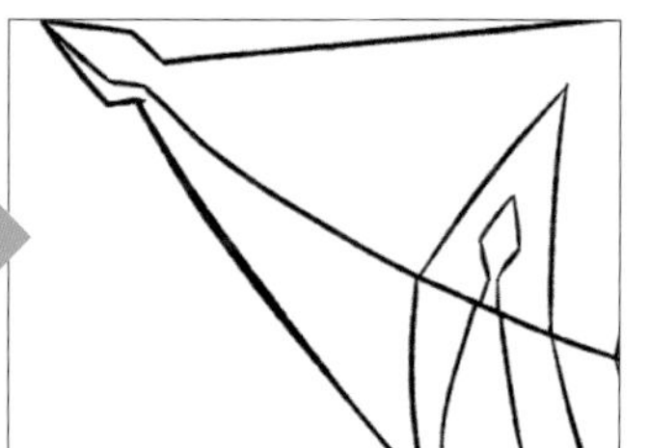

CHAPTER:01

06

定規できれいな形を描く

**フリーハンドでは難しい直線やなめらかな線は、
[定規]ツールを使えばほかの線画と同じブラシツールで描くことができる。**

定規の基本

[定規] ツールは、フリーハンドでは難しい作画を助けてくれる機能だ。

定規にスナップ

[コマンドバー] で [定規にスナップ] がオンのときは定規にスナップ (吸着) しながら描画できる。

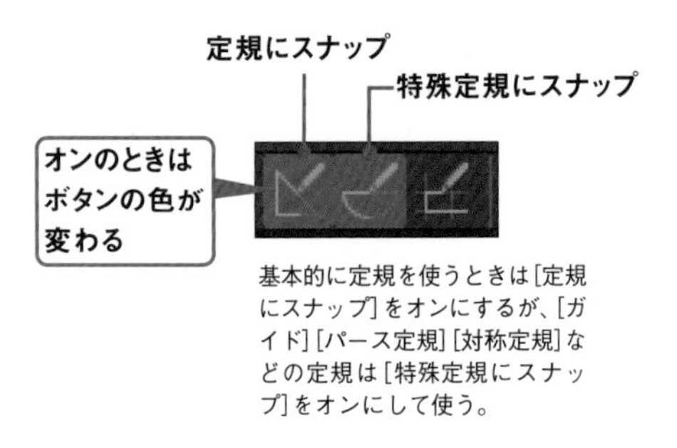

基本的に定規を使うときは[定規にスナップ]をオンにするが、[ガイド][パース定規][対称定規]などの定規は[特殊定規にスナップ]をオンにして使う。

定規を削除

[レイヤー] パレットで定規アイコンをゴミ箱にドラッグ& ドロップすると定規を削除できる。

定規の表示範囲を設定

[定規の表示範囲を設定] を設定することで、定規が作成されたレイヤー以外でも定規を表示し使用することが可能になる。

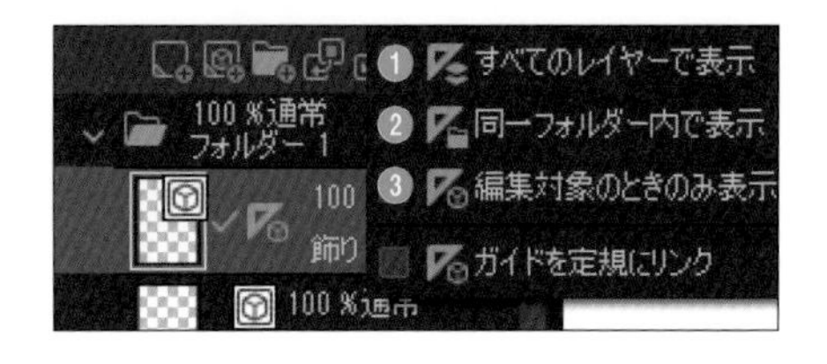

❶ **すべてのレイヤーで表示**
どのレイヤーを選択しても常に定規が表示される。

❷ **同一フォルダー内で表示**
同じレイヤーフォルダー内にあるレイヤーで定規が表示される。

❸ **編集対象のときのみ表示**
定規を作成したレイヤーにだけ定規が表示される。

定規の編集

定規の位置や大きさを変えたいときは、[操作] ツール→ [オブジェクト] で定規を選択する。移動したり、拡大・縮小・回転したりすることができる。

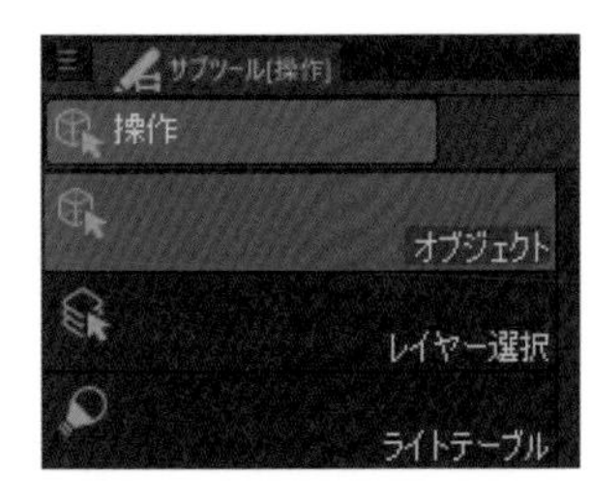

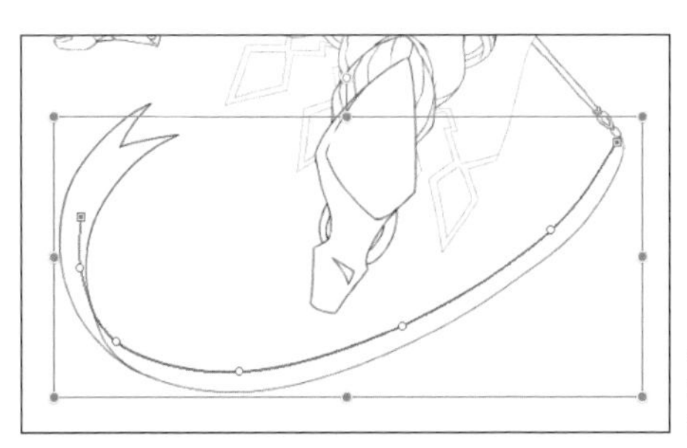

ベクター線のように制御点を動かして編集することも可能。

きれいな曲線を描く

長いストロークのなめらかな曲線を描く際は、定規が役立つ。

1 ［定規］ツール→［曲線定規］は曲線を描くための定規だ。

2 初期設定では、曲線の作成方法が［スプライン］という設定になっている。

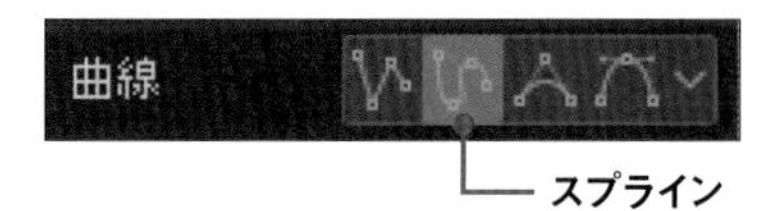

3 ［スプライン］は、クリックした点をつなげて曲線を作成する。ダブルクリックすると定規が確定される。

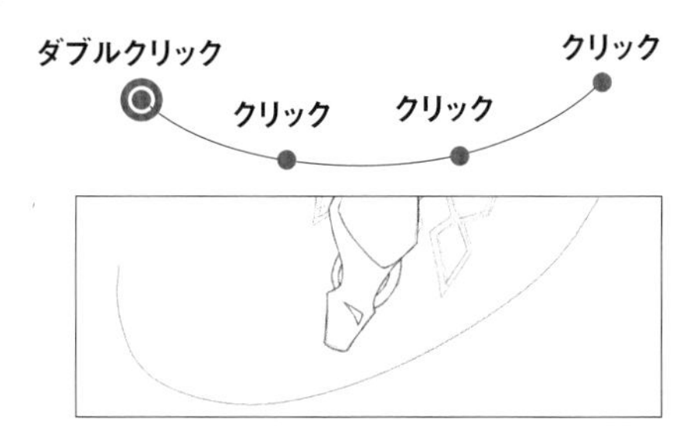

4 コマンドバーで［定規にスナップ］をオンに、ブラシツールに持ち替え、スナップさせながら曲線を描画する。

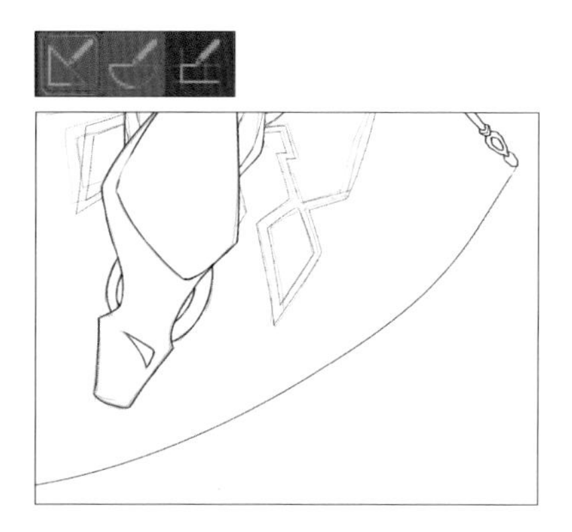

対称定規で左右対称のアイテムを描く

1 左右対称のアイテムなどを描くときは［対称定規］が便利だ。［定規］ツール→［対称定規］を選びアイテムの中心を通すようにドラッグする。

［ツールプロパティ］パレットで［線の本数］を［2］にしておこう。

2 ［特殊定規にスナップ］がオンの状態で、定規を境に片側だけ描画すると、反対側も反転された状態で自動的に描画される。

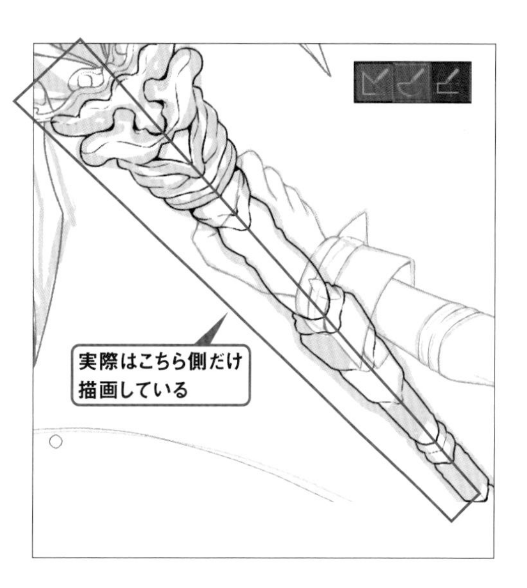

CHAPTER:01
07

紙に描いた線画を読み込む

ここでは実際の紙に描いた線画をスキャナやカメラで読み込んで、自由に編集できるデジタルデータにする流れを見ていこう。

スキャンした線画を調整する

スキャナやカメラで読み込んだ線画を色調補正や不要な点（ごみ）をとってきれいなデータにする。

1 スキャナで線画をスキャンする。もしくはカメラで読み込んだ線画の画像ファイルを開く。

スキャナで読み込む

まずは新規キャンバスを作成してから［ファイル］メニュー→［読み込み］→［スキャン］を選択しスキャンする。

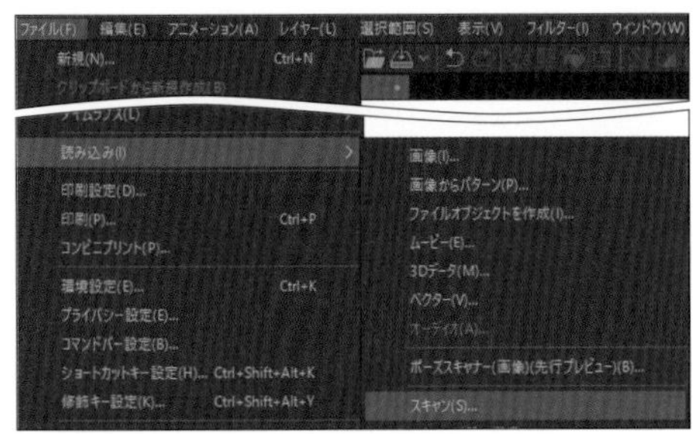

※スキャナの操作方法に関してはお手持ちの機種に付属する取扱説明書をご確認ください。

カメラで読み込む

カメラで撮った線画をPCに読み込んでおき、［ファイル］メニュー→［開く］より開く。

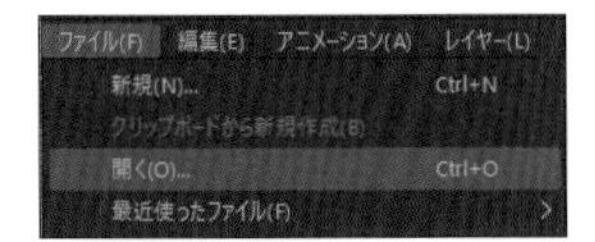

POINT

▶ **タブレット・スマートフォン版の場合は［ファイル］メニュー→［読み込み］→［カメラ撮影］を選択するとカメラで撮影した画像を直接キャンバスに読み込める。**

2 読み込んだ画像が画像素材レイヤーになっている場合は、［レイヤー］メニュー→［ラスタライズ］でラスターレイヤーにする。

画像素材レイヤーのアイコン

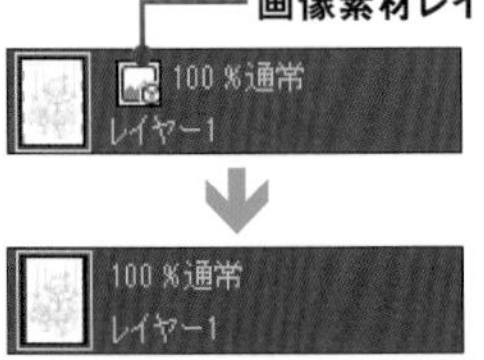

ラスタライズ→P.28

3 読み込んだ画像は、そのままでは影やごみが入り込んでいるため、きれいな線画になるように加工する必要がある。まず［編集］メニュー→［色調補正］→［レベル補正］でコントラストを上げる。線を黒くし、背景のグレーは白くする。

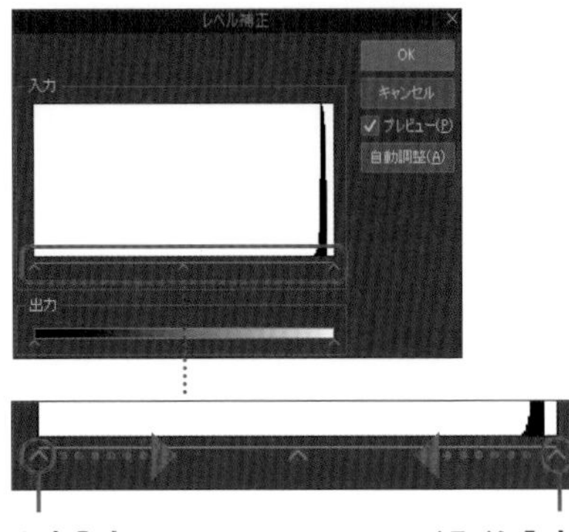

［シャドウ入力］と［ハイライト入力］を中心に寄せるように動かすとコントラストが上がる。

4 このままだと線画の背景が白いため、仮に下に色を塗っても表示されない。そこで線画を抽出する作業を行う。

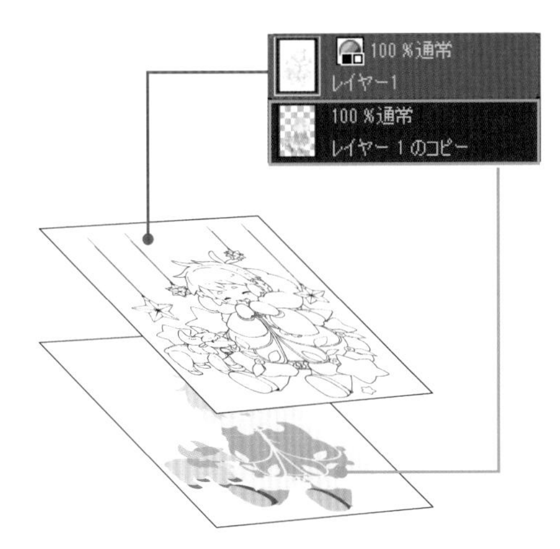

5 ［編集］メニュー→［輝度を透明度に変換］を選択すると黒い線画以外は透明になる。これで下にレイヤーを作成して色を塗りやすくなる。

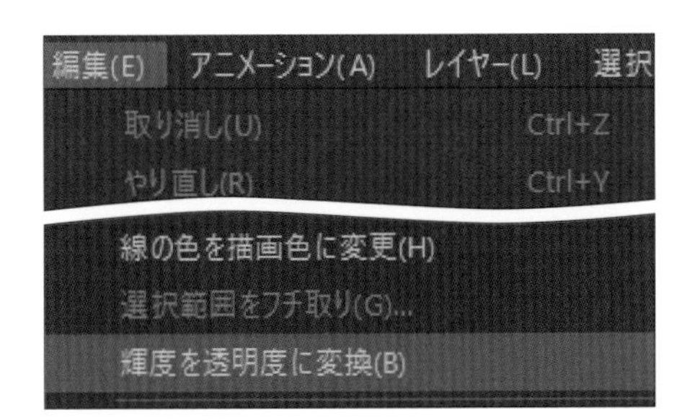

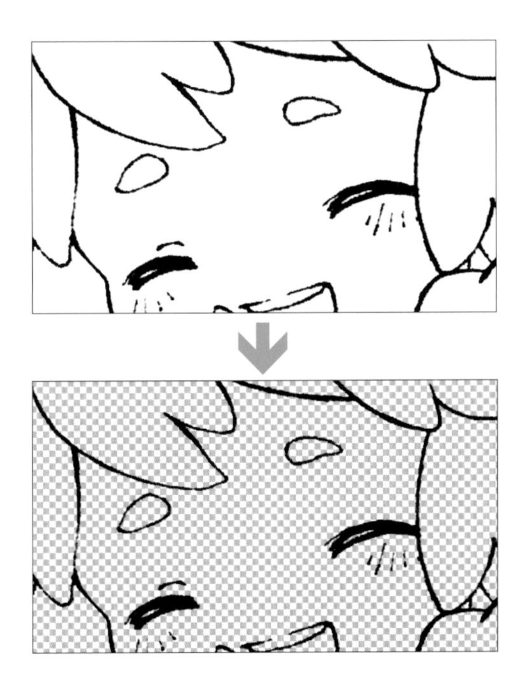

6 ［線修正］ツール→［ごみ取り］グループにある［ごみ取り］でスキャン時に写った小さな点のごみを消すことができる。

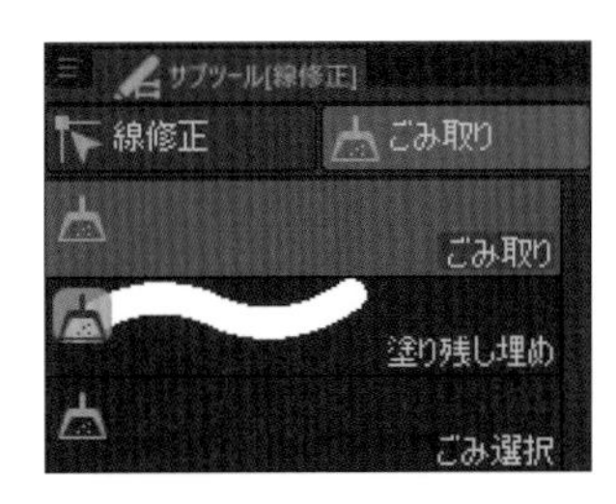

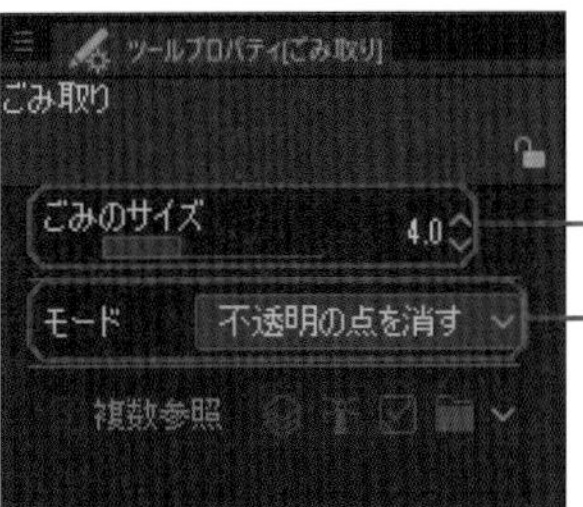

消すごみの大きさは［ごみのサイズ］で設定できる。

［モード］が［不透明の点を消す］の場合、背景が透過された線画のごみを消せる。

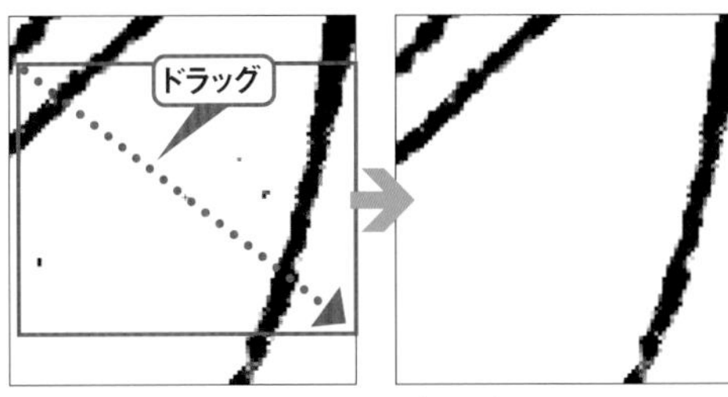

［ごみ取り］でドラッグした範囲のごみを消す。

7 線画を見直し［ごみ取り］で消えなかった不要な線やごみがあれば修正して完了。

線画の調整完了

CHAPTER:01
08

ゆがみツールで形を調整する

[ゆがみ]ツールは、パーツの形状を調整することができる。デッサンの狂いを正したいときなどに便利なので活用しよう。

ゆがみツール

[ゆがみ] ツールは画像をゆがませることができる。パーツの形を調整したいときに使うとよい。
[ゆがみ] ツールが使えるレイヤーは、ラスターレイヤー、選択範囲レイヤー、レイヤーマスク。ベクターレイヤーなどの画像はゆがませることができない。

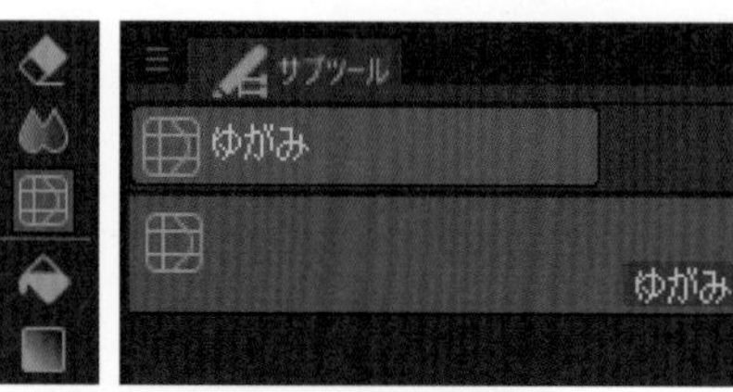

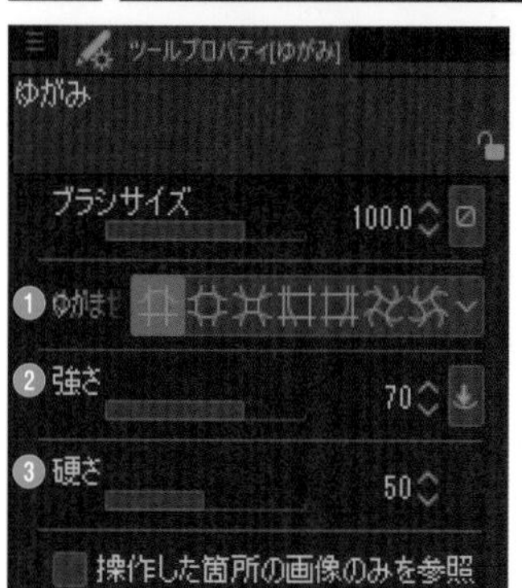

❶ **ゆがませ方**
ゆがませる方法を選択できる。

❷ **強さ**
ゆがませる量を設定する。

❸ **硬さ**
値が小さいときは中心部ほどゆがむようになり、値が大きいときは全体がまんべんなくゆがむ。

進行方向

[ツールプロパティ]パレットで、[ゆがませ方]を[進行方向]にするとストロークの方向にゆがませることができる。

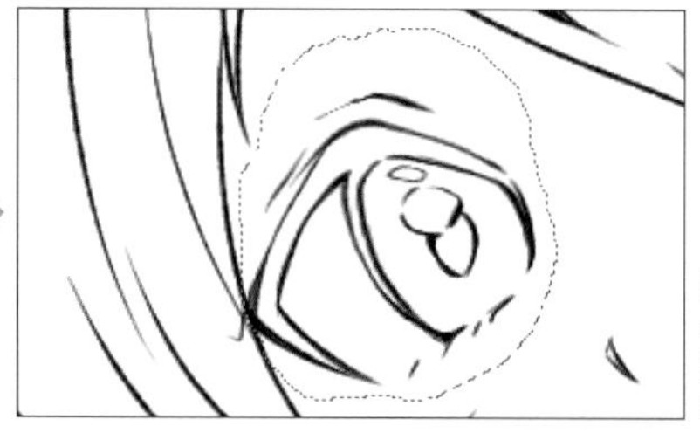

形を変えたくないパーツが近くにある場合は、選択範囲を作成してゆがませるとよい。

複数レイヤーをゆがませる

ver.2.0からは、複数選択したレイヤーに対して画像をゆがませることができる。
[レイヤー] パレットでレイヤーフォルダーを選択して [ゆがみ] ツールを使うと、フォルダー内のレイヤーを一度にゆがませられる。

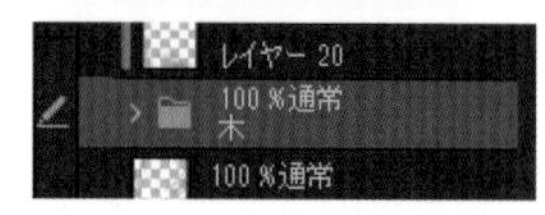

塗りのテクニック

チャプター2では、下塗りから影や照り返しなどの彩色まで、
塗りのテクニックについて解説する。

作例データを
ダウンロード
できます。

CHAPTER:02

01

下塗りのテクニック

彩色のベースになる「下塗り」をすると影や照り返しなどを塗る作業が楽になる。塗りつぶし方もいろいろあるので覚えておこう。

塗りつぶしツールの使い方

下塗りはべた塗りで行うのが基本となる。べた塗りするときは、［塗りつぶし］ツールを使うと効率よく作業することができる。

基本のサブツール

［塗りつぶし］ツールの基本的なサブツールは、［編集レイヤーのみ参照］と［他レイヤーを参照］だ。どちらもキャンバス上をクリックすると描画色で塗りつぶされる。
塗りつぶす範囲は、クリックした箇所の色で決められる。白なら白い部分が範囲になる。別の色で囲まれているときは、その中だけが塗りつぶされる。

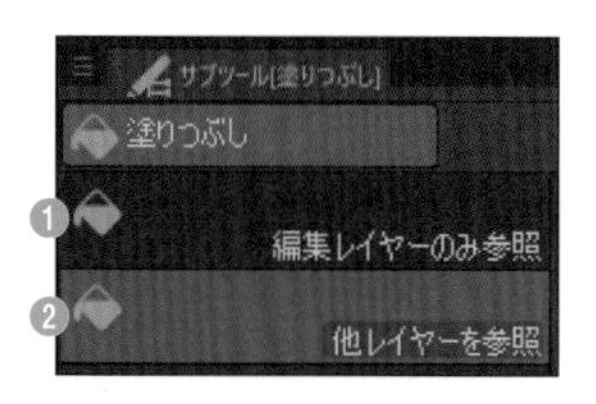

❶編集レイヤーのみ参照
編集中のレイヤーにある線や塗りを基準に塗りつぶす。

❷他レイヤーを参照
すべてのレイヤーの線や塗りを基準にして塗りつぶす。

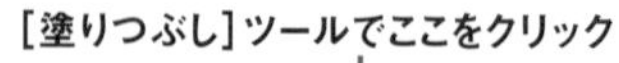

塗りつぶしのツールプロパティ

［塗りつぶし］ツールを使う際の［ツールプロパティ］パレットの設定を確認しておこう。

隣接ピクセルをたどる

［隣接ピクセルをたどる］をオフにすると、レイヤー内の同じ色の領域がすべて塗りつぶされる。通常はオンにしておくとよい。

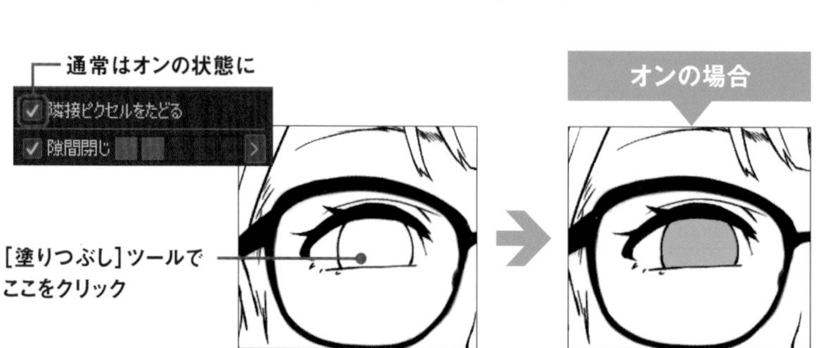

閉じた線で囲まれたところだけ塗りつぶされる。

白（クリックした箇所の色）がすべて塗りつぶされる。

→ 隙間閉じ

［隙間閉じ］をオンにすると、少しのすき間を閉じたものとして塗りつぶせる。

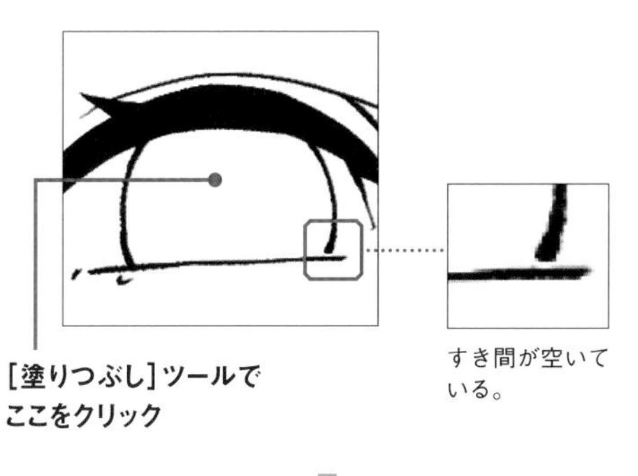

［塗りつぶし］ツールでここをクリック

すき間が空いている。

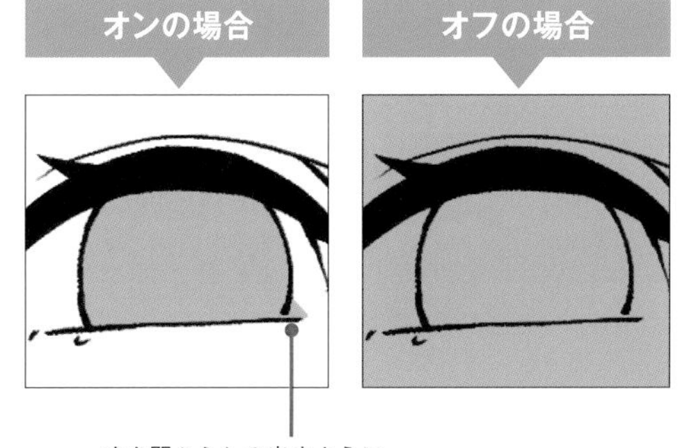

すき間からしみ出すように、わずかに色がもれる場合もあるが、少しの修正で済む。

→ 色の誤差

［色の誤差］は［塗りつぶし］ツールでクリックした箇所の色と同じ色として許容する範囲を設定する。たとえばクリックした箇所が白い場合、［色の誤差］が［0］だと、完全に白い部分だけが塗りつぶされる。

→ 領域拡縮

塗りつぶされる領域を広げたり縮めたりすることが可能。［領域拡縮］をオフにして塗りつぶすと、線と塗りの間に小さな塗り残しができる場合がある。

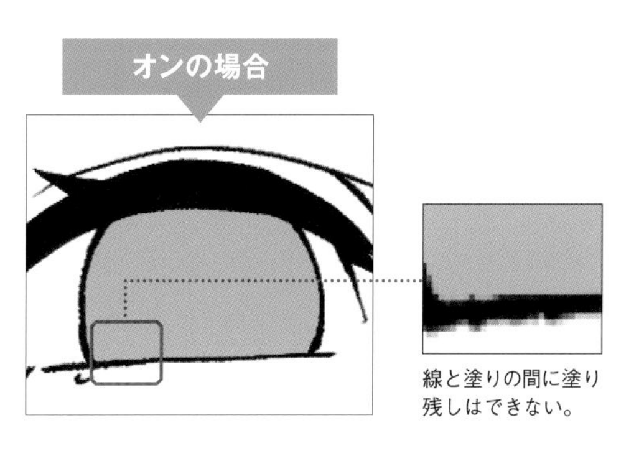

線と塗りの間に塗り残しはできない。

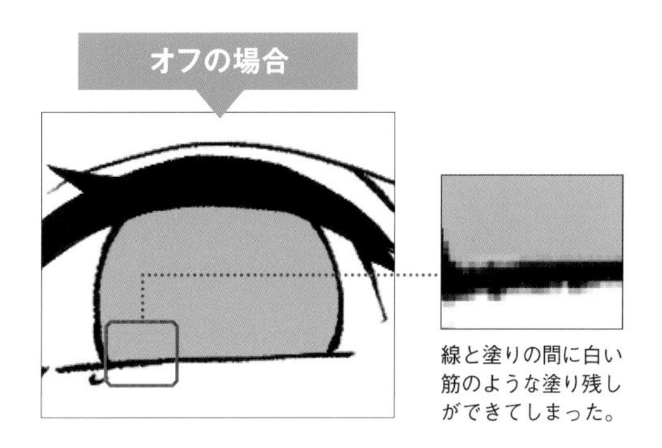

線と塗りの間に白い筋のような塗り残しができてしまった。

※作例は線画と塗りのレイヤーを分けている。

→ 参照先の設定

[複数参照] をオンにすると参照するレイヤーを設定できる。

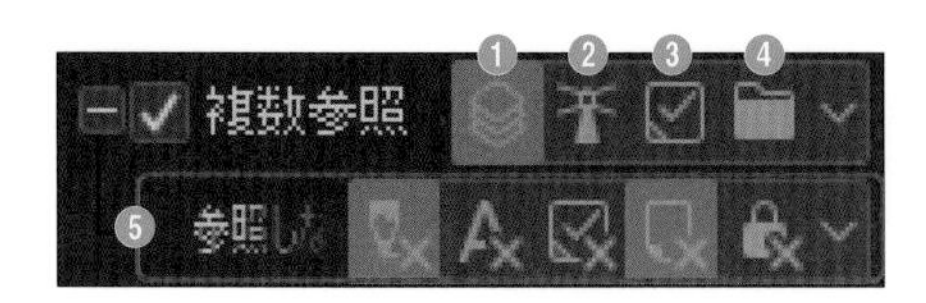

❶すべてのレイヤー
すべてのレイヤーを参照する。

❷参照レイヤー
参照レイヤーに設定されたレイヤーを参照する。

❸選択されたレイヤー
編集中のレイヤーのほかに、複数選択したレイヤーを参照する。

❹フォルダー内のレイヤー
編集中のレイヤーと同じレイヤーフォルダーに格納されたレイヤーを参照する。

❺参照しないレイヤー
下描きレイヤー、テキストレイヤー、編集レイヤー、用紙レイヤー、ロックしたレイヤーを参照先から外すことができる。

線画を参照して塗りつぶす

線画と塗りのレイヤーを分けて、[塗りつぶし] ツールで下塗りしていく過程を見てみよう。

1 [レイヤー] パレットで線画のレイヤーを選択し [参照レイヤーに設定] をオンにする。これで線画のレイヤーが参照レイヤーになる。

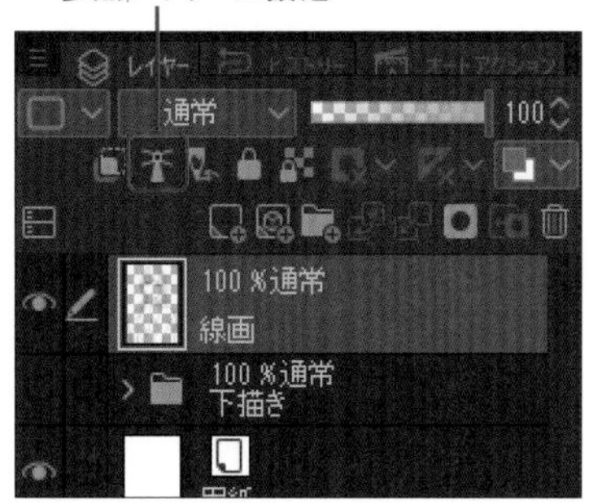

参照レイヤーを設定すると、参照レイヤーのみ参照して塗りつぶしたり自動選択したりする操作が可能になる。

2 線画レイヤーの下に塗り用の新規ラスターレイヤーを作成する。

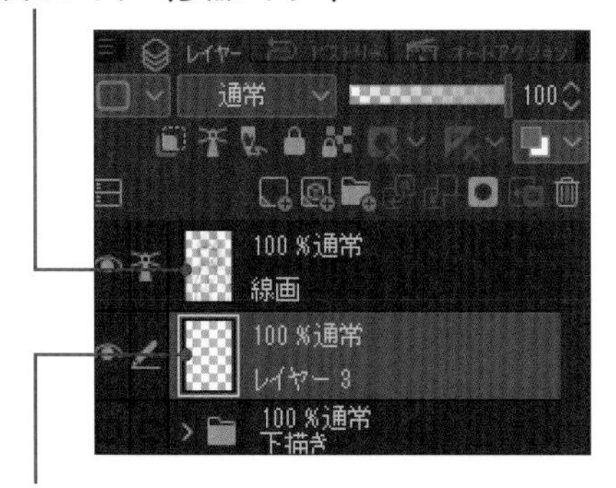

3 ［塗りつぶし］ツール→［他レイヤーを参照］を選択する。［複数参照］から［参照レイヤー］を選択する。これで参照レイヤーの線画を基準に塗りつぶしができる。

参照レイヤー（を参照）

4 塗り用のレイヤーを選択した状態で、塗りつぶしたい部分をクリックすると、線画レイヤーを参照しながら線で閉じられた範囲内が塗りつぶされる。

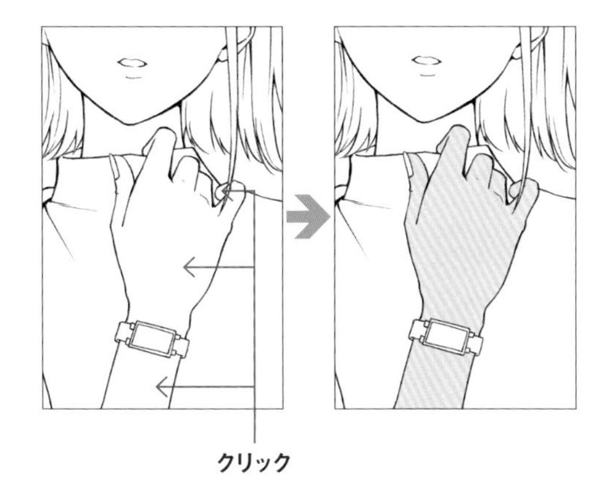

クリック

5 線が閉じていない場合は、［ペン］ツールなどですき間を埋めてから塗りつぶす。

塗りのレイヤーで［ペン］ツール→［Gペン］を使い描画色ですき間を埋めた。

6 塗りつぶしが完了した。

編集レイヤーを参照しない

［複数参照］の設定で参照先を決めた場合でも編集レイヤーは参照される。
編集レイヤーの描画部分が塗りつぶしの邪魔になる場合は［参照しないレイヤー］で［編集レイヤーを参照しない］をオンにするとよい。

CHAPTER:02

02 塗り残しに塗るテクニック

塗りつぶした部分に塗り残しができる場合がある。
対処法はいくつかあるので覚えておくとよいだろう。

塗り残し部分に塗る

［塗りつぶし］ツール→［塗り残し部分に塗る］を使って塗り残しを楽に修正することができる。

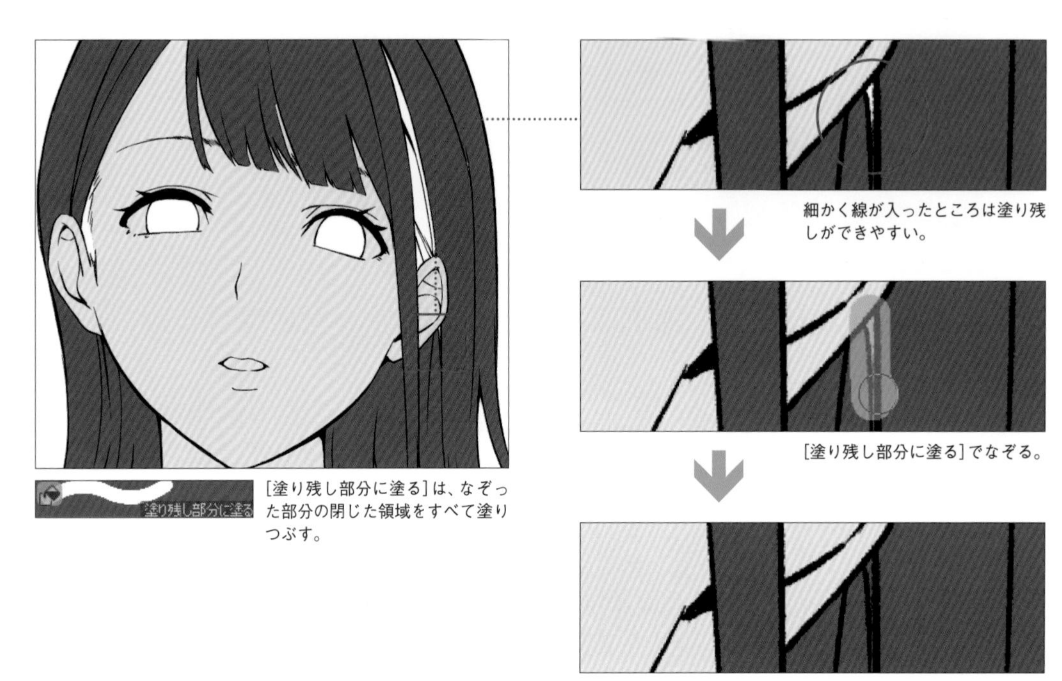

［塗り残し部分に塗る］は、なぞった部分の閉じた領域をすべて塗りつぶす。

細かく線が入ったところは塗り残しができやすい。

［塗り残し部分に塗る］でなぞる。

塗り残しを修正できた。

囲って塗る

閉じた領域が複数あり、一度に塗りつぶしたい範囲が広い場合は［囲って塗る］が便利だ。

囲って塗る

［塗りつぶし］ツール→［囲って塗る］は、「囲った内側にある」線やほかの色で閉じられた範囲を塗りつぶす。

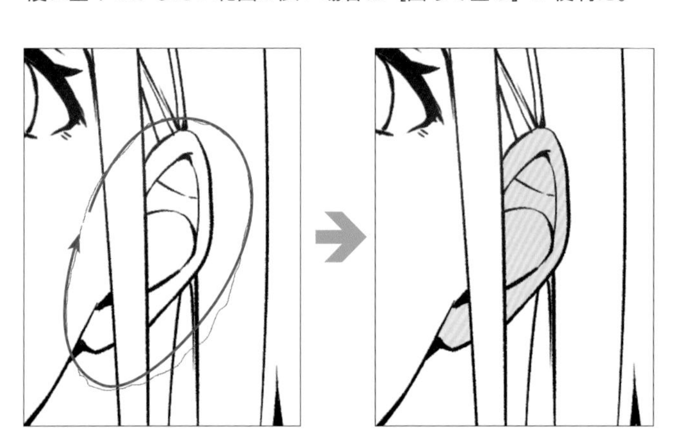

ドラッグで塗りつぶす

線が多く入り組んだところは、[他レイヤーを参照] でドラッグすると素早く塗りつぶせる。

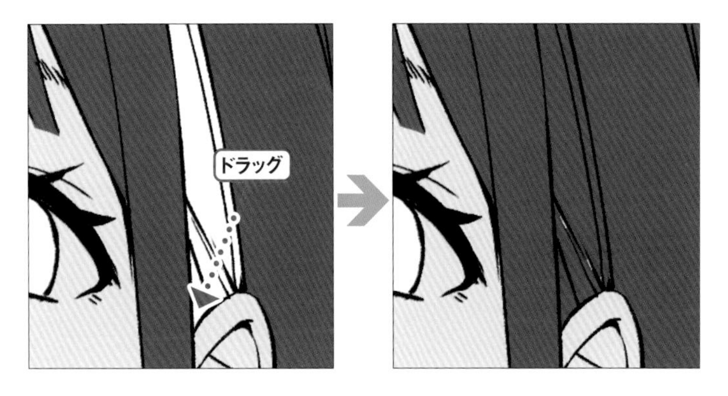

クリックとドラッグを使い分けて効率よく塗りつぶそう。

ペンで塗る

線のすき間が大きい場合など、[塗りつぶし] ツールが使いにくいパーツは、[ペン] ツールで塗ってしまおう。

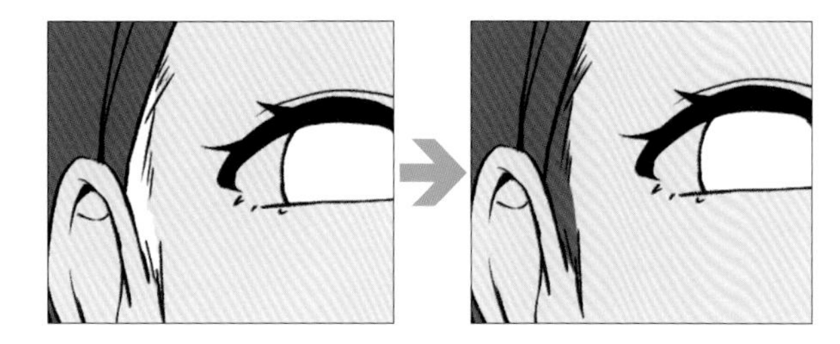

塗り残しを見つける

用紙レイヤーの色を彩度の高い色に変更すると、塗り残しを見つけやすいので活用してみよう。

1 [レイヤー] パレットで用紙レイヤーのサムネイルをダブルクリックすると [色の設定] ダイアログが表示される。彩度の高い色を選んで [OK] を押す。

ダブルクリック

ここでは[カラーセット]を選択。

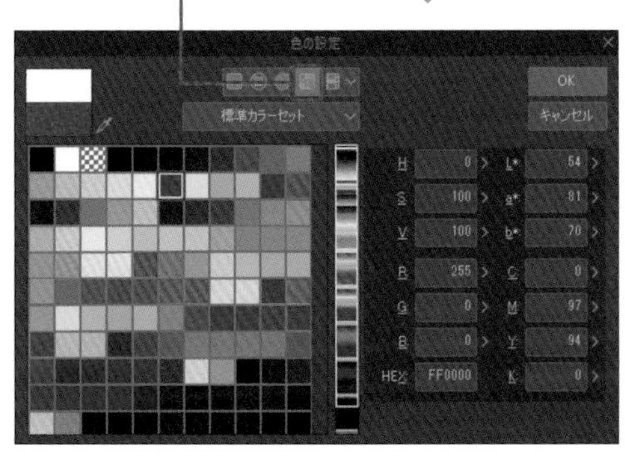

2 用紙レイヤーの色が変わり、塗ってない部分がはっきりわかる。これで塗り残しを見つけやすくなった。修正後は用紙レイヤーの色を戻しておこう。

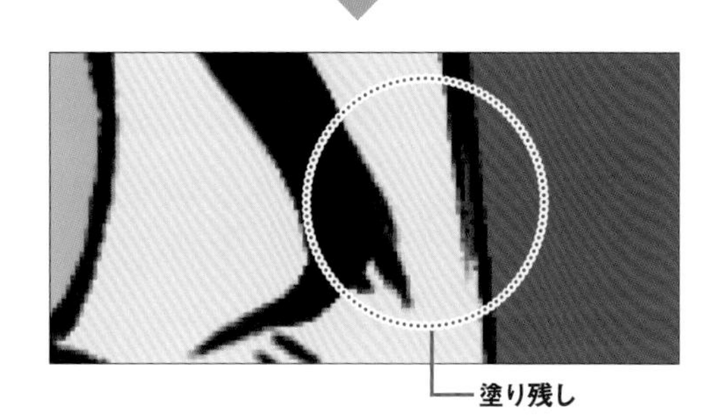

塗り残し

※[レイヤー]パレットに用紙レイヤーがない場合は[レイヤー]メニュー→[新規レイヤー]→[用紙]を選択する。

CHAPTER:02

03

塗った色を変更する

塗った色を変更したり、部分的に別の色を入れたりする方法がある。どの方法も簡単な手順で行える。

線の色を描画色に変更

レイヤーに描かれた色をすべて描画色に変更するには、[編集] メニュー→ [線の色を描画色に変更] が便利。

1 下塗りした髪の色を変更してみよう。[レイヤー] パレットで髪を塗ったレイヤーを選択する。

2 [カラーサークル] パレットなどで、変更後の色を作成する。

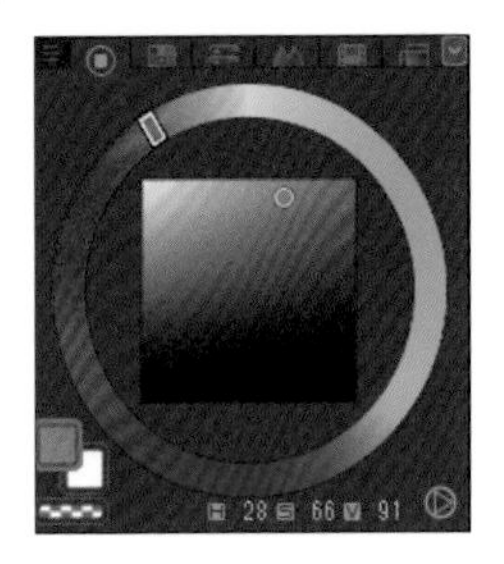

3 [編集] メニュー→ [線の色を描画色に変更] を選択する。すると下塗りの色が描画色に変更される。

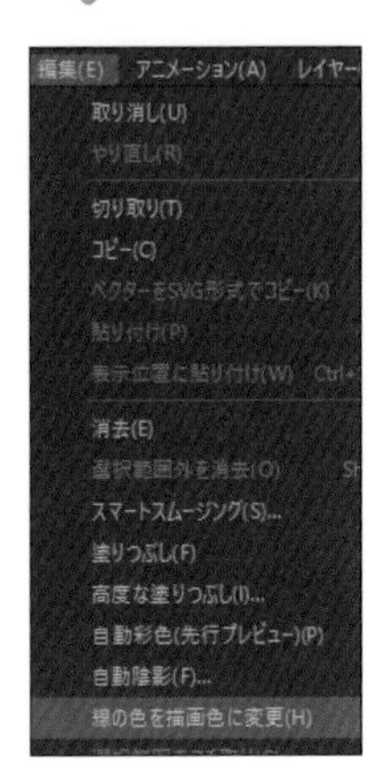

透明ピクセルをロック

色を塗った部分からはみ出さずに描画したい場合は、レイヤーの [透明ピクセルをロック] をオンにする。

1 ここでは瞳の色を変更してみよう。瞳を塗ったレイヤーを選び [透明ピクセルをロック] をオンにする。

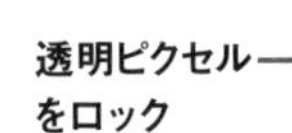

2 [カラーサークル] パレットなどで、変更後の色を作成する。

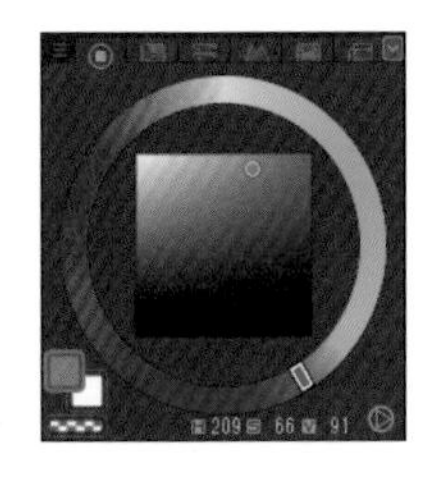

3 [編集] メニュー→ [塗りつぶし] を選択。描画色で塗りつぶされ、色を変更できた。

CLIP STUDIO PAINT PRO　CHAPTER 2 塗りのテクニック

→ 線画の一部の色を変える

[透明ピクセルをロック] をオンにすると、部分的に別の色を乗せるようなことも簡単にできる。

1 [透明ピクセルをロック] をオンにした線画のレイヤーに、[エアブラシ] ツール→ [柔らか] で赤い点線部分に色を入れていく。

[柔らか] はぼんやりとした塗りになるので自然なグラデーションを作れる。ここでは初期設定で使用している。ブラシサイズは [100] ～ [300] (px) と大きめにするのがおすすめ。

2 線画に、部分的に色が入った。応用すれば線画を下塗りの色に合わせて細かく変化させるような描画も可能だ。

クリッピングによる色の変更

色を変更するとき、[下のレイヤーでクリッピング] を利用すると、後で元の色に戻すことができる。

1 色を変えたいレイヤーの上に新規ラスターレイヤーを作成し [下のレイヤーでクリッピング] をオンにする。

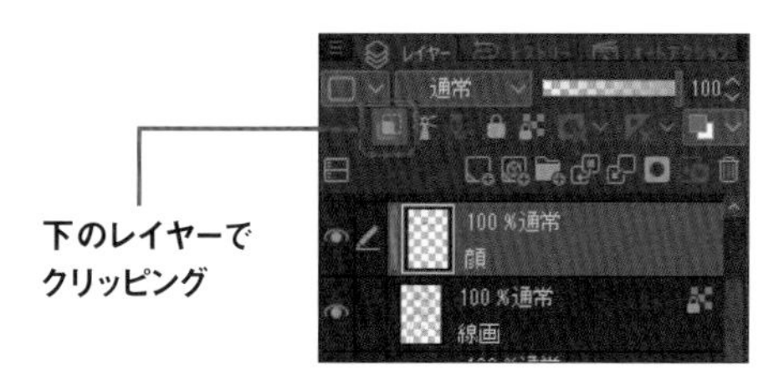

2 ここでは線画レイヤーにクリッピングしたレイヤーで、一部に赤みがかった色を加える。目尻のあたりを赤くするとふんわりとした印象になる。

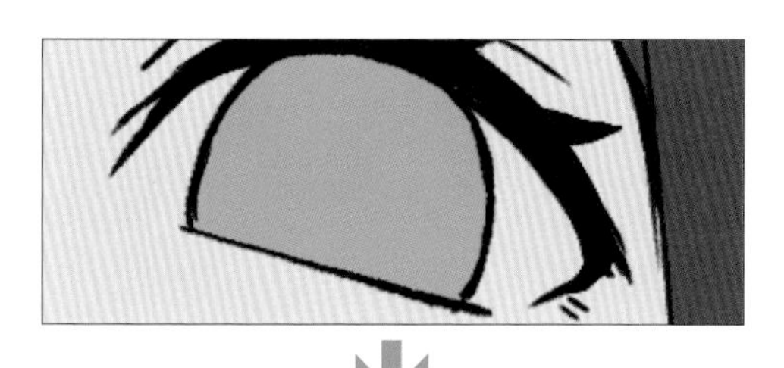

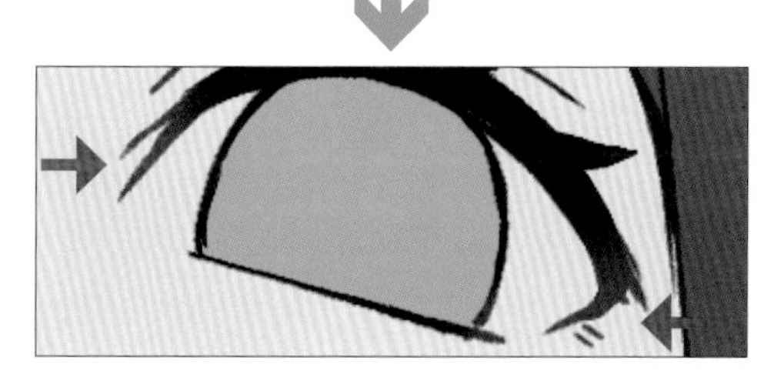

3 元に戻したい場合は色を変更したレイヤーを [レイヤーを削除] で捨てるか、もしくはレイヤーを非表示にすればよい。

レイヤーを削除

レイヤー 通常 100 %通常 顔 100 %通常 線画

レイヤーを非表示

CHAPTER:02
04

パーツ分けとクリッピング

パーツごとにレイヤーを作り、それぞれを下塗り。
さらに下塗りの上に[下のレイヤーにクリッピング]したレイヤーで塗りを重ねていく。

パーツごとにレイヤー分け

パーツごとにレイヤーを作る際、レイヤー名をダブルクリックして変更すると整理しやすい。

色分けする要素を考えながらパーツごとにレイヤーを作成し下塗りした。ここでは肌、白目、瞳、髪、服などで分けた。

レイヤー構造の例

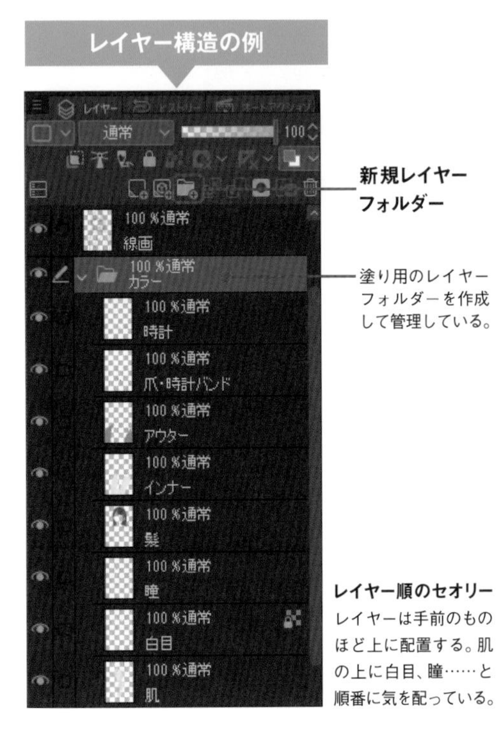

新規レイヤーフォルダー

塗り用のレイヤーフォルダーを作成して管理している。

レイヤー順のセオリー
レイヤーは手前のものほど上に配置する。肌の上に白目、瞳……と順番に気を配っている。

下のレイヤーでクリッピングではみ出さずに塗る

下塗りの上から塗りを重ねるときは［下のレイヤーでクリッピング］を活用しよう。

下のレイヤーでクリッピング

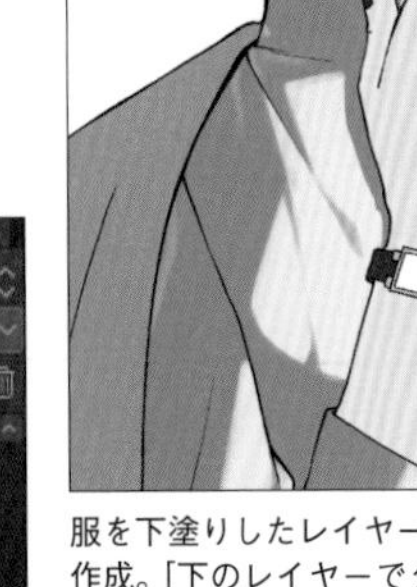

服を下塗りしたレイヤーの上に新規レイヤーを作成。[下のレイヤーでクリッピング]をオンにすると下塗りからはみ出さず塗り重ねられる。

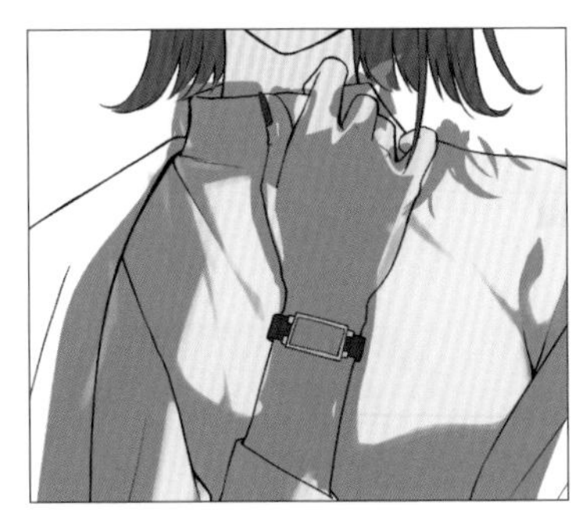

仮に[下のレイヤーでクリッピング]をオフにすると実際は大きくはみ出して塗っているのがわかる。

CHAPTER:02
05

キャラクターの下地を作る

線や塗りの薄いところに背景の色が透けて見える場合がある。対策としてキャラクターの下地を作っておくと安全だ。

レイヤーマスクで下地を作る

1 線や塗りに、少しでもすき間があると背景の色が出てしまう。また濃淡のある線画だと線の薄いところは背景を透かしてしまう。

2 キャラクター以外の領域を［自動選択］ツールでクリックし選択範囲を作成する（背景がある場合はキャラクターだけを表示するとよい）。

画像は選択範囲がわかりやすいように赤で色をつけている。

3 塗りをレイヤーフォルダーにまとめておき、フォルダーを選択した状態で［レイヤー］メニュー→［レイヤーマスク］→［選択範囲をマスク］。

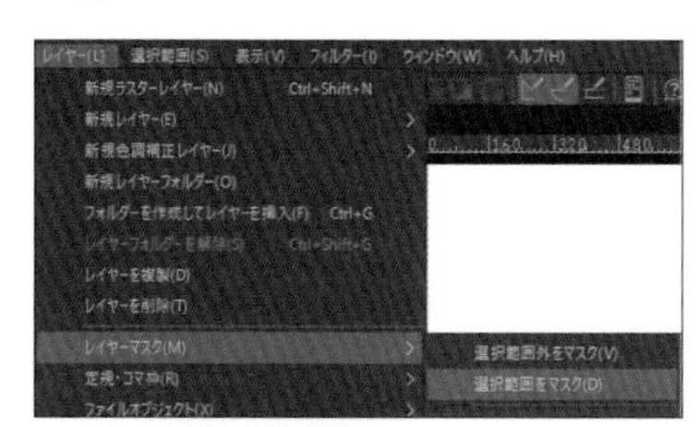

4 キャラクター以外の領域はレイヤーマスクによって隠される。以降、このレイヤーフォルダー内ではキャラクターの外側は描画できなくなる。

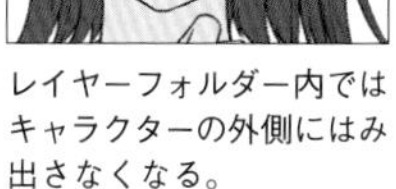

レイヤーフォルダー内ではキャラクターの外側にはみ出さなくなる。

レイヤーマスクのアイコン。黒い部分は非表示になる。

5 レイヤーフォルダー内の一番下にレイヤーを作成して［編集］メニュー→［塗りつぶし］でグレーで塗りつぶす。これがキャラクターの下地になる。

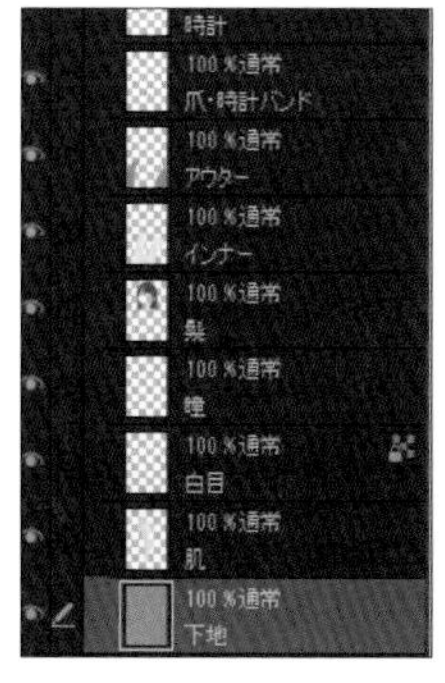

6 下地があると線や塗りが薄くても背景の色が透けて見えることはなくなる。

CHAPTER:02

06

影塗りのテクニック

影を入れて立体感を出していこう。
キャラクターイラストでは2～3段階、影を入れることが多い。

乗算で影を塗る

［乗算］は暗い色に合成する合成モード。これを活用して手軽に影の色を作ることができる。

1 レイヤーの［合成モード］は、下のレイヤーの色とさまざまな方式で合成する機能だ。［乗算］は色を掛け合わせるため暗い色に合成される。

2 ［乗算］にしたレイヤーで、薄めのグレー（R=179、G=179、B=179）で影を塗ってみると暗めの影ができた。

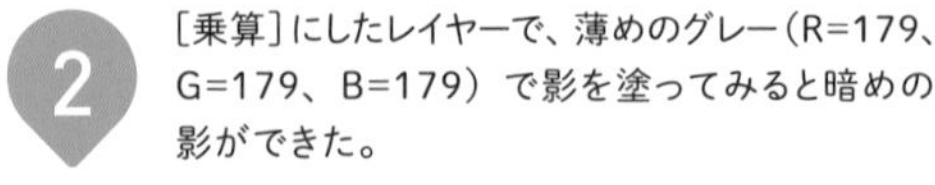

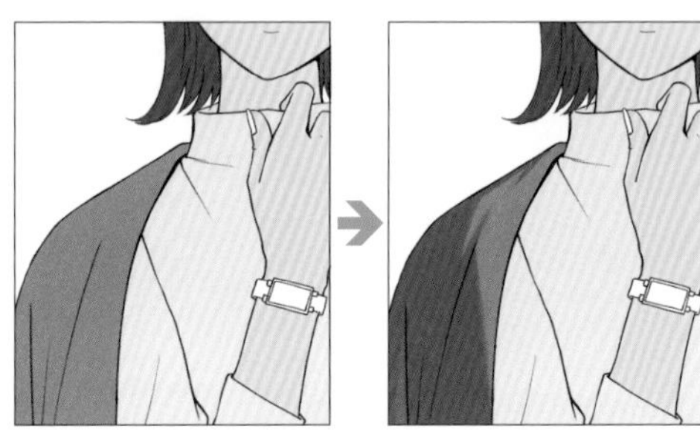

彩度の高い影を作る

影の色の彩度が低いとイラストがくすんで見えることがある。鮮やかに見える影の色を作ってみよう。

1 下塗りの色をベースに影の色を作る。［カラーサークル］パレットで色相を青の側に近づけるように動かす。彩度は少し上げ、明度は下げる。

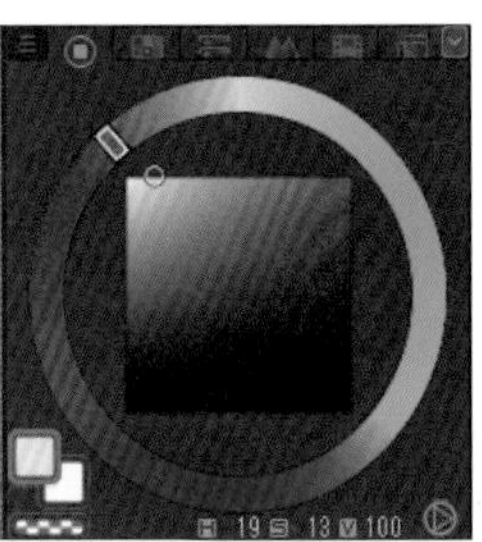

下塗りの色

R=255
G=233
B=223

H（色相）=19
S（彩度）=13
V（明度）=100

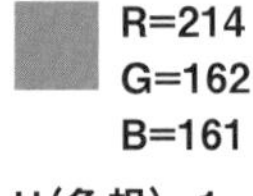

影の色

R=214
G=162
B=161

H（色相）=1
S（彩度）=25
V（明度）=84

POINT

▶ 青を混ぜるように影の色を作ると、くすまず、きれいな色になりやすい。

2 作成した描画色で影を塗る。鮮やかな影になった。仮にグレーを［乗算］で塗った影と比べてみるとわかりやすいだろう。

さらに暗い影を作る。2〜3段階影を描くとイラストがより立体的になり、塗りの密度も増す。最初の影よりやや彩度を上げ、明度は下げた。

2段階目の影

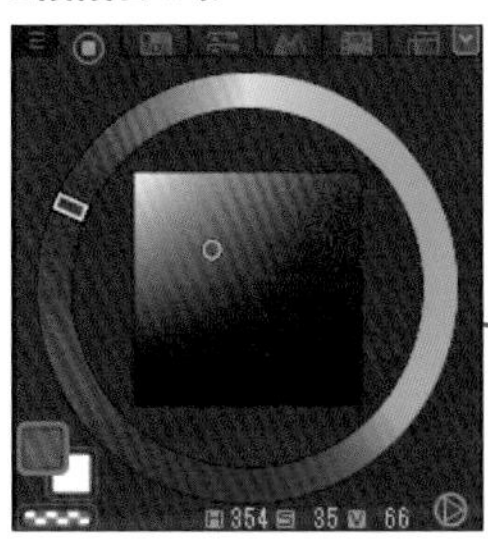

H(色相)=196
S(彩度)=26
V(明度)=50

1段階目の影と比べると色相はさらに青よりになり彩度が少し上がっている。

くっきりした影の描き方

くっきりした影は、影のりんかくを［ペン］ツールで描き、中を塗りつぶすときれいに描ける。

りんかくをなめらかな線にしたい場合は[手ブレ補正]の値を高くするとよい。りんかくを描けたら[塗りつぶし]ツールで塗りつぶす。

影にグラデーションを加える

［エアブラシ］ツール→［柔らか］で部分的に消したり、濃い色を入れて、グラデーションを加えるのもよい。

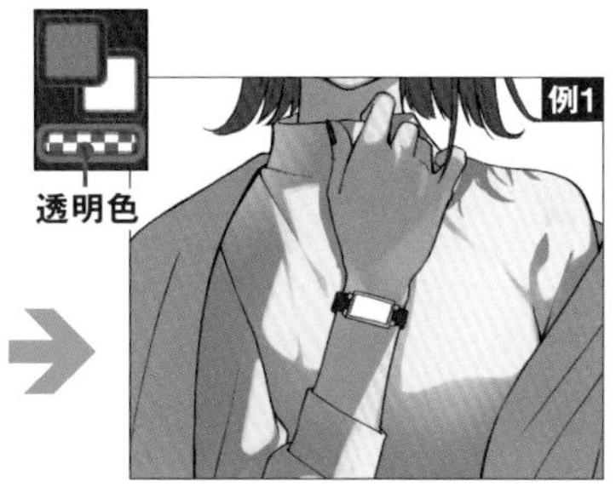

透明色を選択すると描いたところが透明になる。ここでは透明色の[エアブラシ]ツール→[柔らか]で一部分を消した。[柔らか]はブラシサイズを大きくし(ここでは[600]px)トントン…と叩くように使った。

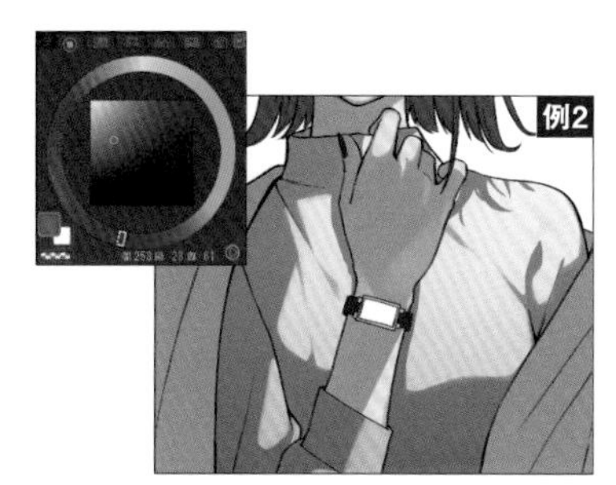

影の色より明度が低い描画色を[柔らか]で入れてみた。下の方が暗くなるように描画している。

CHAPTER:02

07

光を描くテクニック

光の照り返しやハイライトを加えよう。
合成モードを使った光の加え方も解説する。

光を描く

合成モード［スクリーン］は色を明るく合成するため、髪のハイライトなどを描くのに都合がよい。

1 光が当たりそうなところに［スクリーン］のレイヤーにハイライトを描く。［筆］ツール→［混色円ブラシ］で濃淡をつけて描いている。

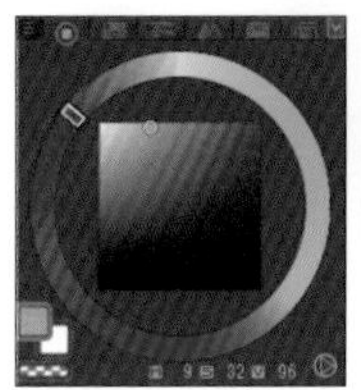

描画色は、［スクリーン］で描画すると白っぽくなることを踏まえて設定するとよい。

2 ハイライトが強すぎる場合、レイヤーの不透明度を下げて調整する。これで下塗りの色と混ざり、自然なハイライトになる。

くっきりとした光

アニメ塗りのようなくっきりとした光を描くならP.87の「くっきりした影」のように［ペン］ツールや［塗りつぶし］ツールを使うと描きやすい。

作例では［丸ペン］を使用しているが［Gペン］や［カブラペン］でも問題ない。使いやすい［ペン］を選ぶとよい。

瞳のハイライト

瞳に入る強い光のハイライトは線画の上に描くのがセオリーだ。線画レイヤーの上にレイヤーを作成して描こう。

POINT

▶ **瞳のハイライトは線画の上に描かないと強い光の感じが出ない。**

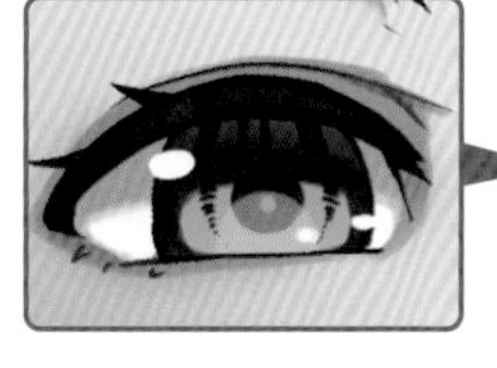

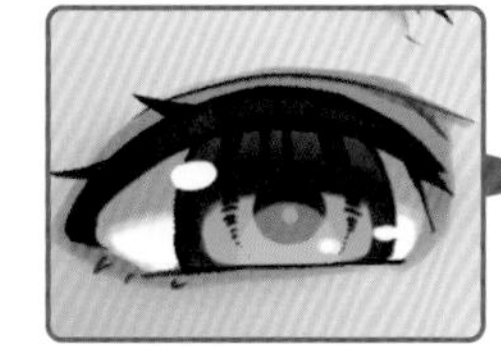

線画の上に白で描いた。

ハイライトの周囲を輝かせる

描いたハイライトの上に、[オーバーレイ] など明るい部分をより明るくする合成モードのレイヤーを作り、ぼけた描画を加えると、光の周囲が明るくなり輝くような効果を出せる。

1 新規ラスターレイヤーを作成し合成モードを[オーバーレイ] に設定する。[エアブラシ] ツール→ [柔らか] で描画する。

仮に合成モードを[通常]に、ほかのレイヤーを非表示にすると、このような描画になっている。

2 光の強さはレイヤーの不透明度で調整するとよい。ここでは67%とした。

合成した色を明るくする合成モード

[オーバーレイ] は明るい部分をより明るく、暗い部分をより暗く合成する。光を輝かせたいときは[スクリーン] のような明るくする合成モードでもよい。より光を強くしたいときは [覆い焼きカラー] や [加算 (発光)] などを使う。

通常

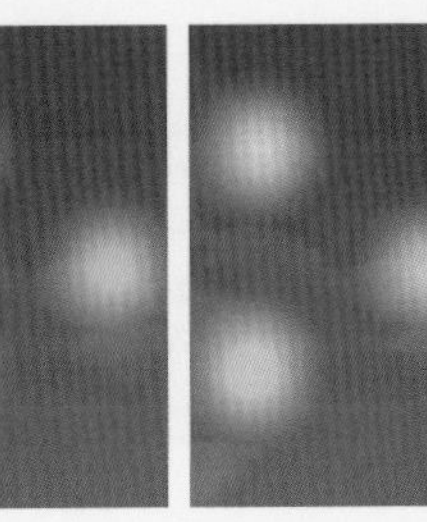
スクリーン

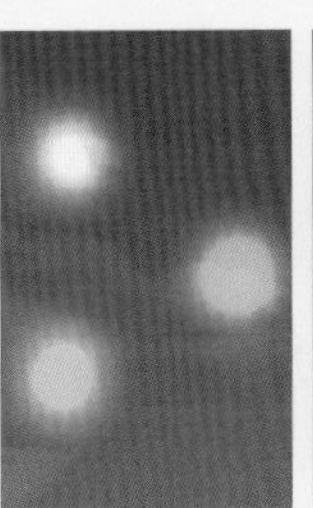
覆い焼きカラー

覆い焼き(発光)

加算

加算(発光)

CHAPTER:02

08

きれいな肌の塗り方

肌を上手に塗るには、肌色を上手に作れるかどうかが重要になるだろう。ASSETSの素材も利用しながら理想の肌に近づけよう。

顔周りの影

アニメ・マンガ系のキャラクターイラストでは、顔に影を入れ過ぎると、雰囲気が合わなかったりキャラクターの可愛さを損ねたりする。作例ではポイントを絞って影を入れている。

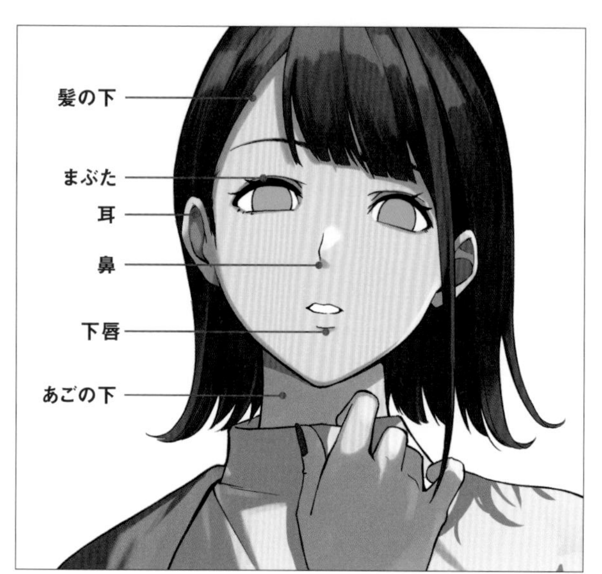

まぶた、鼻、下唇などに控えめに影を入れているので、全体的に影の面積は小さい。入り組んだ形の耳や、光が届きにくいあごの下には暗く濃い影が塗られている。

下塗り
色相(H)=19
彩度(S)=13
明度(V)=100

基本の影
色相(H)=1
彩度(S)=25
明度(V)=84

最も濃い影
色相(H)=354
彩度(S)=35
明度(V)=66

影を鮮やかに
影を鮮やかな色にすることで、生き生きとした肌を表現できる。下塗りの色より彩度を高くした影にするとよい。

ASSETS　肌色カラーセット

ASSETSで公開されている「肌色カラーセット」をダウンロードして活用してみよう。

1 CLIP STUDIOの[素材をさがす]からASSETSを表示。「肌色カラーセット」で検索してみよう。セルシス公式の肌色カラーセットは無料でダウンロードできる。

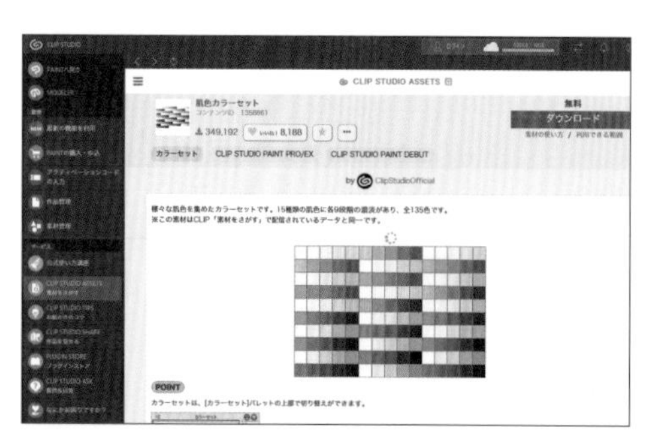

2 ［カラーセット］パレットで、［カラーセット素材を読み込み］よりダウンロードした素材を選ぶと、「肌色カラーセット」が追加される。

カラーセット素材の読み込み

グラデーションの影

アニメのようにべた塗りを基本にすると、すっきりした見た目になるが、単調になりやすい面もある。うっすらとグラデーションの影を加えると、明暗に微妙な変化が出るので、すっきりとしたよさを保ちつつイラストの密度を上げることができる。

大きいブラシサイズに設定した[エアブラシ]の[柔らか]で塗る。

赤みを加える

可愛いキャラクターを描くときは、肌に赤みを加えると可愛らしさが際立つ。

顔の頬に塗る赤みは、[エアブラシ]の[柔らか]でふんわりと色を乗せる。

青みで透明感を出す

肌の影に青みがかった色を混ぜると、透明感のある肌になる。下図の例では、影の一部に反射光（周囲のものから反射される光）として青みを加えた。白い服からの反射光をイメージしている。

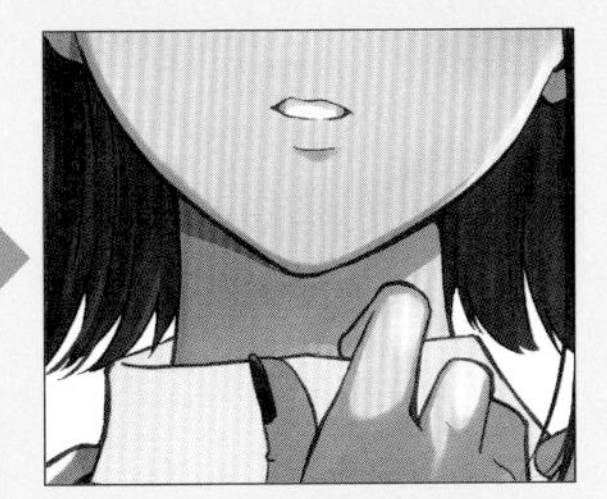

青みがかった彩度の低い色を置き、[色混ぜ]などで、のばすように混ぜる。

CHAPTER:02

09 華やかな瞳にするテクニック

キャラクターの瞳は最も目立つポイント。
イラストを華やかなものにするには、ていねいに細かく仕上げていく必要がある。

瞳が描き上がるまで

作例で瞳を描き込んで完成させるまでを見ていこう。

1 キャラクターイラストの瞳は、まつ毛を厚めに描く。まつ毛は瞳を飾る役割のほか、その濃い色が見る人の視線を誘導する。

2 白目には、まぶたから落ちる影を描く。白目の上に［下のレイヤーでクリッピング］したレイヤーを作成、［筆］ツール→［混色円ブラシ］で塗る。

3 瞳にもクリッピングしたレイヤーに影を描く。キャラクターイラストの場合、瞳の上のほうを濃く塗るのが一般的。

R=12、G=36、B=27

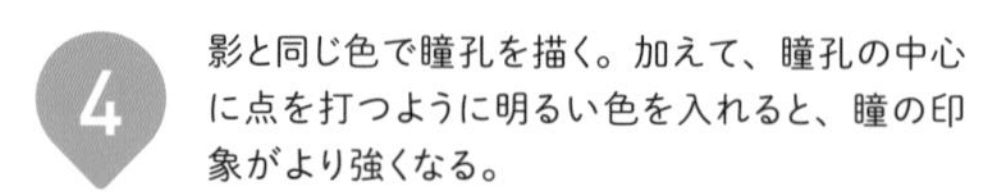

4 影と同じ色で瞳孔を描く。加えて、瞳孔の中心に点を打つように明るい色を入れると、瞳の印象がより強くなる。

5 ［混色円ブラシ］で虹彩を描く。影や瞳孔と同じ色を使い、瞳の中心から放射状に短い線を入れる。

6

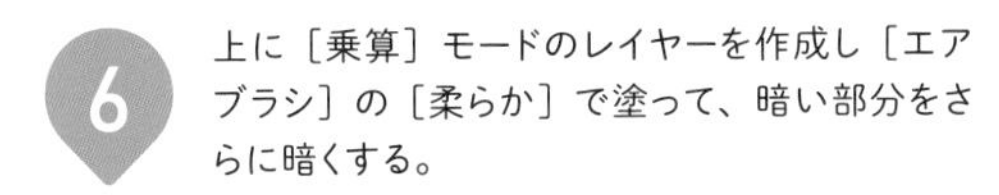

上に［乗算］モードのレイヤーを作成し［エアブラシ］の［柔らか］で塗って、暗い部分をさらに暗くする。

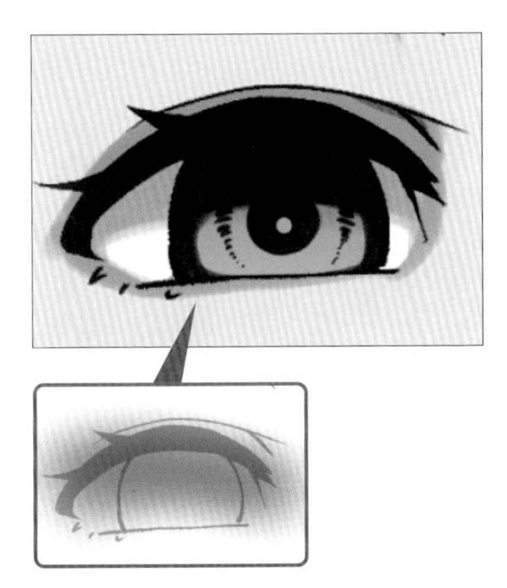

R=72、G=76、B=124

7

上に［スクリーン］モードのレイヤーを作成し瞳に映り込んだ光を描く。［混色円ブラシ］で描き、［消しゴム］や透明色を使った［エアブラシ］の［柔らか］で形を整える。

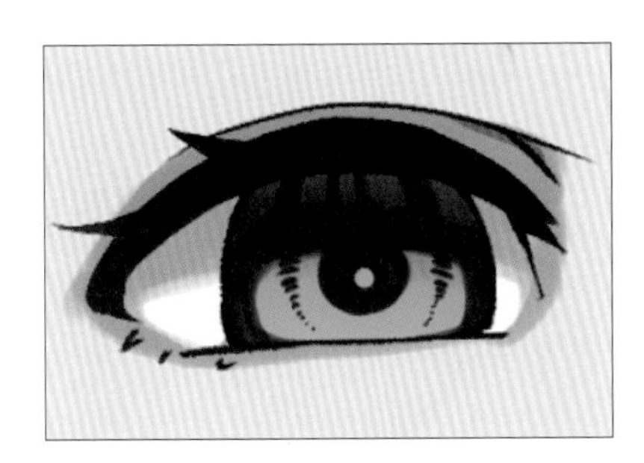

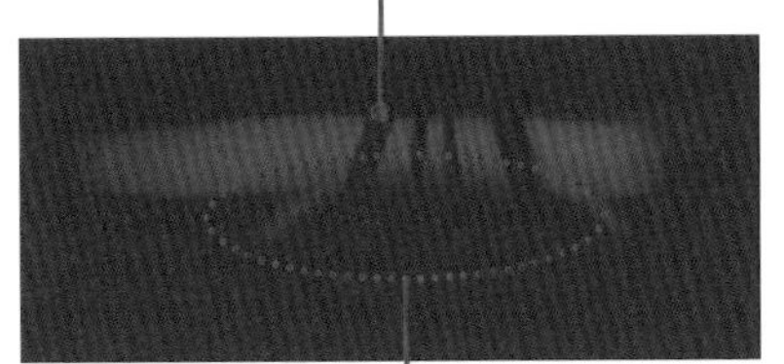

描いた部分だけ表示すると上図のようになる。描画色は紫を使っている。

R=154、G=170、B=244

8

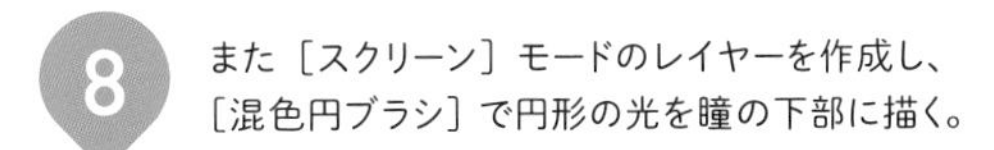

また［スクリーン］モードのレイヤーを作成し、［混色円ブラシ］で円形の光を瞳の下部に描く。

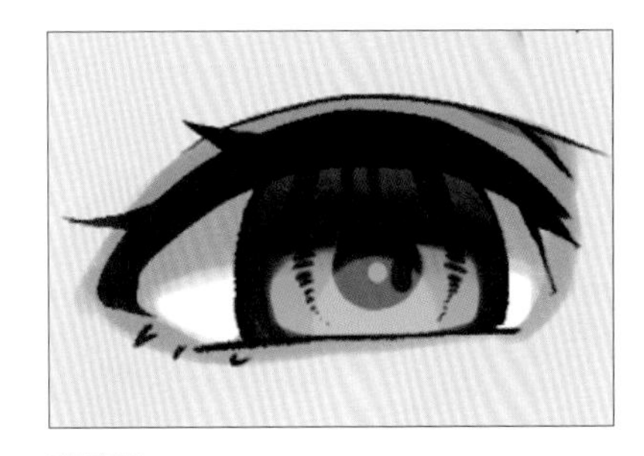

R=181、G=159、B=130

9

［オーバーレイ］モードのレイヤーを作成し、［エアブラシ］の［柔らか］で下地に近い色を加える。彩度が低かった影や光が、少し鮮やかになった。

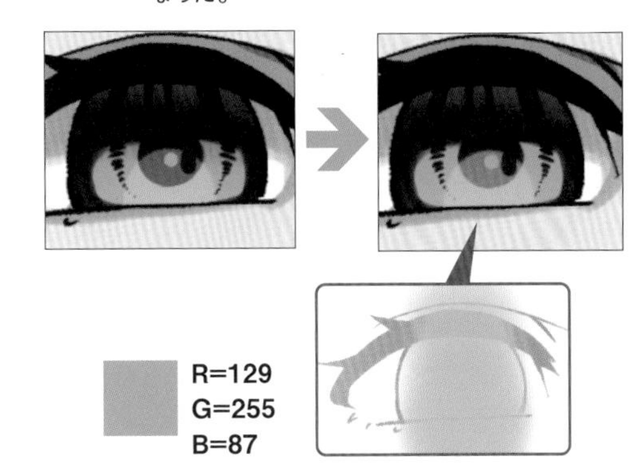

R=129
G=255
B=87

10

［ペン］ツールでハイライトを入れて瞳の描画を仕上げる。ハイライトを加えると、生き生きとした瞳になる。

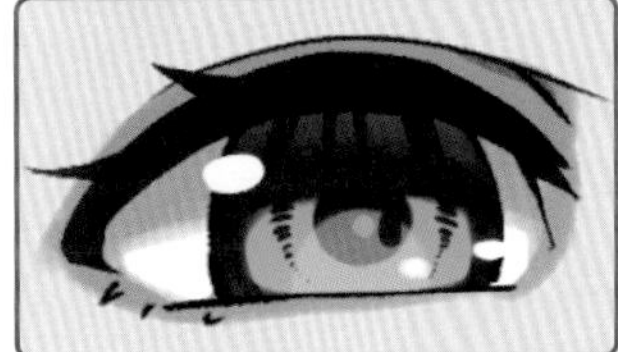

作例では［丸ペン］を使用している。

CHAPTER:02
10

美しいツヤのある髪を塗る

髪の柔らかさとツヤを出すために、照り返しと影をていねいに入れていく。髪の流れに注意しながら筆を動かすとよいだろう。

髪の塗りができるまで

髪の塗りについて作例で解説する。さまざまな塗り方があるが一例として参考にしてほしい。

1 下塗りにクリッピングしたレイヤーを作成し、髪の流れにそって影を入れる。作例では［混色円ブラシ］を使った。修正も透明色にした［混色円ブラシ］で行う。

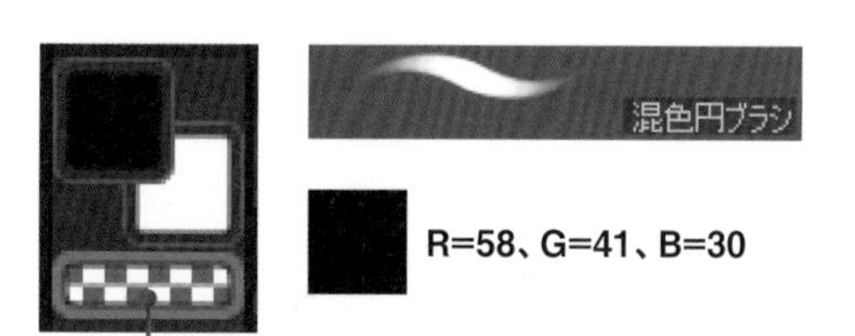

2 上にレイヤーを作成し、前髪の下部に肌に近い色を塗る。すると髪が透けたようになり、透明感が出る。

2 より暗い影を［混色円ブラシ］で塗ると髪に立体感が出てくる。影ができる場所は、髪の束が重なってできた影をイメージする。

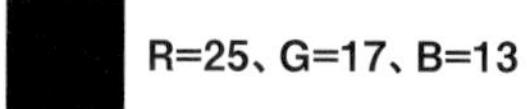

［スクリーン］モードのレイヤーを作成し、青みがかった色を後ろ髪に塗ると、髪の前後を際立たせることができる。

［スクリーン］レイヤーの青みの強さはレイヤーの不透明度で調整する。

R=172、G=183、B=249

5

髪の流れと頭の形を意識しながら、照り返しを描く。作例は［スクリーン］のレイヤーに［混色円ブラシ］を使って描き、［オーバーレイ］で描画を重ねて光を強めている（P.88～89参照）。

R=246、G=180、B=168

ハイライトを入れて仕上げる。りんかくに強い光を入れるとキャラクターが際立つ。

りんかくに沿ったライティングはリムライトと呼ばれる。リムライトはキャラクターの後ろ、または斜め後ろに光源がある。

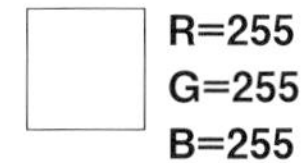

R=255
G=255
B=255

 ASSETS　髪色カラーセット

ASSETSには「髪色カラーセット」も公開されている。［カラーセット］パレットに追加して活用しよう。

髪色カラーセット

「髪色カラーセット」で検索しよう。

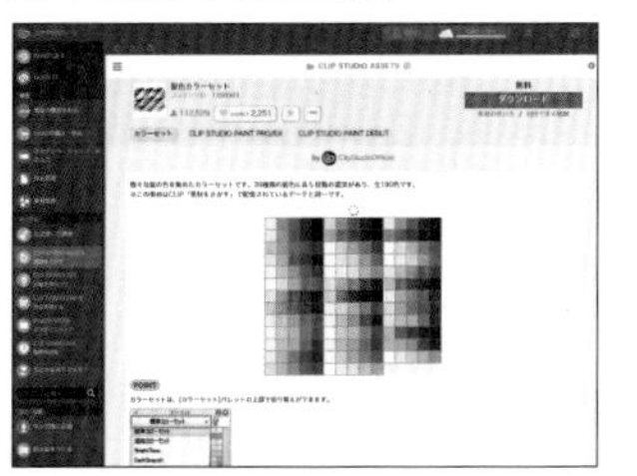

追加の手順はP.90の「肌色カラーセット」と同じだ。ASSETSでダウンロードした素材を［カラーセット］パレットで［カラーセット素材の読み込み］から読み込もう。

カラーセット素材の読み込み

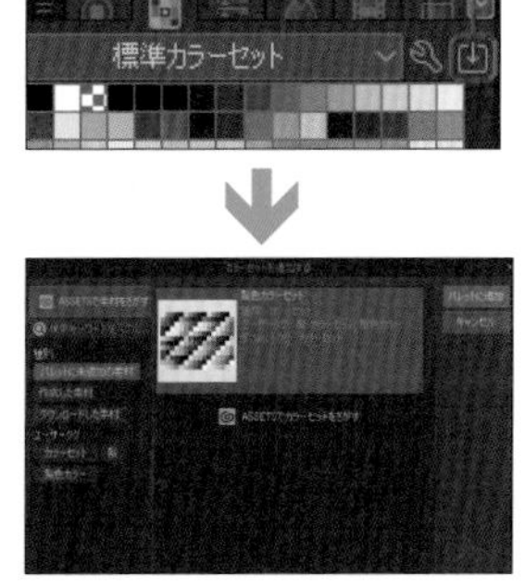

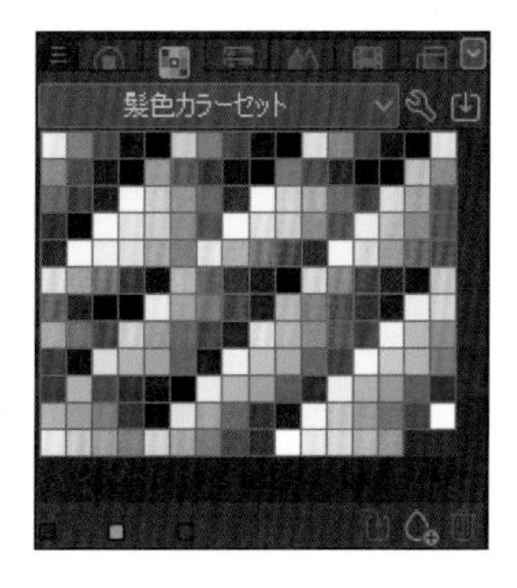

CHAPTER:02
11

自動で影を作成する

自動で影を作成できる機能で、手早く簡単に影をつけることができる。

自動陰影

Ver.2.0から追加された［自動陰影］は、線画と塗りのレイヤーから自動で影を作成する。

1 ［レイヤー］パレットで線画のレイヤー（もしくはレイヤーフォルダー）を参照レイヤーに設定する。

2 塗りのレイヤーを選択する。塗りのレイヤーが複数ある場合はレイヤーフォルダーにまとめて選択するとよい。

塗りのレイヤーの色数が多いとよい結果になりにくいため、[自動陰影]を行うのは、べた塗りした段階がよい。

3 ［編集］メニュー→［自動陰影］を選択すると［自動陰影］ダイアログが表示される。

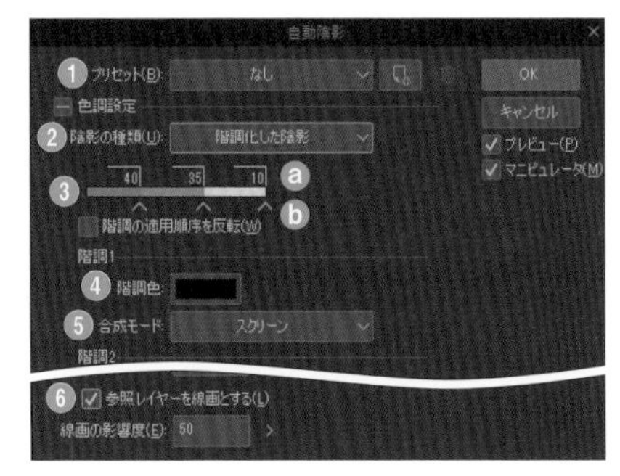

❶プリセット
プリセットには［夕方］や［ステージライト］など、さまざまなシチュエーションが用意されている。

❷陰影の種類
［滑らかな陰影］と［階調化した陰影］より陰影のタイプを選べる。

❸階調化バー（［階調化した陰影］選択時に表示）
ⓐ 数値で階調の濃さを設定する。
ⓑ 階調の範囲や割合を設定する。

❹階調色（［階調化した陰影］選択時に表示）
対応する階調の描画色を設定する。

❺合成モード（［階調化した陰影］選択時に表示）
陰影のレイヤーの合成モードを設定する。

❻参照レイヤーを線画とする
オンにすると、参照レイヤーを線画とみなして陰影を生成する。オフのときは塗りのレイヤーのみを参照して陰影を生成する。

4 マニピュレータを操作して光源の位置などを決める。

外側のリングをドラッグで光の強さを設定できる。

中心の円をドラッグすると光源の位置を変えられる。

5 設定が完了したら［OK］を押す。線画と塗りのレイヤーの間に自動陰影のレイヤーが作成される。

CHAPTER:02

12 背景にグラデーションを入れる

[グラデーション]ツールやグラデーションレイヤーを使って、背景などの広い面にグラデーションを入れてみよう。

グラデーションツール

［グラデーション］ツールのサブツールは［描画色から透明色］と［描画色から背景色］が基本だ。

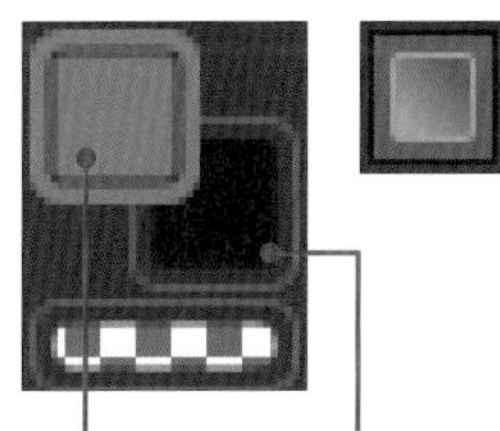

メインカラー　サブカラー

上記の描画色で[グラデーション]ツールを使った場合、右のようになる。

描画色から透明色

[描画色から透明色]は、カラーアイコンでメインカラーに設定した色からだんだんと透明になるグラデーションになる。

描画色から背景色

[描画色から背景色]は、カラーアイコンで設定したメインカラーからサブカラーへのグラデーションになる。

グラデーションレイヤー

[レイヤー]メニュー→[新規レイヤー]→[グラデーション]を選択でグラデーションレイヤーが作成される。

→ グラデーションの編集

［レイヤー］パレットでグラデーションレイヤーを選択し、［操作］ツール→［オブジェクト］を選ぶと、グラデーションの編集が可能になる。

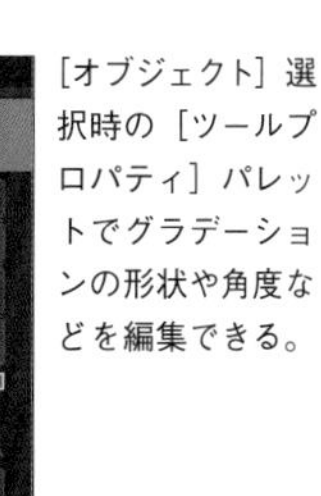

［オブジェクト］選択時の［ツールプロパティ］パレットでグラデーションの形状や角度などを編集できる。

色を変更

カラーアイコンのメインカラーとサブカラーを変えると色が変わる。

キャンバス上でハンドルを操作してグラデーションの形状を編集することが可能だ。

CHAPTER:02
13
タイムラプスで作品を記録する

キャンバスの作業内容を、タイムラプスとして記録することで、メイキング動画を作ることができる。

タイムラプスを記録

[ファイル] メニュー→ [新規] より、[タイムラプスの記録] にチェックを入れると、キャンバス作成と同時にタイムラプスの記録が開始される。
CLIP STUDIO FORMAT形式で保存したファイルにはタイムラプスの記録も含まれるため、記録した分だけファイルサイズが大きくなる。

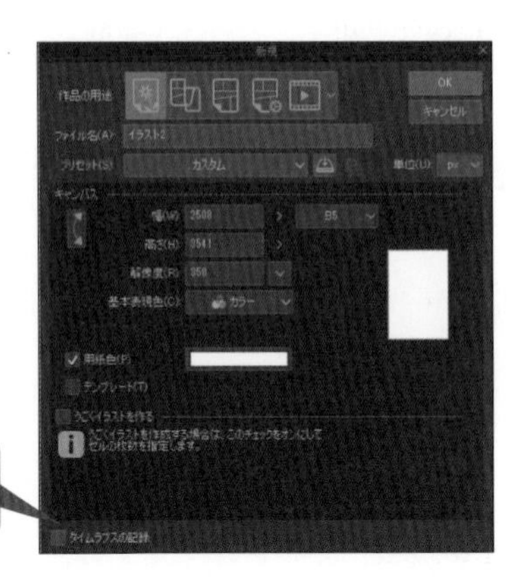

制作途中から記録

制作の途中からタイムラプスを記録したい場合は、[ファイル] メニュー→ [タイムラプス] → [タイムラプスの記録] を選択しチェックを入れる。

記録の削除

[タイムラプスの記録] のチェックを外すと、タイムラプスの記録はすべて削除される。
動画を書き出した後などに、タイムラプスの記録を削除すると、キャンバスのファイルサイズを軽くできる。

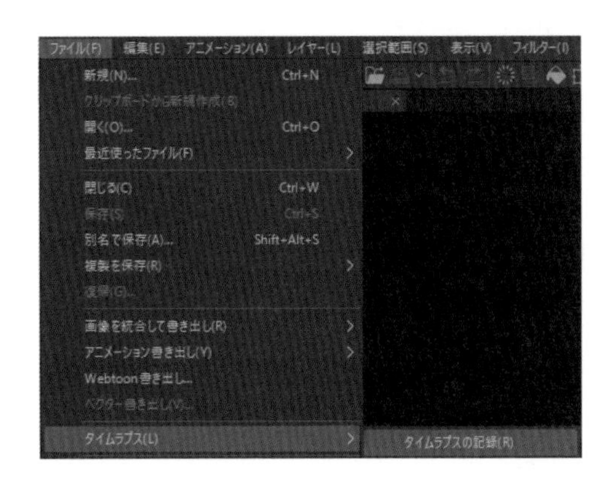

タイムラプスの書き出し

記録したタイムラプスを、動画ファイルとして書き出すときは、[ファイル] メニュー→ [タイムラプス] → [タイムラプスの書き出し] を選択する。
書き出す動画ファイルの形式はmp4 (.mp4) になる。

水彩塗りと厚塗り

ここではデジタルイラストで定番の水彩塗りと厚塗りの
使用ツールやテクニックについて紹介する。

作例データを
ダウンロード
できます。

CHAPTER:03
01

水彩塗り:ツールの基本

[筆]ツールの[水彩]グループを中心に、水彩塗りに使用するサブツールを紹介する。

水彩用のブラシツール

[筆] ツールの [水彩] グループには水彩塗りに使えるサブツールが揃っている。紙の質感を持ち透明感のある塗りができる。

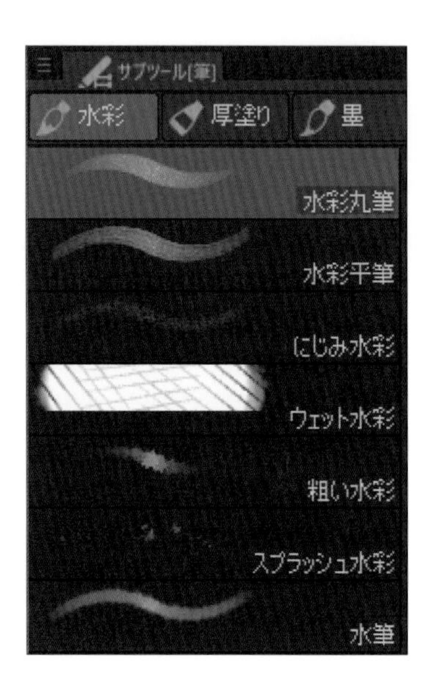

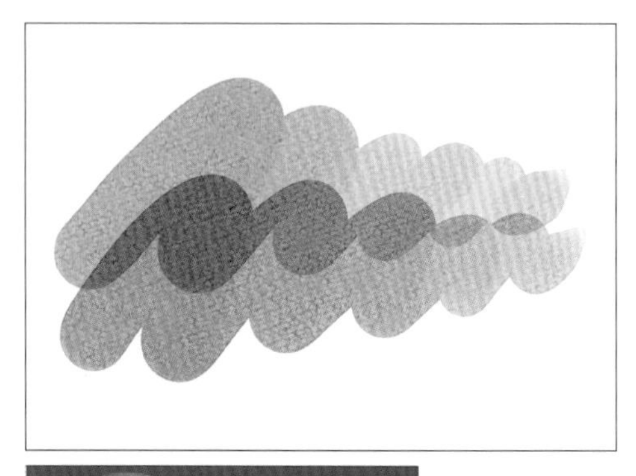

水彩丸筆

水彩丸筆
標準的な[水彩]グループのブラシ。筆圧でブラシサイズや濃淡が変わる。

水彩平筆
平筆タイプのブラシ。筆圧で濃淡が変わる。

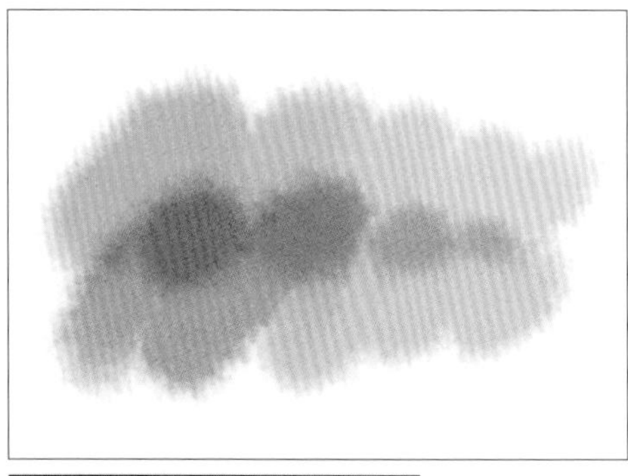

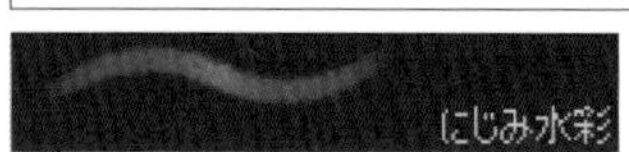

にじみ水彩
水を張った紙に絵の具を置いてにじませたような表現ができるブラシ。

ウェット水彩
水を多く含んだ筆で描いたような描画ができる。

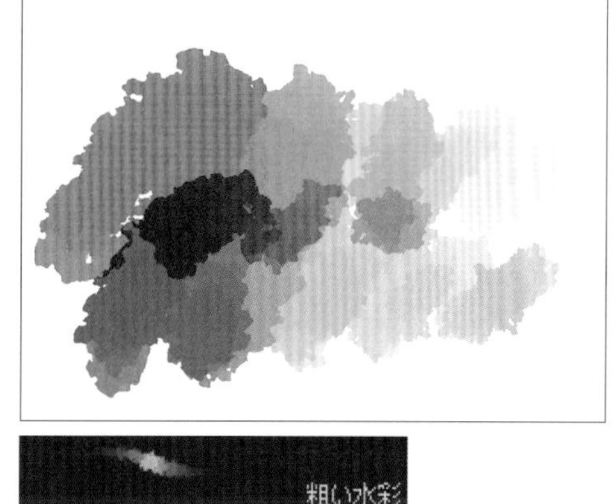

粗い水彩
ギザギザの粗いエッジで質感を表現できるブラシ。

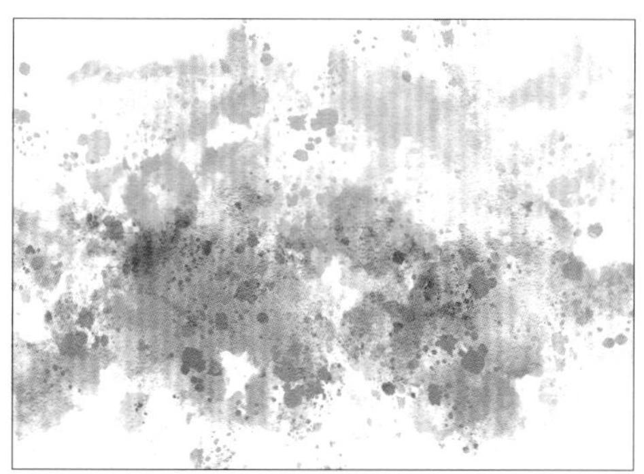

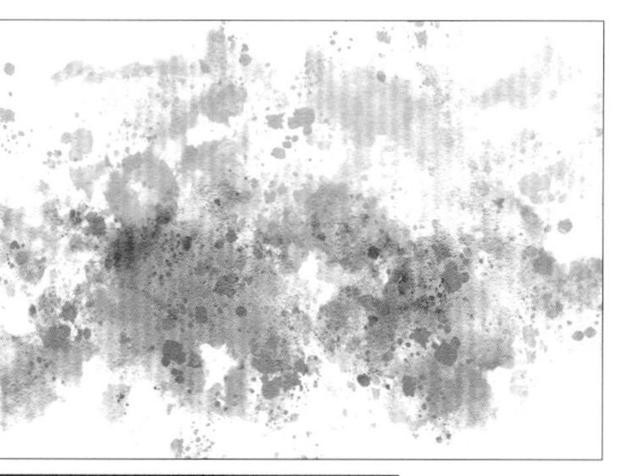

スプラッシュ水彩
絵の具が飛び散ったような描画ができる。

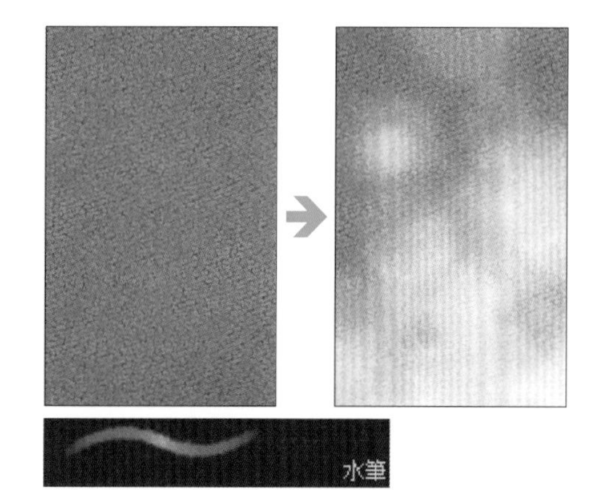

水筆
質感を出しながら塗った部分を薄くすることができる。

→ 紙質と合成モード

[水彩] グループのサブツールは、紙質の設定にテクスチャが適用されているため、アナログの紙に描いたような描画が可能になっている。またブラシの合成モードが [乗算] になっているのも特徴的。[乗算] になっているサブツールはストロークが重なったところが濃くなる。

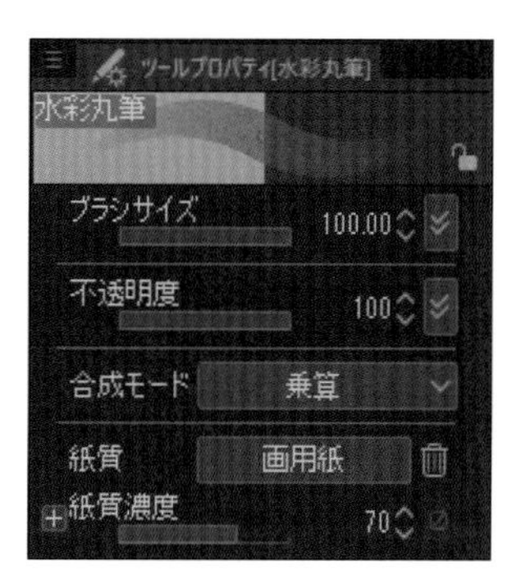

ワンストロークでムラなく塗る

合成モードが［乗算］になっている［水彩］グループのサブツールは、ストロークを分けると重なった部分が濃くなるため、ムラなく塗りたいときはワンストロークで塗るとよい。

設定でムラを軽減する

重なった部分が濃くなるサブツールは、［ツールプロパティ］パレットの合成モードを［透明度置換］に変更すると、複数のストロークを重ねてもムラになりにくくなる。

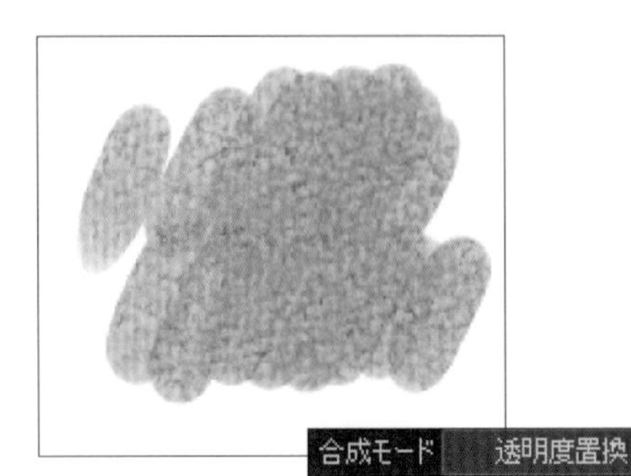

なじませながら塗り重ねる

［ウェット水彩］以外の［水彩］グループのサブツールは、下地の色と混ぜながら塗ることができない。別の色をなじませながら重ねる場合は、上にレイヤーを作成して［下のレイヤーでクリッピング］して塗るとよい。

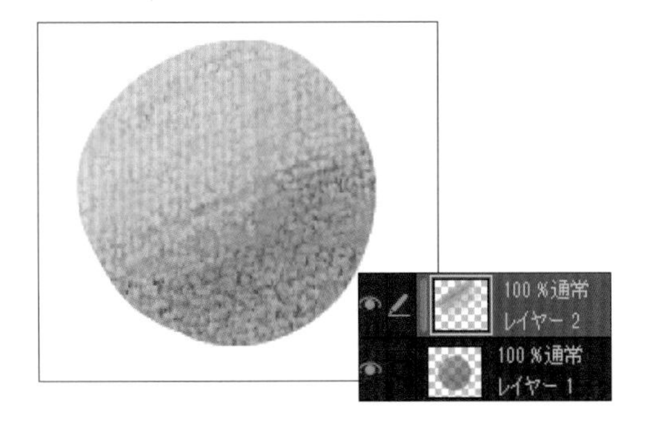

白で塗りたいとき

合成モードが［乗算］に設定されたサブツールは、白を重ねて塗ることができない。白を描画色にして重ね塗りしたいときは、［ツールプロパティ］パレットで［合成モード］を［通常］にする。

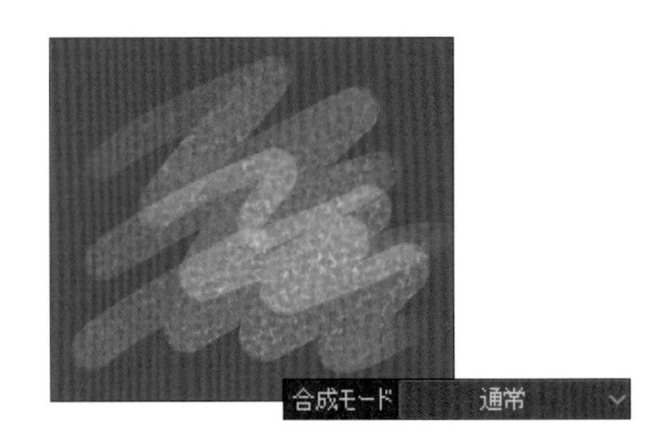

水彩塗りをなじませる

［水筆］（→P.101）は、水で薄めるように塗りをなじませる。ほか［色混ぜ］ツールの［繊維にじみなじませ］や［質感残しなじませ］は、水彩塗りに合った質感で色の境界をなじませることができる。

繊維にじみなじませ
紙の繊維に絵の具がにじんだような感じを出すことができる。

質感残しなじませ
紙のザラザラした質感を出しながら色をなじませることができる。

色混ぜパレット

［色混ぜ］パレットは、アナログのパレットのように混色させた色を描画色にできる。
混色による深みのある色を使いたいときに活用しよう。

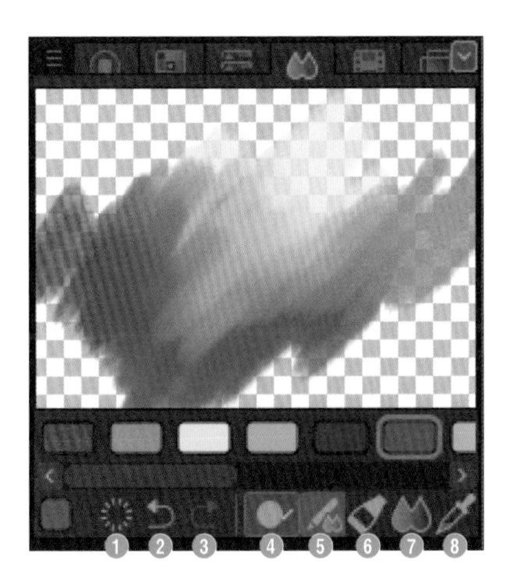

［色混ぜ］パレットは、カラー系のパレットドックに格納されている。見つからないときは［ウィンドウ］メニュー→［色混ぜ］で表示させよう。

❶初期化
パレットに色が置かれていない状態に戻す。

❷取り消し

❸やり直し

❹ブラシサイズ
ブラシサイズを大・中・小から選べる。

❺キャンバスで使用中のサブツール
選択するとキャンバスで使用中のブラシを［色混ぜ］パレットで使える。

❻筆
［色混ぜ］パレット上で筆のようなブラシを使って混色を試せる。

❼色混ぜ
［色混ぜ］パレット上で色の境界をなじませることができる。

❽スポイト
［色混ぜ］パレット上の色を［スポイト］で取得できる。

線画でアナログ風に描く

水彩画の線画は鉛筆で描かれることが多い。［鉛筆］ツールのサブツールから好みのものを選ぼう。
［鉛筆］サブツールは、ストロークに見える細かな粒子が、水彩塗りのやわらかい描画に適している。

鉛筆

ストロークを拡大してみると粗い粒子が見える。これによって鉛筆らしい描線になる。

透明感を出しながら塗る

［水彩丸筆］や［水彩平筆］は、色が薄く出て下のレイヤーの色を透かしやすいため、レイヤーを重ねて着彩したとき透明感のある塗りになりやすい。

1 べた塗りの下塗りの上に塗りを重ねて水彩塗りらしくしていく。

2 ［水彩丸筆］で影を塗る。下塗りの上に新規レイヤーを作成し［下のレイヤーでクリッピング］して、色を重ねる。

3 重ねた部分の色むらが気になるときは［水筆］で薄めてなじませる。

4 明るい部分も、レイヤーを追加して重ねる。［水彩丸筆］で塗ると下のレイヤーの色が少し透ける。透かしたくない箇所は［Gペン］のような不透明度の高いサブツールを使うとよい。

不透明度の高いサブツールで塗ったところは、透明色の[水彩丸筆]で一部を薄く消し、周りの塗りに雰囲気を合わせるとよい。

CHAPTER:03
02

水彩塗り：にじみを表現する

[にじみ水彩]や[繊維にじみなじませ]などを使って、水彩らしいにじみを表現してみよう。

むらを出しながら塗る

[にじみ水彩] を使うとにじみのある描画ができる。筆圧で濃淡を出し、塗りにむらを出すことでリアルな水彩画風のタッチになる。

[にじみ水彩] は筆圧の強さで濃淡がつく。筆圧をコントロールしながら濃い部分と薄い部分を作っていこう。

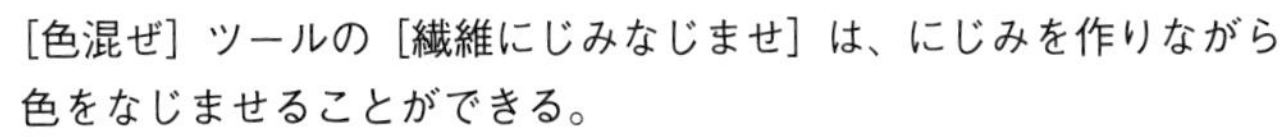

余分に塗った箇所は、[水筆] で薄めながら塗りを整える。透明色を選択した [にじみ水彩] で消したり薄くしたりして修正するのでもよい。

にじみを後から加える

アナログの水彩画なら水を使ってにじみを出すが、デジタル作画の場合はツールで後からにじみを加えられる。
[色混ぜ] ツールの [繊維にじみなじませ] は、にじみを作りながら色をなじませることができる。

塗り残しのような演出
アナログの水彩画では、塗らない部分を作って紙の色をそのまま出す場合がある。作例ではそれをイメージし、白を描画色にして塗った上で、[繊維にじみなじませ]でにじみを表現した。

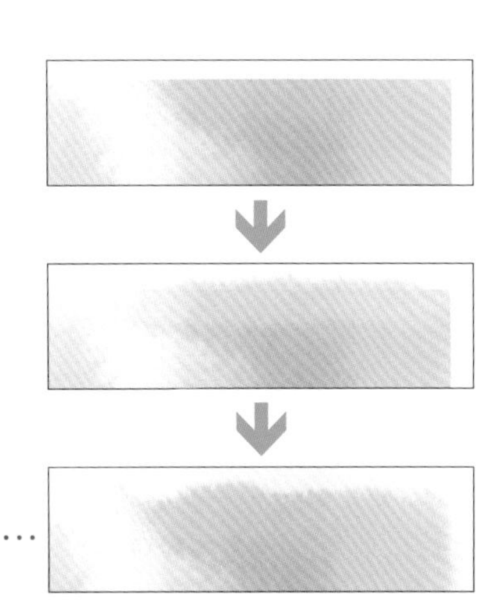

CHAPTER:03

03

水彩塗り：絵の具だまりを表現する

絵の具だまりを表現した［水彩境界］の設定を使うことで、より水彩らしい雰囲気が出せる。

水彩境界

描画部分に濃いフチができる［水彩境界］の設定を覚えておこう。

水彩境界とは

アナログ水彩では、水を含んだ筆で塗ったところが乾くと、絵の具だまりができて部分的に濃くなることがある。［水彩境界］は絵の具だまりを表現する機能としてストロークやレイヤーの描画部分に効果を追加する。

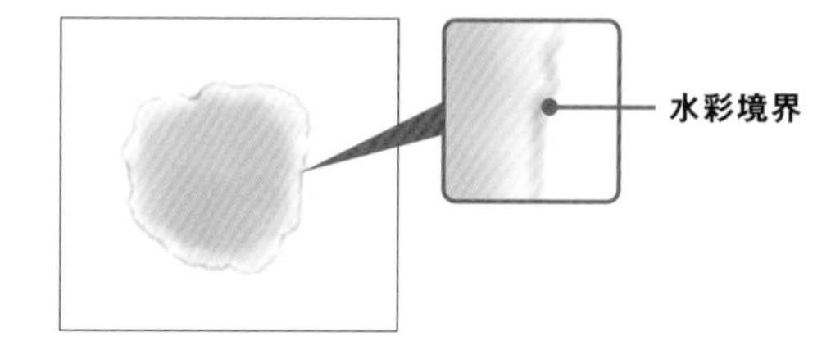

ブラシツールの水彩境界

ブラシツールに［水彩境界］を設定すると、線のフチが濃くなる。［筆］ツール→［水彩］の［水彩丸筆］のように、初期状態で［水彩境界］が設定されているブラシツールがあるが、［筆］ツールにあるサブツールの多くは［水彩境界］を設定することが可能だ。設定は、［サブツール詳細］の［水彩境界］カテゴリで行う。

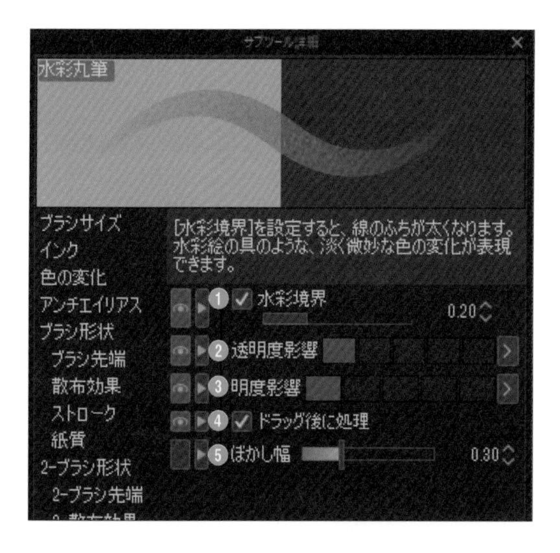

❶**水彩境界**
チェックマークを入れ［水彩境界］をオンの状態にして設定する。スライダーを右に動かすと［水彩境界］の範囲が大きくなる。

❷**透明度影響**
混色したときの描画色のRGB値を混ぜる割合を設定する。低いほど下地の色が強く出る。

❸**明度影響**
［水彩境界］の明度を設定する。値を大きくするほどフチが黒くなる。

❹**ドラッグ後に処理**
オンにすると、線を引いた後に［水彩境界］が出るようになる。

❺**ぼかし幅**
［水彩境界］でできたフチの描画をぼかす。［ドラッグ後に処理］がオンのときだけ設定できる。

［水彩丸筆］には［水彩境界］が設定されているため、塗った部分の端が濃くなる。

レイヤープロパティの水彩境界

［レイヤープロパティ］パレットの［境界効果］をオンにし、［水彩境界］を選択すると、レイヤーの描画部分に［水彩境界］の効果が表れる。

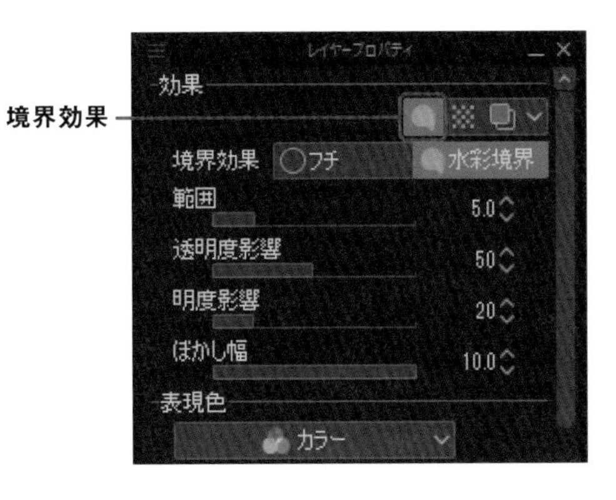

手描きで絵の具だまりを作る

透明色で消して作る絵の具だまり

描画部分の端を残すように消すと、絵の具だまりのような表現になる。［消しゴム］ツールは使わず、にじみのあるブラシツールで透明色を使うのがおすすめだ。

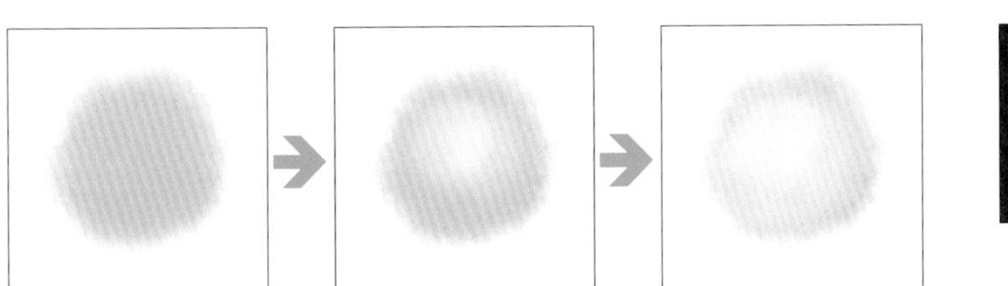

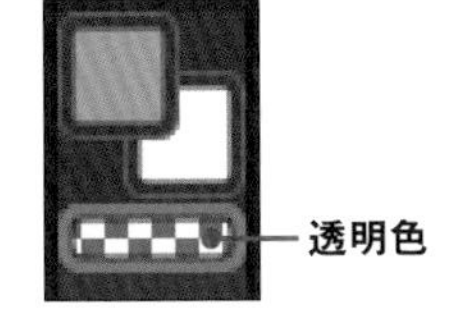

［にじみ水彩］で描画したものを、同じツールのまま透明色を選択し、描画部分の中を消していく。

CHAPTER:03
04

水彩塗り:テクスチャで質感を出す

水彩塗りのイラストにテクスチャで質感を加えると、よりリアルな水彩画の雰囲気に近づく。

テクスチャと質感合成

[素材] パレットにあるテクスチャ素材を使うと、イラストに質感を加えることができる。水彩塗りに紙のような質感は相性がよいので試してみよう。

1 [素材] パレット→ [単色パターン] → [テクスチャ] にはテクスチャの素材が用意されている。まずはキャンバスに貼り付ける。

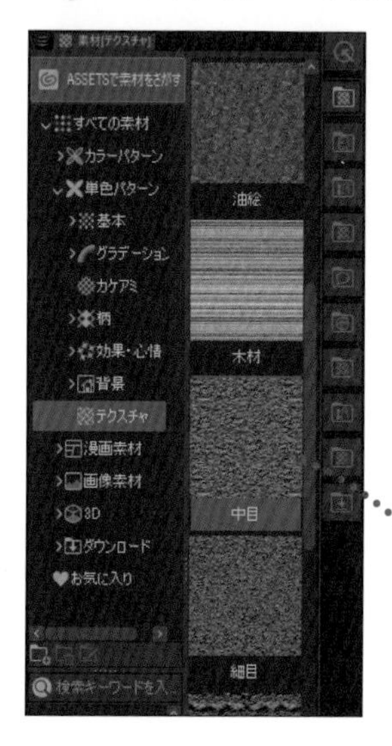

中目
テクスチャ素材によって目の細かさや質感が異なる。今回は[中目]を選んだ。

2 [レイヤープロパティ] パレットで、[質感合成] をオンにするとテクスチャが下の画像とより自然に合成される。

3 レイヤーの不透明度を下げてテクスチャの強さを調整する。これでイラストに質感が加わった。

フィルター機能でテクスチャを作る

フィルターの［パーリンノイズ］でもテクスチャを作れる。テクスチャの目の細かさは作成時に調整することができる。

1 ［レイヤー］メニュー→［新規ラスターレイヤー］を選択し、テクスチャ用に新規レイヤーを作成する。

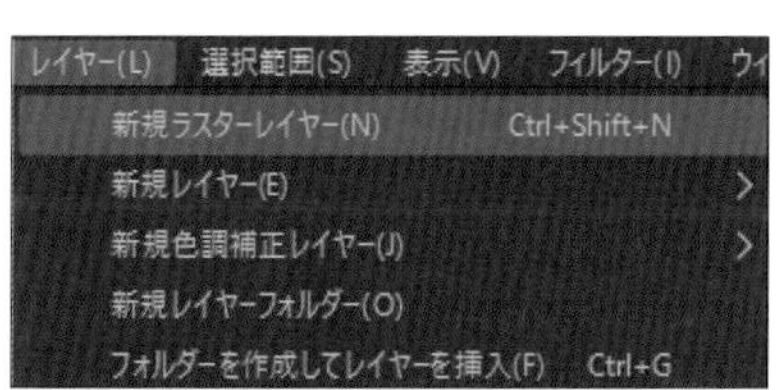

［フィルター］メニュー→［描画］→［パーリンノイズ］を選択。［スケール］の値を小さくすると目の細かいノイズの模様になる。

1.00

合成モードを［オーバーレイ］にするとざらざらした質感がイラストに加わる。テクスチャの強さは不透明度を下げて調整するとよい。

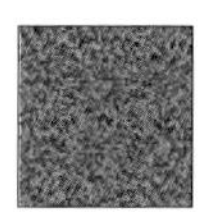

作成したノイズ模様

適用後

データダウンロード

CHAPTER:03
05

色を混ぜながら塗る

[筆]ツールの[下地混色]の設定を利用して
色を混ぜながら塗る方法を見ていこう。

下地混色

[下地混色] の設定について解説する。[下地混色] は下地の色と描画色を混ぜる効果を設定することができる。

下地混色をオンにしたときの設定

[下地混色] の設定は、[サブツール詳細] パレットの [インク] カテゴリにある。

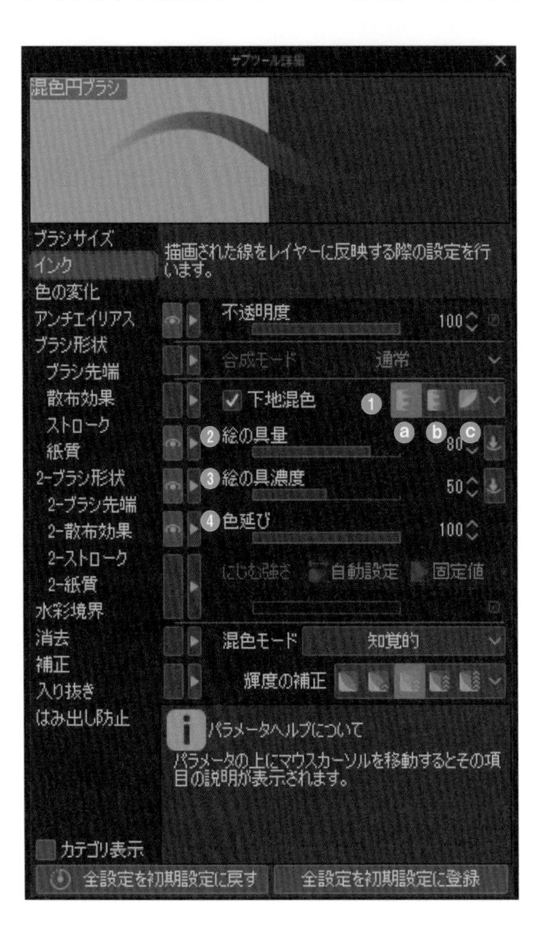

❶下地混色の方法

ⓐ色混ぜ：下地の色と透明部分を混ぜながら塗ることができる。

ⓑにじみ：下地の色をにじませながら塗ることができる。下地のピクセルを引っ張るのが特徴。

ⓒ色重ね：下地の色から取得した色を描画色に混ぜながら塗ることができる。下地色の透明度は変更しない。

❷絵の具量

混色したときの描画色のRGB値を混ぜる割合を設定する。低いほど下地の色が強く出る。

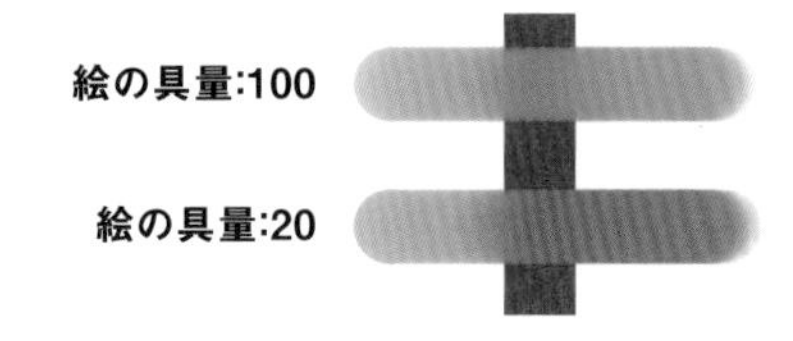

❸絵の具濃度

混色したときの描画色の不透明度の割合を設定する。低いほど下地の色の不透明度の影響を受ける。下地混色の方法で [色重ね] を選択すると使用できない。

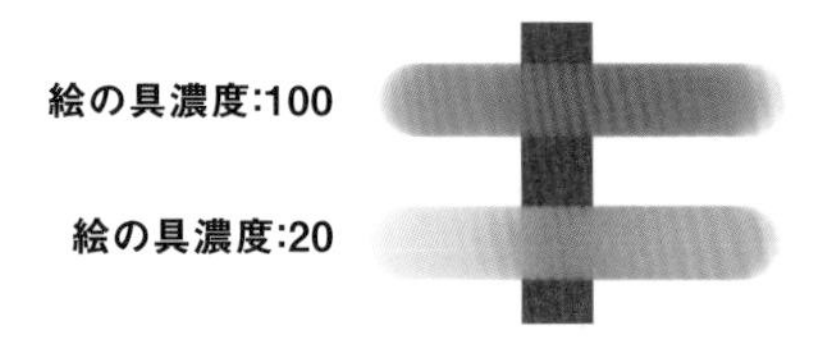

❹色延び

混ざった下地の色をどのくらい引っ張るかを設定する。

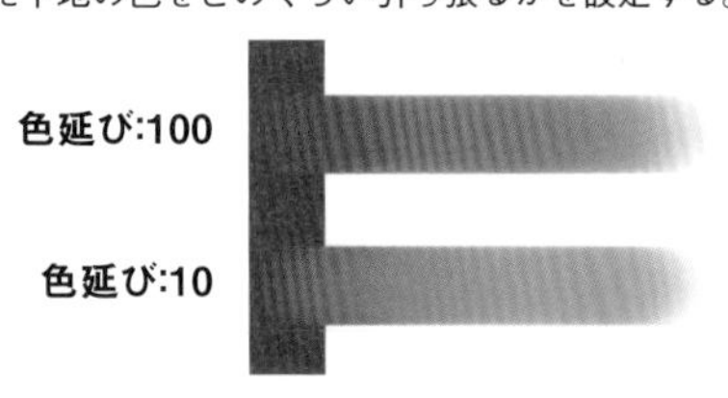

→ 同じレイヤーの色と混ぜる

[下地混色] の設定がオンになっていると、同じレイヤーにすでに塗られた色と混ぜながら描画することが可能になる。
レイヤーが分かれていると [下地混色] の設定は影響しない。
同じレイヤーですでに塗られた色の影響を受けずに塗りたい場合は、オフにするとよい。

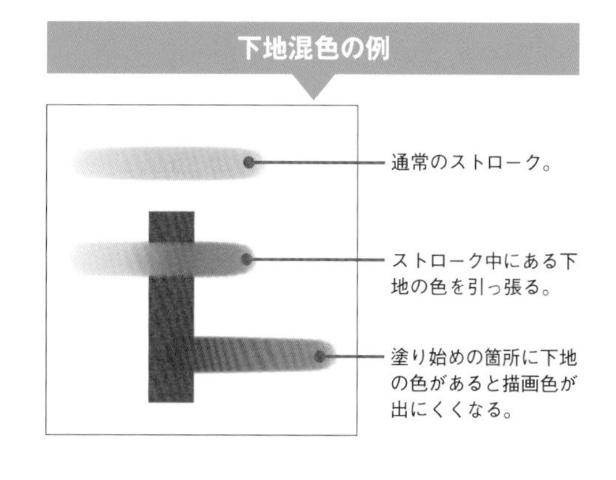

→ 混色モード

[下地混色] の設定では [混色モード] を選択できる。[知覚的] に設定されていると、鮮やかな混色になりやすい。

❶混色モード
[混色モード] が [知覚的] のときは描画色にもよるが色がくすみにくくなる。[通常] は混色した色がくすみやすいが、比較的高速で動作する。

❷輝度の設定
[輝度の補正] では混色した色の明るさを設定できる。

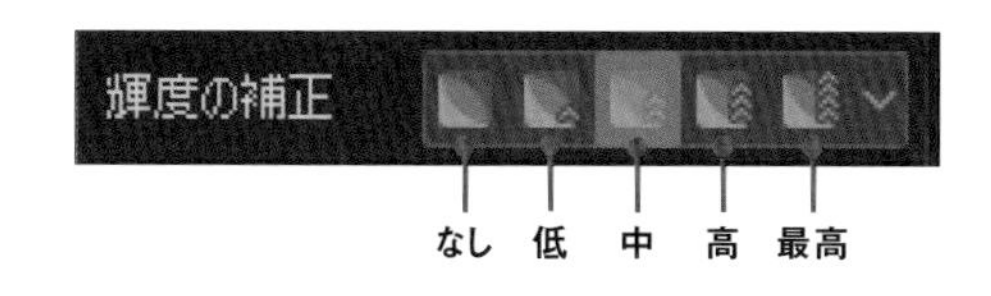

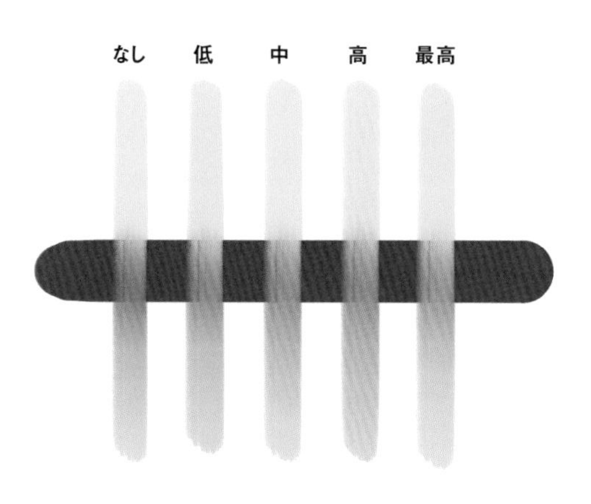

新しい初期サブツールを追加する

[混色] モードはVer.2.0からの機能。以前のバージョンのサブツールを残したうえで [混色] モードのある初期サブツールを追加したい場合は、[サブツール] パレットのメニュー表示から [初期サブツールを追加] を選び、開いたダイアログより末尾に [Ver.2.0] とあるものを追加するとよい。

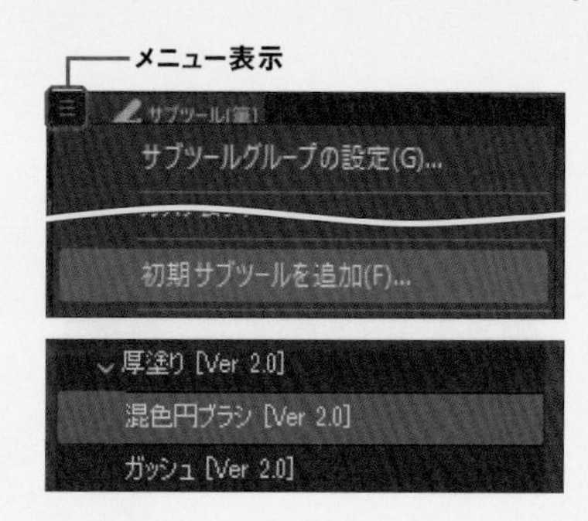

塗った後で混色する

塗った後で色を混ぜたいときは［色混ぜ］ツールを活用しよう。［色混ぜ］ツールのサブツールは、すでに塗られた色と色の境界を混ぜ合わせることができる。

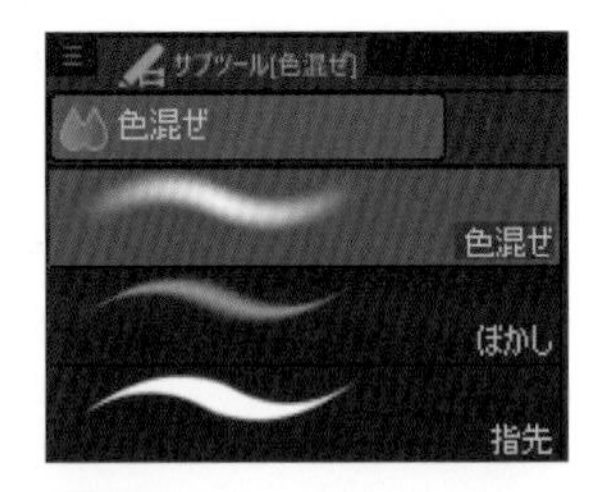

色混ぜ
色をぼかしつつ、引っ張りながら混ぜることができる。

ぼかし
色を延ばさず、境界をぼかしながら混ぜる。

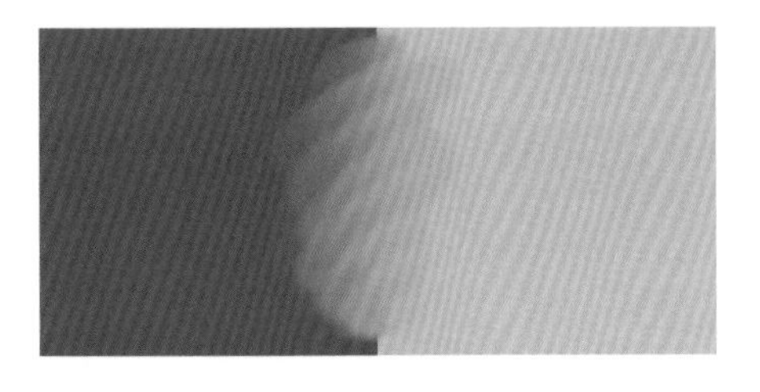

筆なじませ
筆あとを残しながら色を混ぜられる。

好きなブラシで色を混ぜる

［下地混色］を設定できるサブツールは、［絵の具量］と［絵の具濃度］の値を0にすると描画色が出なくなるため、色混ぜ用に使えるブラシになる。好きなブラシの描き味で、後から色を混ぜるカスタムブラシを作ってみるのもよいだろう。

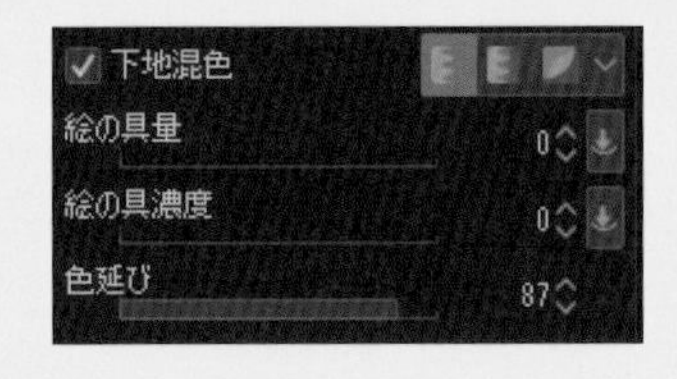

混色円ブラシで塗る

［筆］ツールの［混色円ブラシ］はブラシ形状が円形でくせのないブラシ。ここでは［混色円ブラシ］で下地と混ぜながら塗ってみる。

1 髪の下地を塗った状態。ここから［混色円ブラシ］で色を塗り重ねていく。

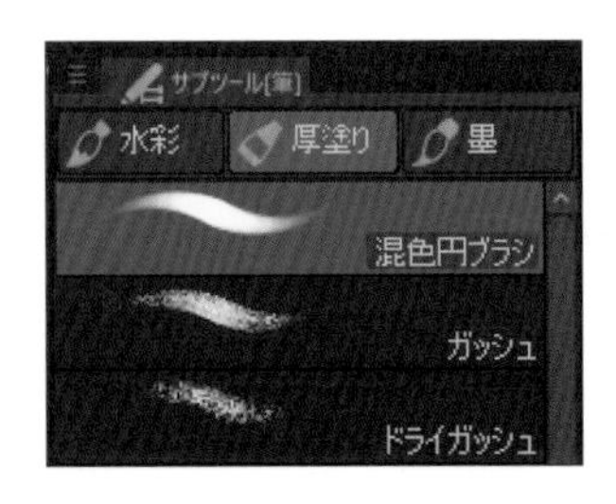

2

下地の上に濃い色を乗せる。まずはブラシサイズを大きめに、ざっくりと色を置く。

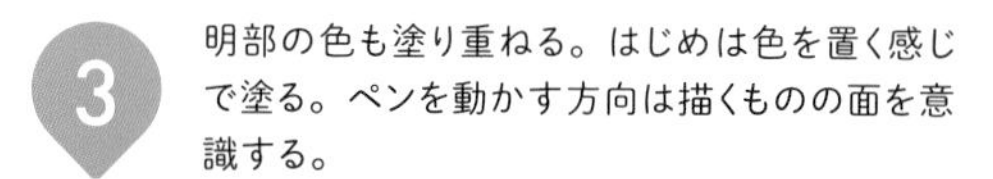

3

明部の色も塗り重ねる。はじめは色を置く感じで塗る。ペンを動かす方向は描くものの面を意識する。

頭の形や髪の流れを意識しながらブラシを動かす。

4

筆圧を弱くしてペンを動かすと色がのびて下地とも自然に混ざっていく。描画を繰り返すほど筆あとは消える。

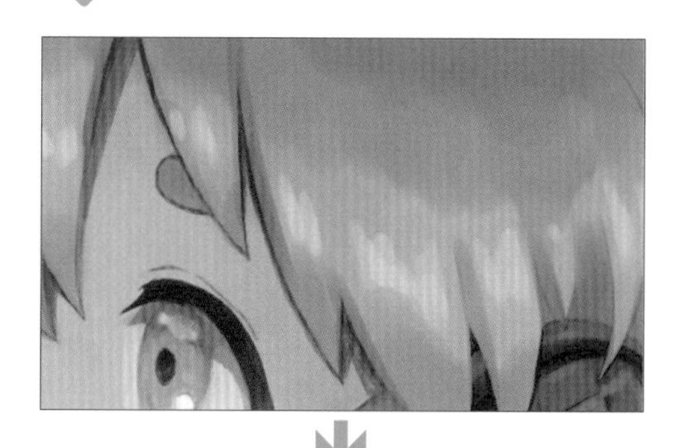

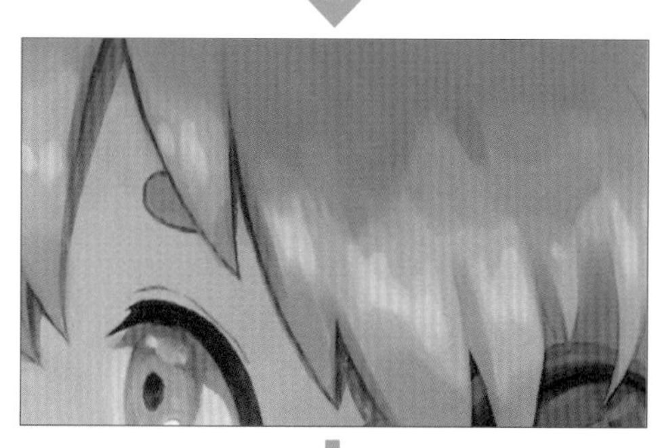

CHAPTER:03

06

厚塗り：ツールの基本

厚塗りは、厚く色を乗せてリアルな描写や重厚な仕上がりを目指す塗り方。
まずは厚塗りに向いているツールを紹介する。

厚塗り用ツールの例

厚塗りに使うツールは、色を乗せるものと、塗った色をなじませるものを用意するとよいだろう。

色を乗せるツール

色を乗せるツールは、少し濃淡のあるクセのないものがおすすめ。塗りのときに筆あとを残しながら描画すると厚塗りらしくなる。［筆］ツールにある［厚塗り］グループには厚塗り向きのブラシが用意されている。

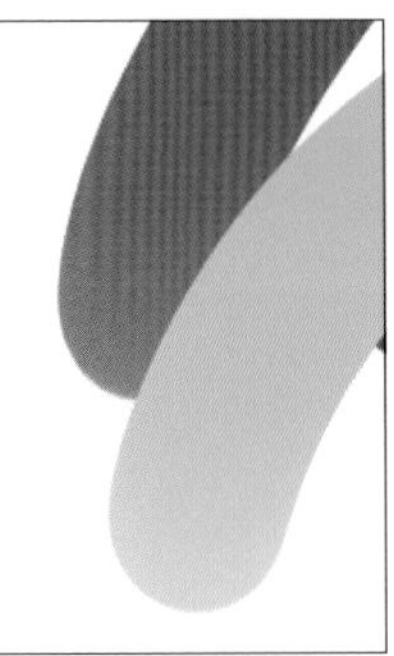

混色円ブラシ

ブラシ先端が円形で、濃淡を出しやすいブラシ。ストロークにクセがないので、さまざまなタッチのイラストに対応できる。

ガッシュ

紙に描いたようなかすれが特徴的なブラシ。アナログ感のあるリアルな塗りができる。筆圧を弱くするとかすれた筆あとができやすい。

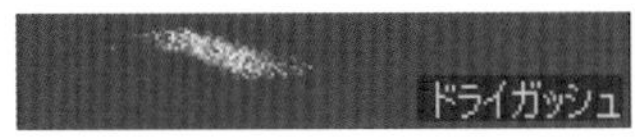

ドライガッシュ

［ガッシュ］よりもかすれた描画ができるブラシ。水分の少ない絵の具を使ったときのような、乾いたストロークを持つ。

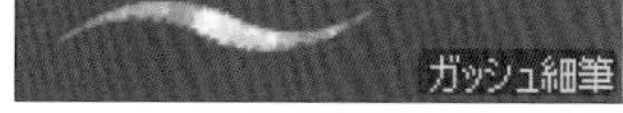

ガッシュ細筆

ややかすれ感のある軽い描き心地の[ガッシュ細筆]は、細かい部分を描画するときに便利。細いストロークがはっきり描けるように、下地の色が混ざりにくい設定になっている。

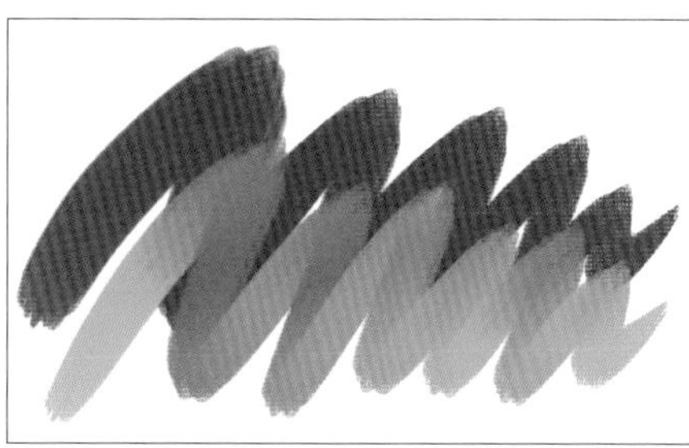

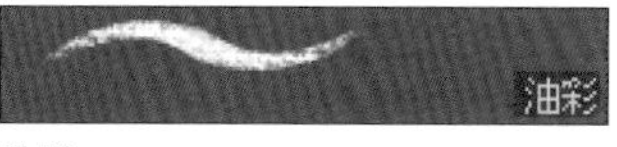

油彩

油彩風のタッチで描けるブラシ。キャンバス地のテクスチャが適用されているため、ざらざらした質感が出る。

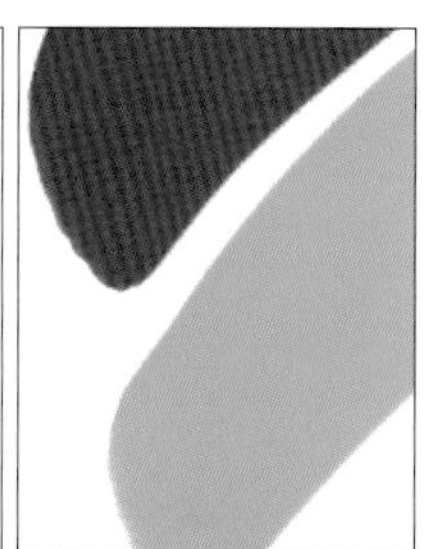

厚塗り油彩

厚塗り油彩

絵の具が濃く出るブラシ。厚く塗り重ねる描画に向いている。筆圧を弱めて描くと下地とよく混ざるようになる。

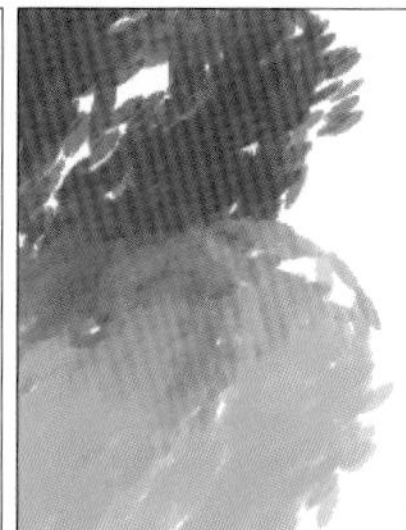

点描

1ストロークでたくさんの点描を描画することが可能。下地の色と混ぜながら塗ることができる。

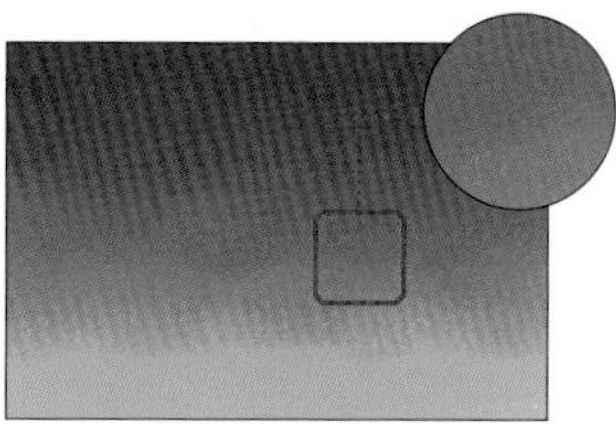

ガッシュなじませ

ガッシュなじませ

[ガッシュなじませ]は、紙の質感を出しながらなじませる。

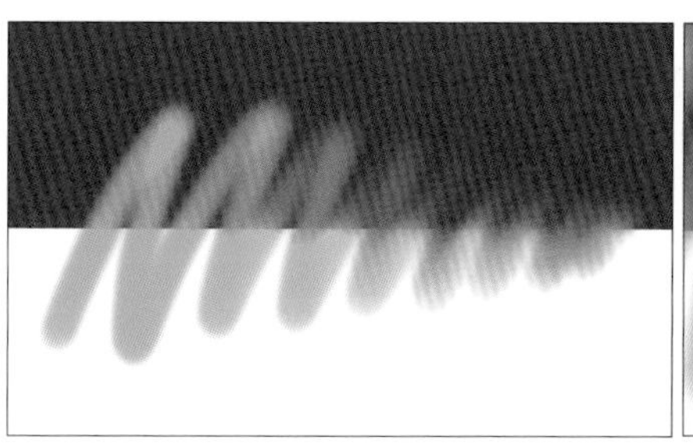
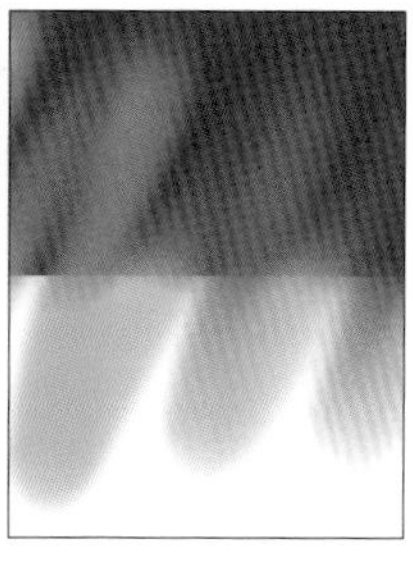

塗り&なじませ

塗りとなじませる作業を1つのブラシで行える。弱い筆圧で描画すると下地の色が強く出て、強い筆圧だと描画色が強く出る。

CHAPTER:03

07 厚塗り：風景を描く

ここでは、厚塗りでどのように描画を重ねていくのか、
風景イラストを例に見ていこう。

暗い色→明るい色の順に塗り重ねる

厚塗りは油絵のように色を厚く重ねていく塗り方。暗い色をベースにして明るい色を重ねていくと、厚塗りらしい重厚感が出る。

→ 暗い色で下地を塗る

はじめに暗い色で下地を塗る。仕上がりではこのとき塗った部分が影になる。

1 風景イラストは近景・中景・遠景で分けると奥行きが出る。シルエットをかたどるように塗る。

2 塗りにタッチをつける。作例ではブラシサイズを大きくした［ガッシュ］を使った。

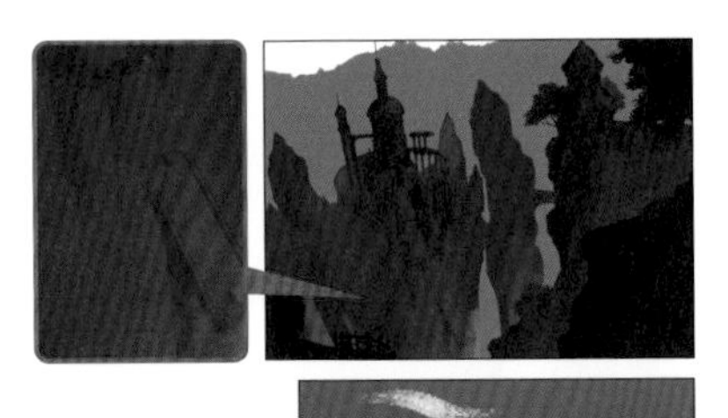

3 描き込みが多い部分の影は下描き（作例ではカラーラフ）を表示させて描く。

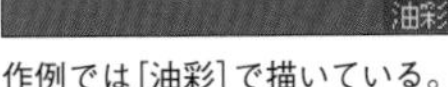

作例では［油彩］で描いている。

4 明暗のバランスに注意しながら、段階的に明るい色を重ねていく。

固有色を意識して色を選び明るい部分を塗る。

当たる光の色や強さを意識して塗りを重ねる。

空気遠近法

遠くの景色を薄く霞んで見えるように描くと遠近感を表現できる。このように距離によって彩色に差をつけ遠近感を出す技法を空気遠近法という。

ブラシを動かす方向

ブラシのタッチは、描く対象の面の方向を意識すると立体感のある塗りにつながる。すべての塗りの工程で、ブラシを動かす方向には注意する。

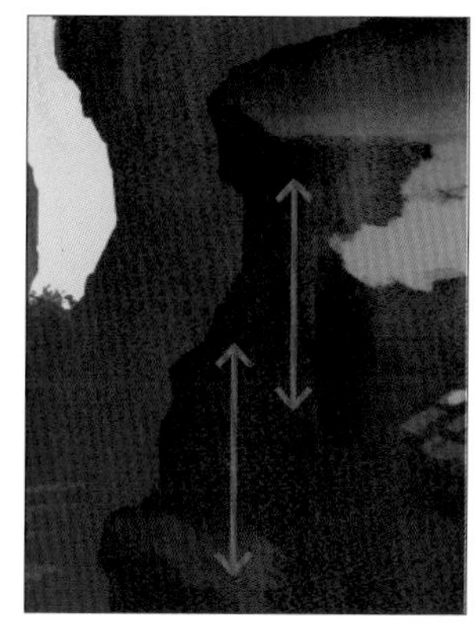

地面は横方向のストロークで平面的な面を表現する。崖は縦方向の面を意識する。

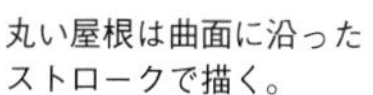

丸い屋根は曲面に沿ったストロークで描く。

不透明度を下げて塗りムラを作る

不透明度を下げたブラシを使い、薄く塗ってムラを作ることで塗りに深みが出る。濃淡が出るブラシならよりムラを出しやすい。また［油彩］や［ガッシュ］などのテクスチャが適用されているブラシだと、同時に質感を加えることもできる。

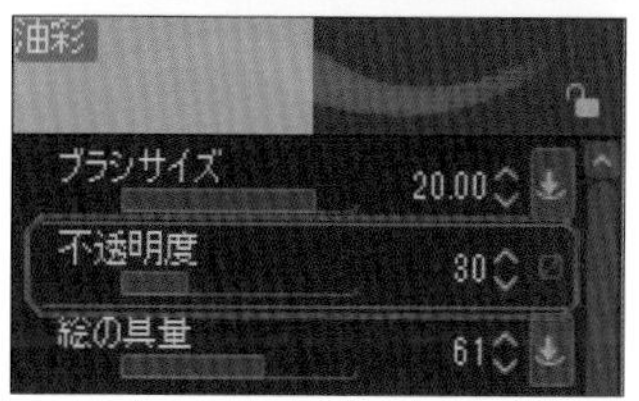

作例では不透明度を下げた[油彩]を使って描画している。

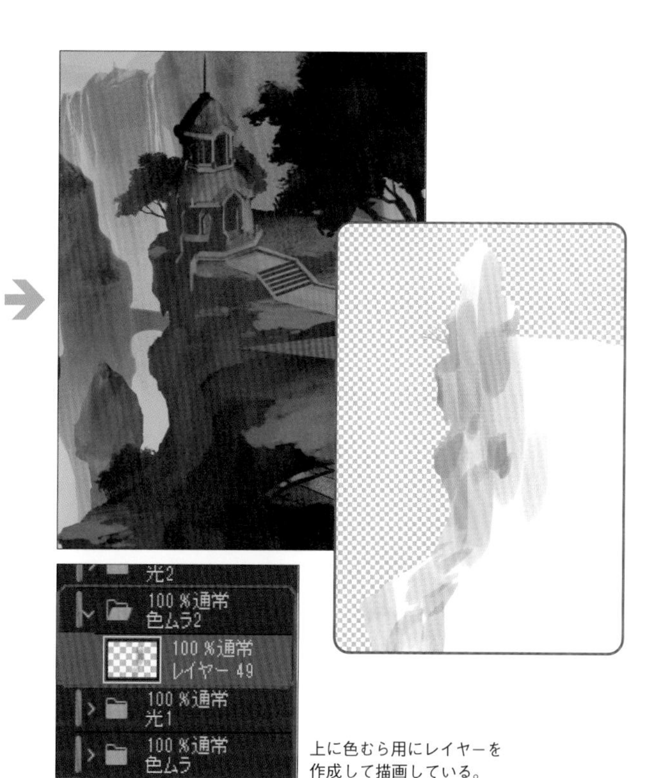

上に色むら用にレイヤーを作成して描画している。

→ モヤを描く

モヤのような半透明のものも、不透明度を下げたブラシで表現できる。

1 ［油彩］で大まかにモヤを描く。ブラシの不透明度を60%にして半透明感を出している。

タッチの重なるところが濃くなるため複雑な濃淡ができる。

2 ブラシは［油彩］のまま、透明色を選択し、削るようにしてモヤの形を整える。

3 ブラシサイズを下げて細かく削るように形を整える。ブラシの不透明度は20〜40%くらいにしてモヤの濃淡も細かく調整する。

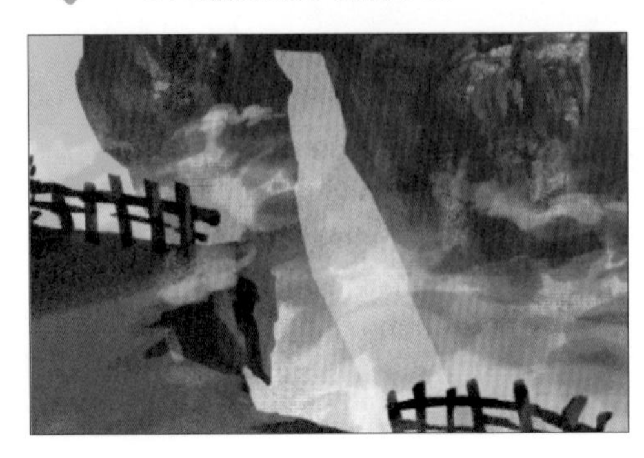

4 ［色混ぜ］ツールの［ぼかし］や［筆］ツールの［ガッシュなじませ］などでぼかし、かすんだ感じを出して仕上げる。

完成

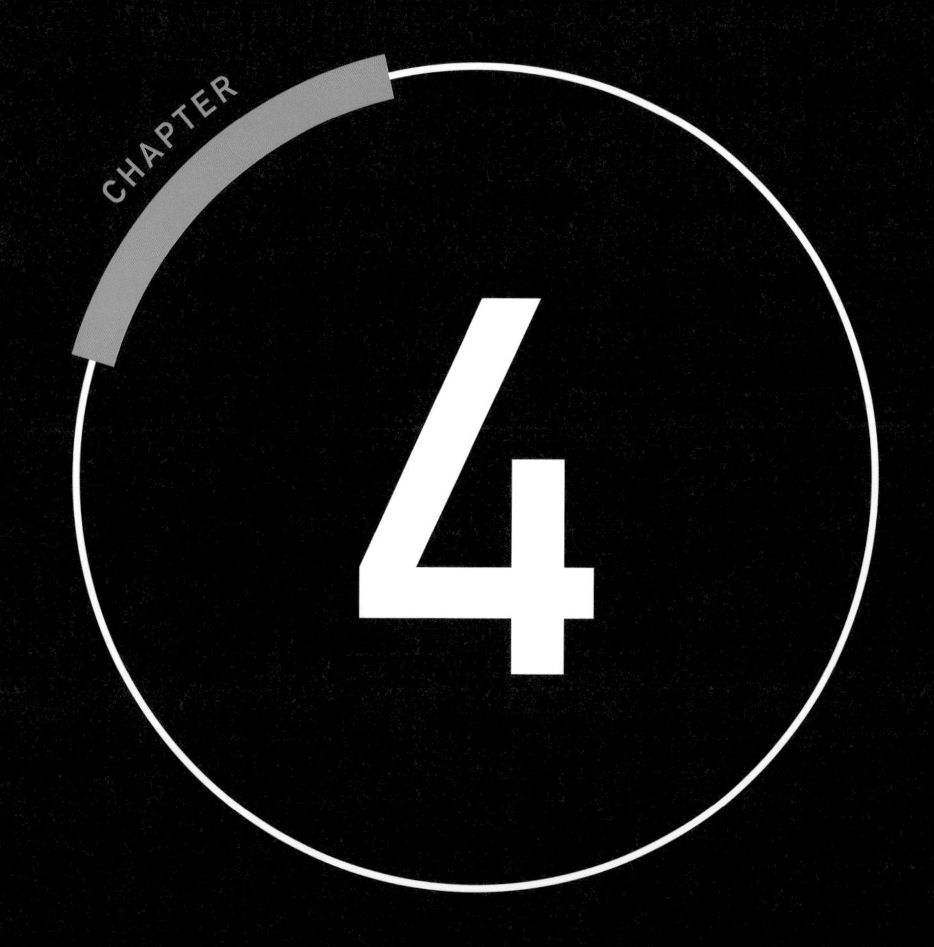

画像の加工

イラストをプロのような仕上がりに近づける加工や、
デザインワークで使えるパターンの作り方、加工の方法などを解説する。

作例データを
ダウンロード
できます。

CHAPTER:04
01

色調補正で色みを調整する

色調補正は[編集]メニューから行えるが、それだとレイヤー単位の色調補正になる。複数のレイヤーを色調補正するときは色調補正レイヤーを使おう。

色調補正レイヤー

色調補正レイヤーは下のレイヤーの色に対して補正を行うため、複数のレイヤーの色を色調補正することが可能。後から補正値を変更でき、削除（もしくは非表示に）すれば補正前に戻すことができる。色を調整するときにとても便利なレイヤーなので活用しよう。

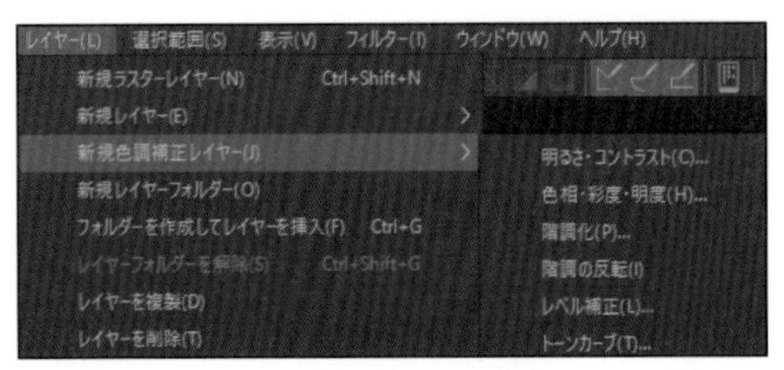

[レイヤー]メニュー→[新規色調補正レイヤー]より、各種色調補正レイヤーを作成できる。

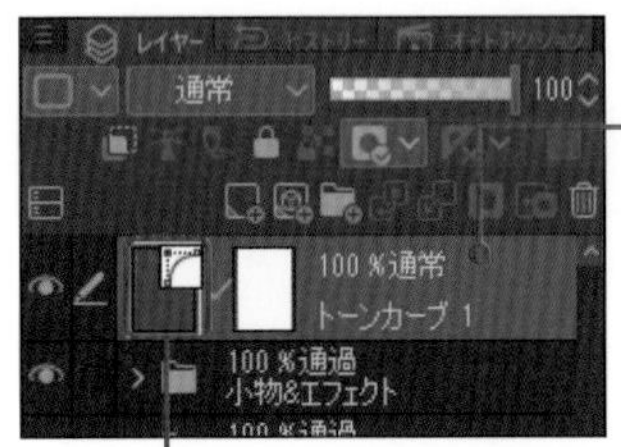

色調補正レイヤー

アイコンをダブルクリックするとダイアログが開き、設定を再編集することができる。

トーンカーブでコントラストを調整

[トーンカーブ] は、画像の明暗に調整を加えたり、コントラストを調整することができる。

1 [レイヤー] メニュー→ [新規色調補正レイヤー] → [トーンカーブ] を選択する。[トーンカーブ] ダイアログが開く。

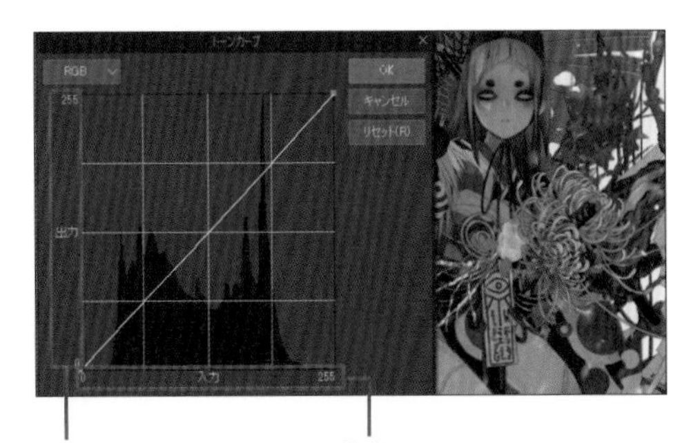

出力
[出力]とある縦軸は設定後の明るさの値。

入力
[入力]とある横軸は元の明るさの値。

2 グラフをクリックするとコントロールポイントが追加される。コントロールポイントを動かすとグラフが変化する。

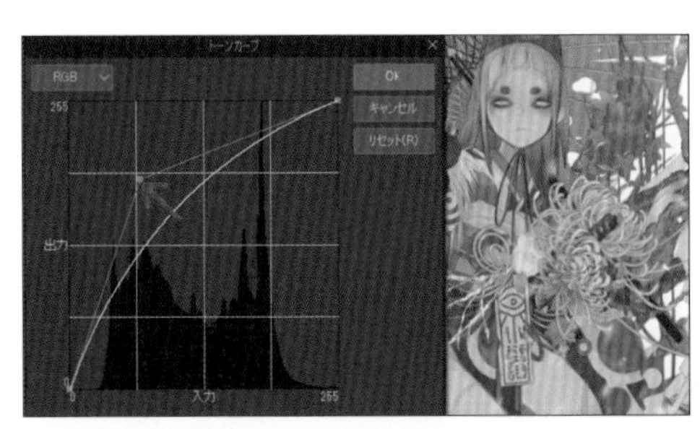

上に動かすほど画像が明るくなる。

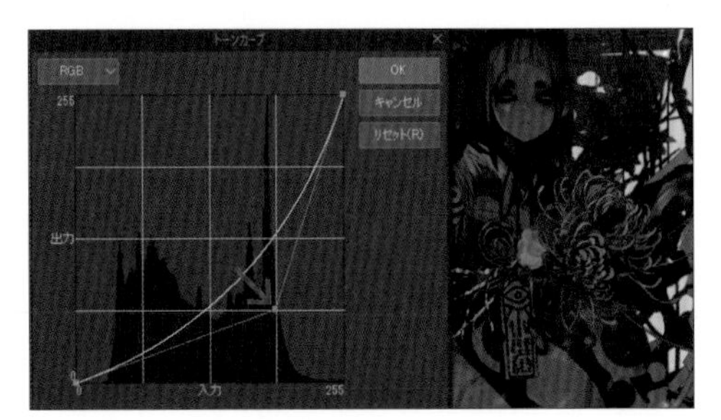

下に動かすほど画像が暗くなる。

3

コントラストを上げたい場合はコントロールポイントを3つ作るとよい。右上は明るい色、中心は中間の色、左下は暗い色を調整するコントロールポイントになる。

コントロールポイントを調整し、明るい色をより明るく、暗い色をより暗くすると、コントラストが上がる。

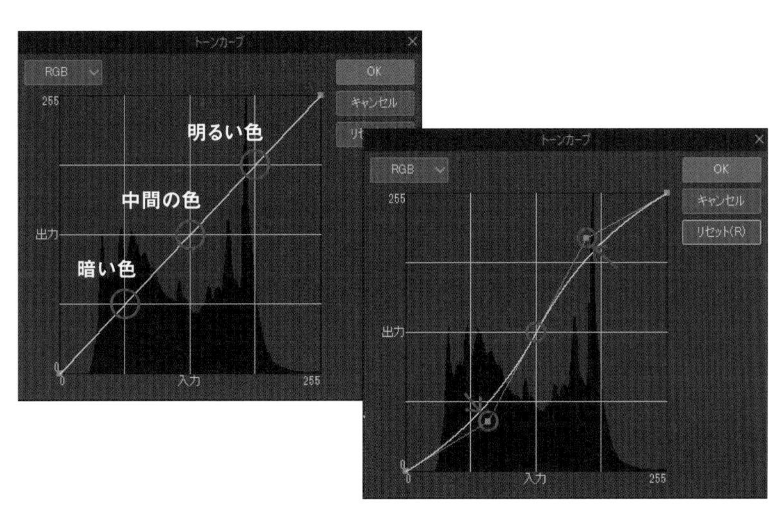

色相・彩度・明度を調整

[色相・彩度・明度] では、それぞれの値を変更して色みに変化を加えられる。

色相(色の様相)、彩度(色の鮮やかさ)、明度(色の明るさ)をそれぞれ調整する。変更前の状態を[0]とし、色相は[−180]～[+180]、彩度と明度は[−100]～[+100]の間で設定できる。

補正の強さを調整

色調補正レイヤーは、レイヤーの不透明度により、色調補正の強さを調整できる。

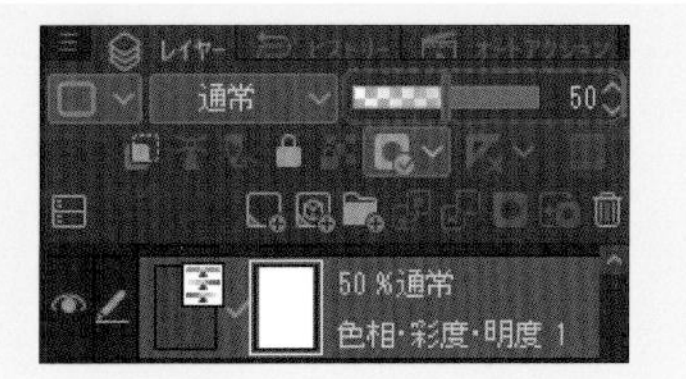

CHAPTER:04
02

合成モードで色と光を演出

合成モードは、イラストの仕上がりをワンランクアップさせたいときに役立つ。合成方法の代表的な例をいくつか見てみよう。

合成モードで色に変化を加える

合成モードは、設定したレイヤーと下のレイヤーの色を、さまざまな方法で合成できる。

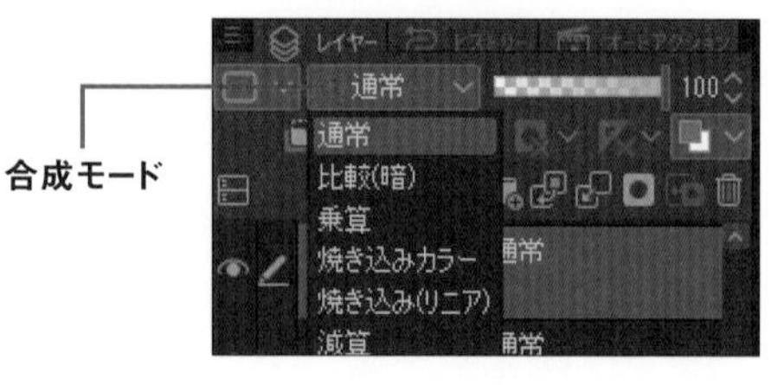

環境光を加える

[スクリーン] で合成すると、うっすらと環境光が入るような光の演出を加えられる。例では水色から透明色へのグラデーションのレイヤーを一番上に作成し [スクリーン] に設定した。

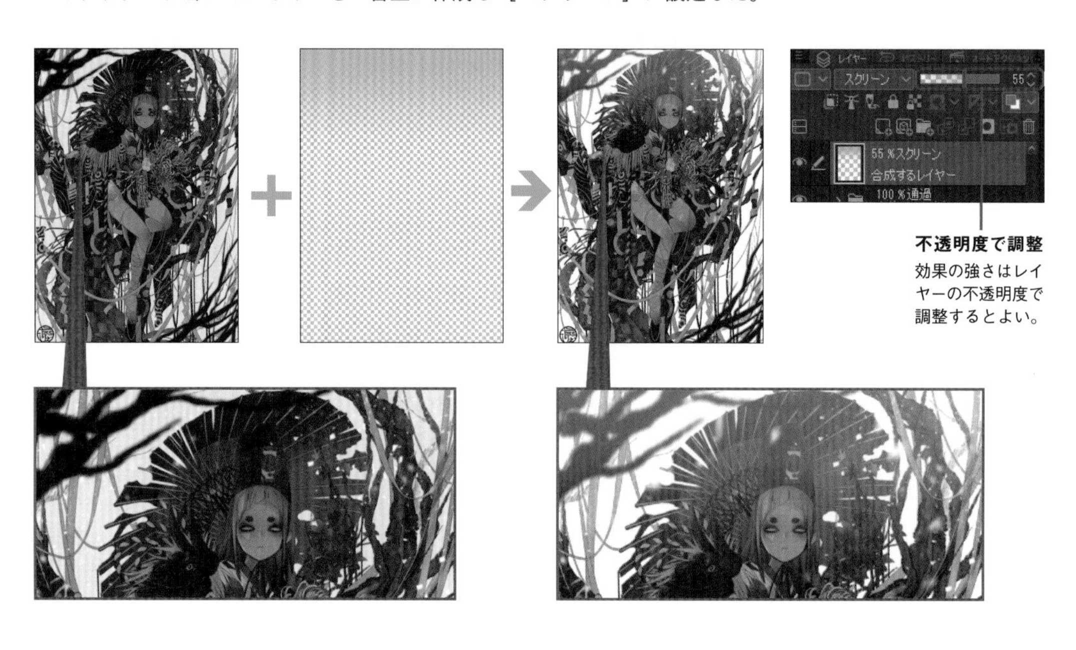

不透明度で調整
効果の強さはレイヤーの不透明度で調整するとよい。

ハイライトを輝かせる

[加算（発光)] は色を非常に明るく合成する。設定したレイヤーでハイライト周りに色を置くと効果的だ。

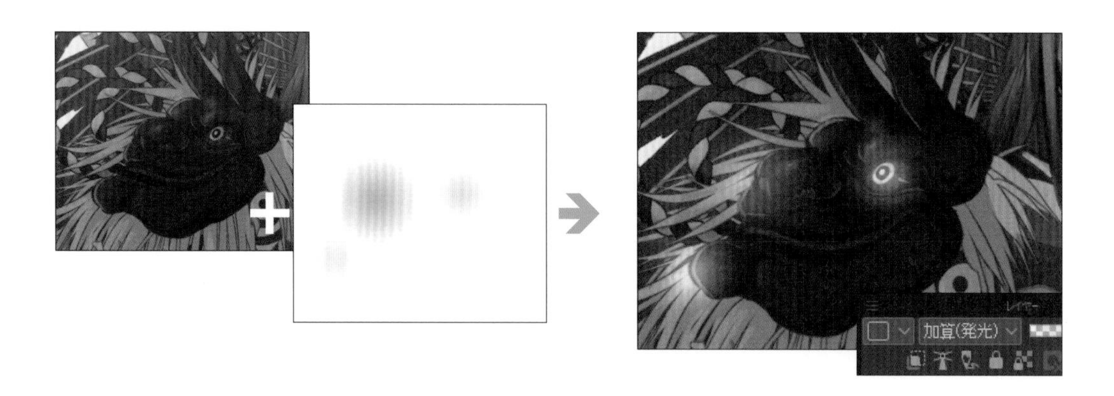

全体の色調を変える

［オーバーレイ］は明るい色を明るく、暗い色を暗く合成する。コントラストや彩度が少し上がる傾向があるが、全体の色調を変えるときに使える。

［カラー］は下のレイヤーの明暗を保ったまま、合成モードを設定したレイヤーの色相・彩度を採用して合成する。これを利用し、図のようにカラーイラストをセピア色に変更することも可能だ。

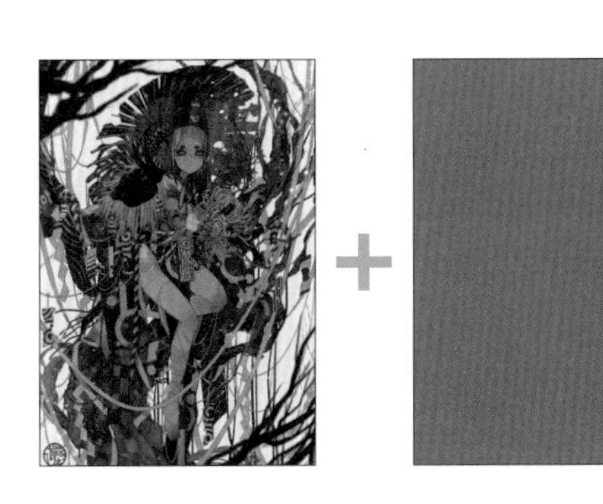

グレーに色を加える

［オーバーレイ］では暗い色は保持されるため、線画の黒い部分やグレーの階調を生かした合成ができる。そのためグリザイユ画法（グレーのイラストの上に色を乗せて彩色していく技法）にも用いられる。

CHAPTER:04

03 グロー効果でイラストを輝かせる

グロー効果は明るい色の部分がぼんやりと輝き、光がにじんだように見せることができる加工だ。

グロー効果の手順

グロー効果は［ガウスぼかし］と［レベル補正］を使って簡単にできる。その手順を見ていこう。

1 ［レイヤー］メニュー→［表示レイヤーのコピーを結合］を選択。作成されたレイヤーは［レイヤー］パレットの一番上に配置する。

［表示レイヤーのコピーを結合］でできたレイヤー

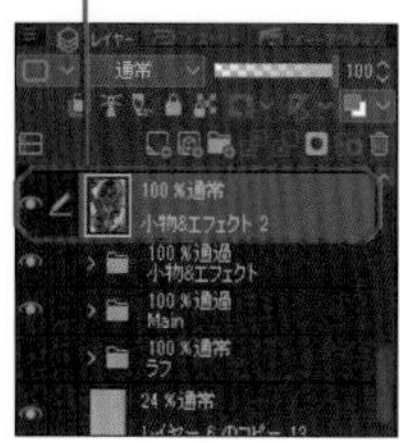

2 ［フィルター］メニュー→［ぼかし］→［ガウスぼかし］を適用して、❶で作成したレイヤーをぼかす。

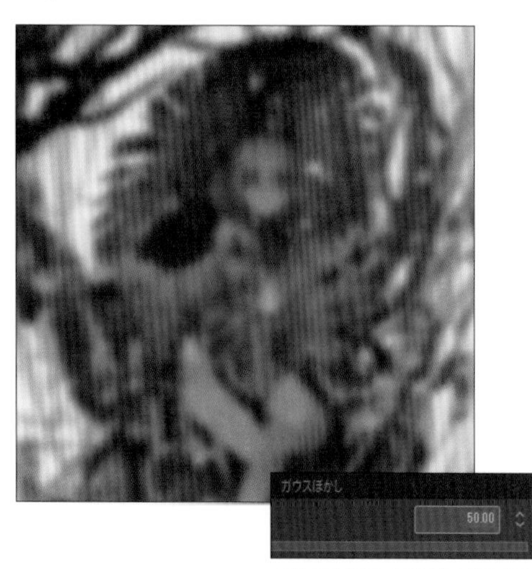

ここでは［ぼかす範囲］を［50.00］とした。

3 ［編集］メニュー→［色調補正］→［レベル補正］を選択。［レベル補正］でコントラストを強く調整する。

［シャドウ入力］を右に、［ハイライト入力］を左に動かすとコントラストが強くなる。

4 合成モードを［スクリーン］にすればグロー効果が完了だ。効果の強さはレイヤーの不透明度で調整するとよい。

グロー効果を加えると明るい色の部分がぼんやりと光る。

レイヤーの不透明度は好みで調整する。効果を強くしたい場合は高い不透明度に、さりげなく効果を加えるなら低い不透明度にする。

CHAPTER:04
04

ぼかしフィルターで遠近感を出す

ぼかしフィルターを使って近景（手前の景色）をぼかすと、イラストに臨場感を与えることができる。

ガウスぼかしで近景をぼかす

ぼかす強さを設定できる［ガウスぼかし］で近景をぼかしてみよう。

1 ぼかしたい画像はレイヤーを分けておき［レイヤー］パレットで選択。［フィルター］メニュー→［ぼかし］→［ガウスぼかし］を選ぶ。

2 キャンバスではぼかした後の結果がプレビュー表示されるので、それを確認しながら［ぼかす範囲］を調整する。

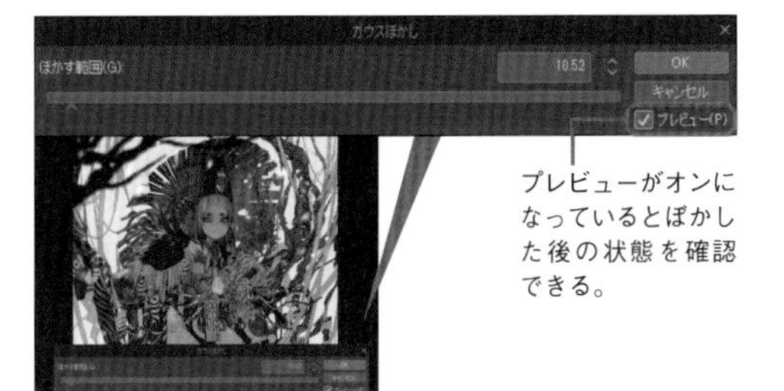

プレビューがオンになっているとぼかした後の状態を確認できる。

データダウンロード

ピントを合わせたような加工

全体をうっすらとぼかした後で部分的に消すと、消した部分は写真のピントが合ったような表現になる。

1 ［レイヤー］メニュー→［表示レイヤーのコピーを結合］で作成したレイヤーを［ガウスぼかし］でぼかす。

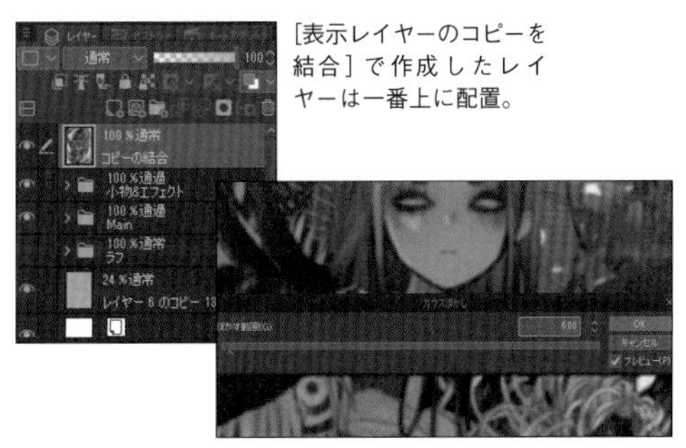

［表示レイヤーのコピーを結合］で作成したレイヤーは一番上に配置。

2 カラーアイコンで透明色を選択し［エアブラシ］ツールの［柔らか］で部分的に消すと、そこにピントを合わせたようになる。

［柔らか］はブラシサイズが大きいほうがエッジのぼけが大きく自然に消すことができる。

CHAPTER:04

05

継ぎ目のないパターンを作る

CLIP STUDIO PAINTのペイント機能を生かして、
継ぎ目のない水彩塗り風の水玉模様のパターン素材を作ってみよう。

1 ［筆］→［水彩］→［にじみ水彩］や［色混ぜ］ツール→［繊維にじみなじませ］で色をにじませながら水彩塗りした画像を用意する。

2 ［選択］ツール→［長方形選択］などで一部分をコピーし、新規キャンバスを作成して貼り付ける。これをパターンのベースにする。

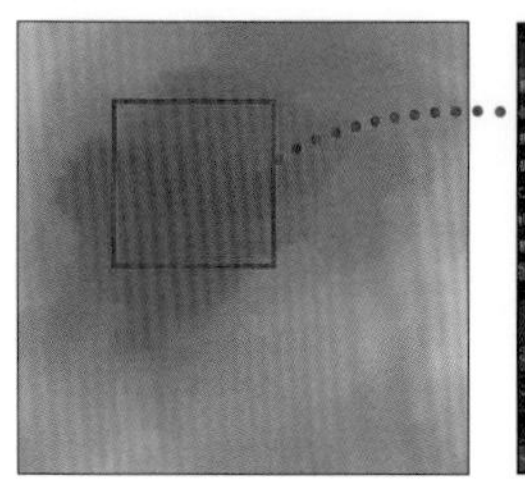
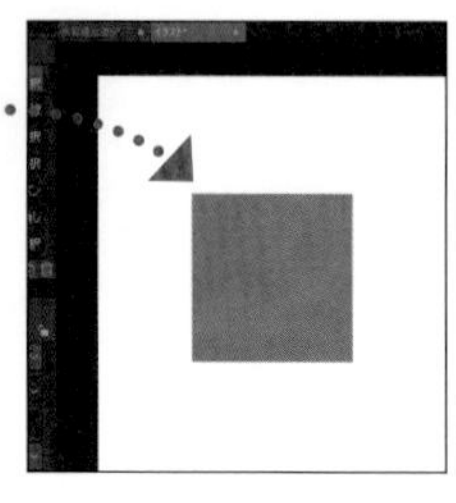

3 ［表示］メニュー→［グリッド］でグリッドを表示。グリッドに沿って不要な部分をカットし、正方形にする。

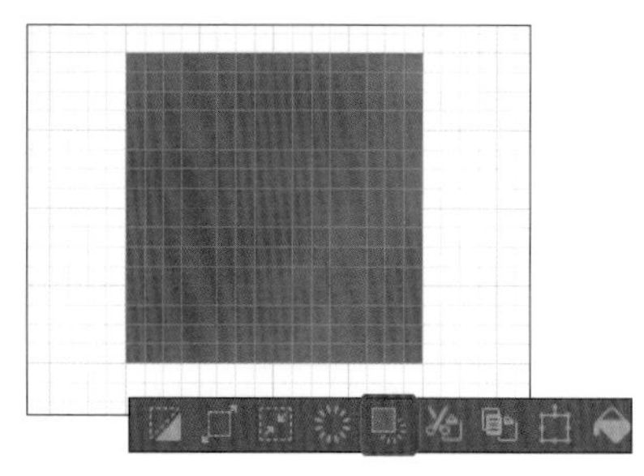

作例では、グリッドにスナップさせながら［長方形選択］で選択。選択範囲ランチャーから［選択範囲外を消去］で選択範囲外をカットした。

4 図の赤い点線の部分を［長方形選択］で選択して［レイヤー移動］ツールで切り取って移動する。Shiftキーを押しながらだと水平移動できる。

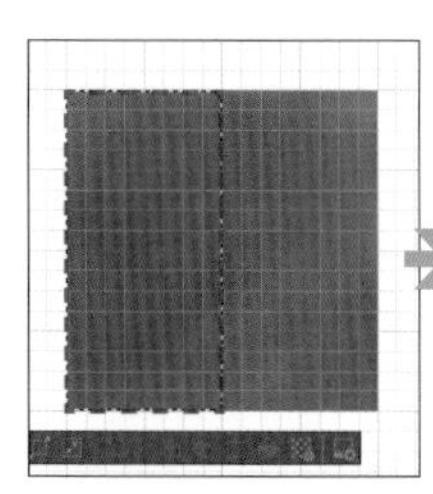
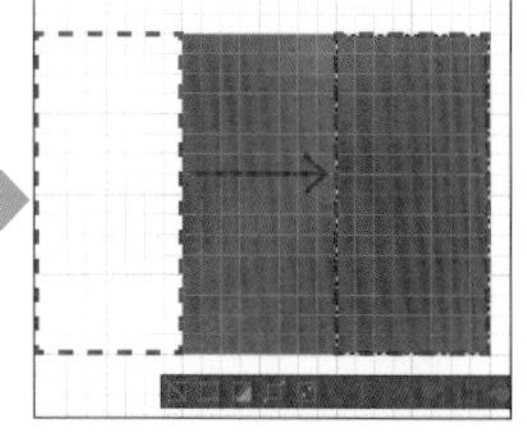

5 色の境界を［色混ぜ］ツール→［繊維にじみなじませ］でなめらかにする。

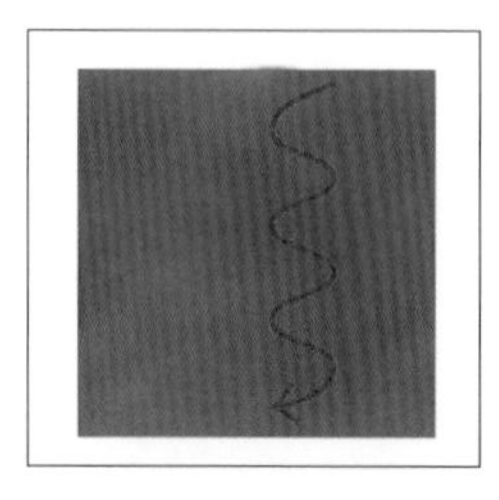

6 同じように上側の1部分を下に移動し、色の境界をなじませる。これでパターンにしたときに継ぎ目のない素材になる。

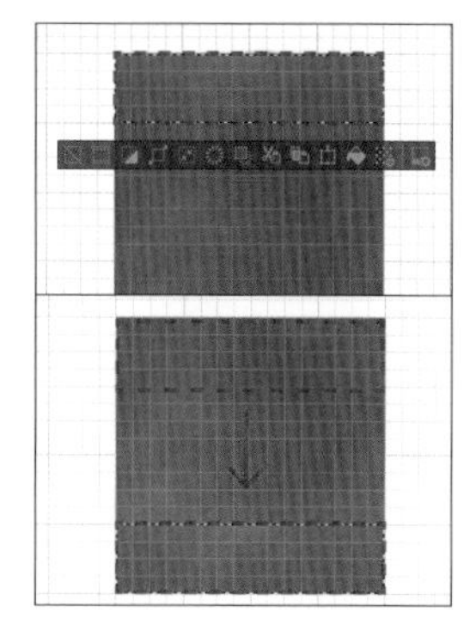
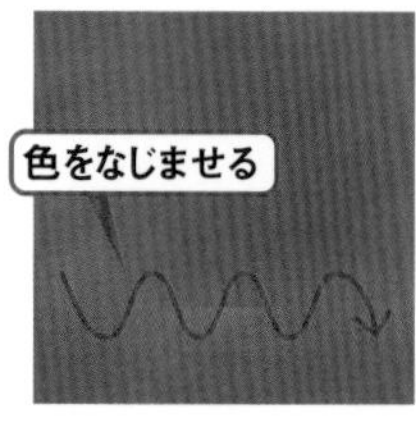

［繊維にじみなじませ］や［水彩なじませ］でなじませる。

7 パターンにしたときに色ムラが出にくくするため［編集］メニュー→［色調補正］→［明るさ・コントラスト］でコントラストを下げる。パターンのベースができた。

POINT

▶ **パターンの元になる素材のサイズが小さいと、完成した素材の画像が粗くなるので注意しよう。この作例では元になる素材を縦400px横400pxで作成している（グリッドの太い線の間隔が初期設定では100pxなのでそれを目安に作成している）。**

8 ベースは非表示にして、別のレイヤーに水玉模様を描く。水玉は、グリッドに対して図のように配置する。

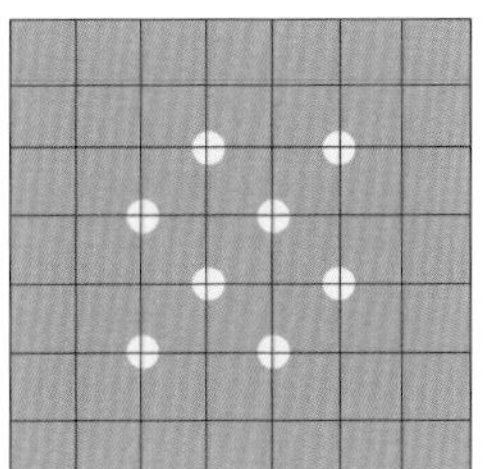

※水玉がよく見えるように用紙レイヤーをグレーにしている。

9 ［色混ぜ］ツール→［繊維にじみなじませ］で水玉を水彩塗り風にする。

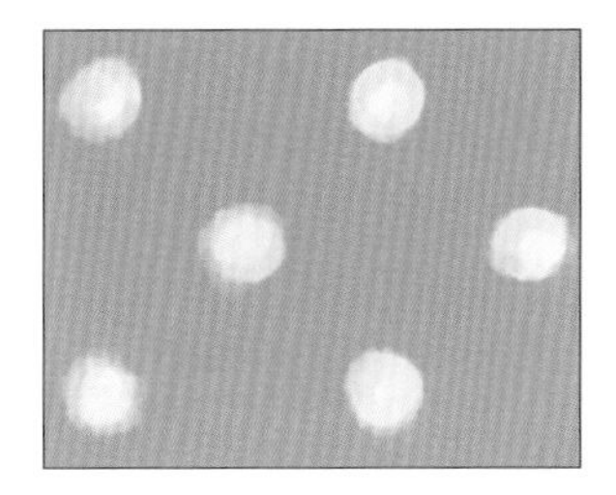

10 継ぎ目のないパターンにするため、赤の点線部分を水平移動させる。最終的には青の線のエリアがパターンになるように作業する。

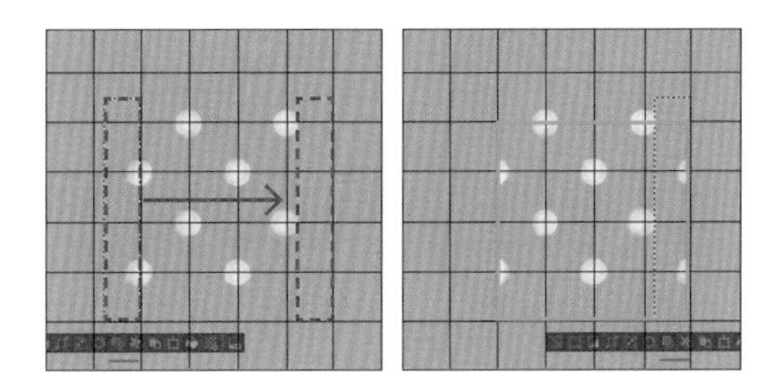

11 上側の赤い点線部分を下に移動。これで、継ぎ目のない水玉模様になる。

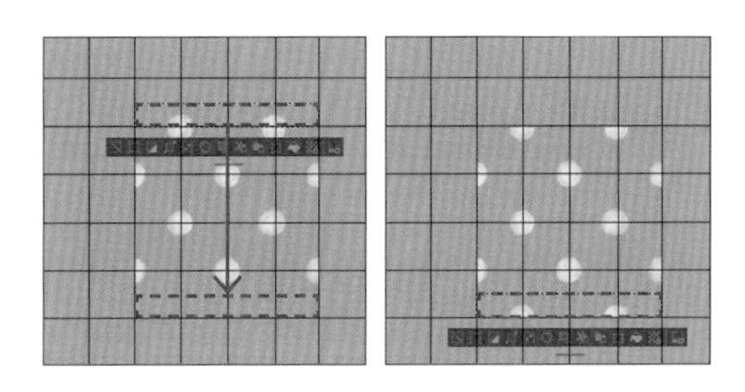

12 ベースを表示し水玉模様のレイヤーと結合する。もし両方のレイヤーを残しておきたい場合は［レイヤー］メニュー→［表示レイヤーのコピーを結合］するとよい。

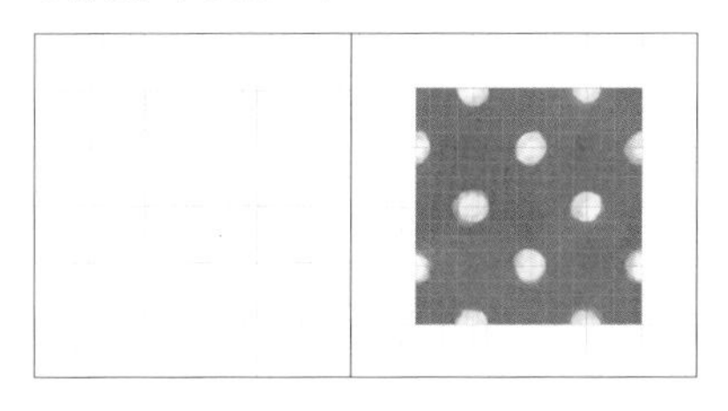

13 結合したレイヤーを［長方形選択］で選択し、［編集］メニュー→［素材登録］→［画像］で素材として登録する。［用紙テクスチャとして使用］と［タイリング］にチェックを入れ、素材名、保存先を決めて［OK］をクリック。

14 水彩の水玉パターンができた。登録した素材は［素材］パレットから貼り付けることができる。

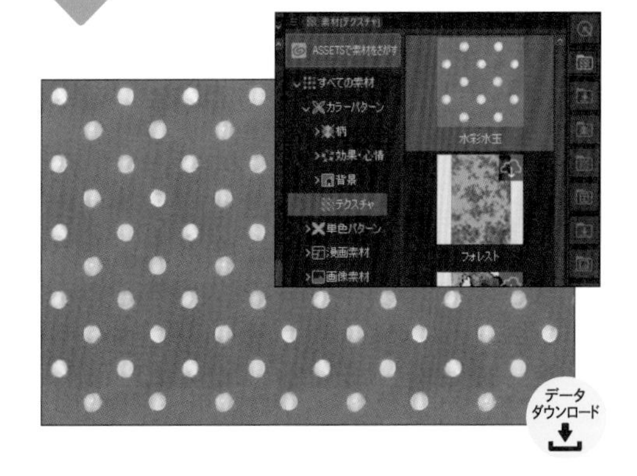

チェックパターンの作り方

シンプルなチェックパターンは、図のような画像を用紙テクスチャとして素材登録すれば簡単に作成できる。

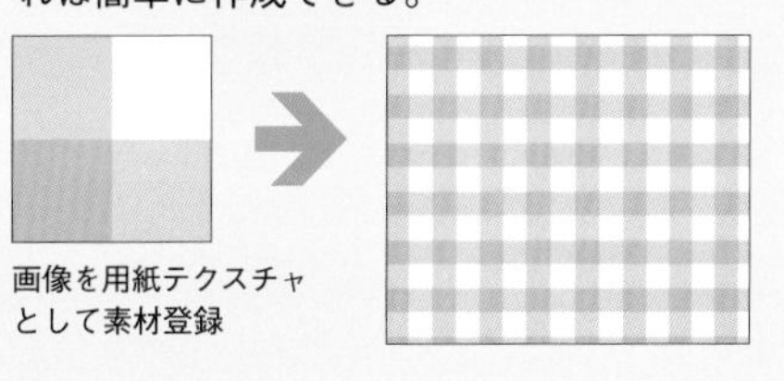

画像を用紙テクスチャとして素材登録

CHAPTER:04

06 ベジェ曲線でハートを描く

きれいな曲線を描画する「ベジェ曲線」が使えると、フリーハンドでは難しい曲線も描くことができる。

連続曲線で描く曲線

［図形］ツールの［連続曲線］は、なめらかな曲線を作成できる。曲線の作成方法はさまざまだが、ここでは、ほかのグラフィックソフトでも使用されることの多い3次ベジェ曲線を使い、図形を形作る。

1 ［レイヤー］パレットより［新規ベクターレイヤー］をクリックしてベクターレイヤーを作成する。図形はベクターレイヤーに描画すると、後から形を編集できる。

2 ベクターレイヤー上で描画していく。［表示］メニュー→［グリッド］でグリッドを表示すると作業しやすい。

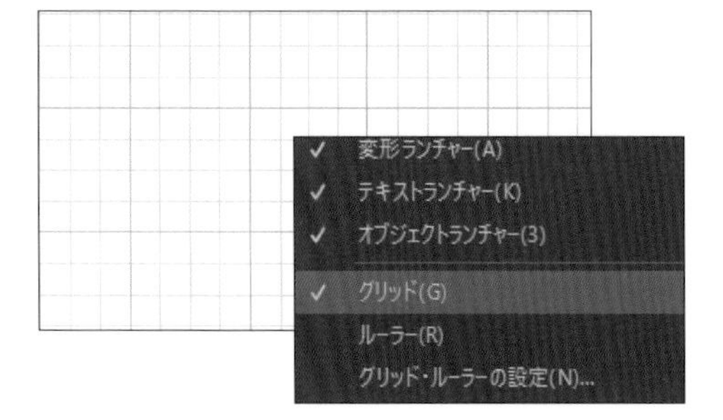

3 ［グリッドにスナップ］をオンにする。

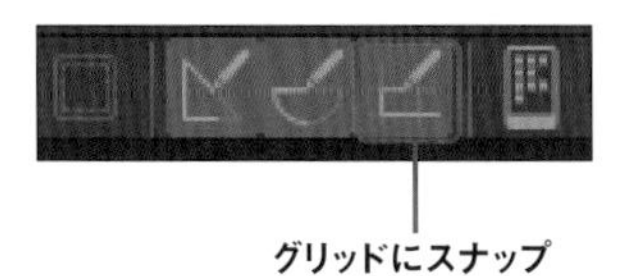

4 ［図形］ツール→［連続曲線］を選び、［ツールプロパティ］パレットで［曲線］を［3次ベジェ］に設定するか、または［図形］ツール→［ベジェ曲線］ツールを選択する。

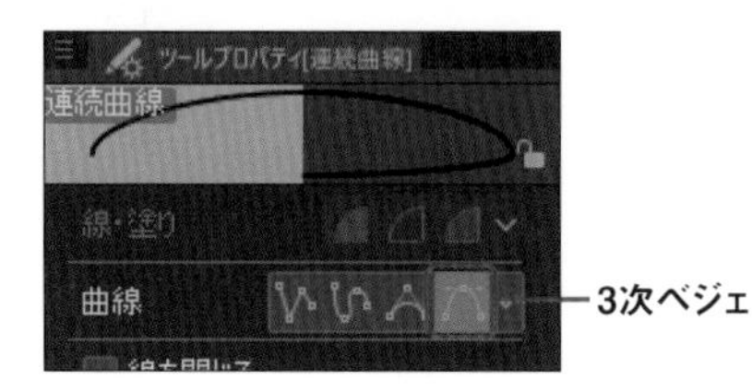

5 開始点をクリック後、次の点になるところからドラッグしていき、マウスボタンを離したところに、方向点を設定できる。ここで曲線の具合を調整する。

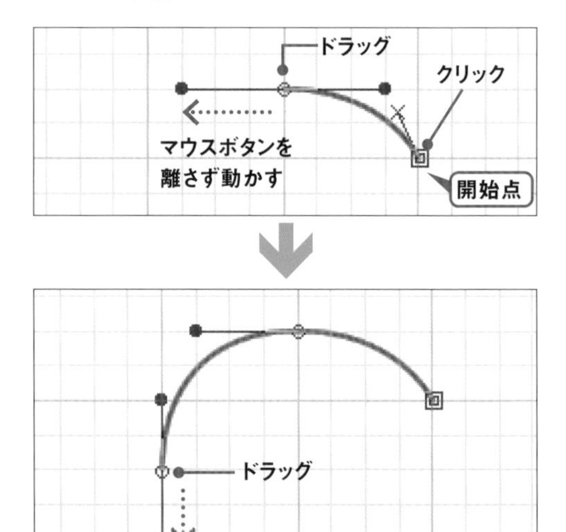

曲線の描画を1段階戻す

［連続曲線］で描画中に、1段階前に戻したいときはDeleteキーを押す。また、Escキーを押すと作成をキャンセルできる。

Delete キー　1段階前に戻す
Esc キー　図形作成をキャンセル

左半分ができたら、同じように右半分もグリッドを頼りに曲線を作成していく。

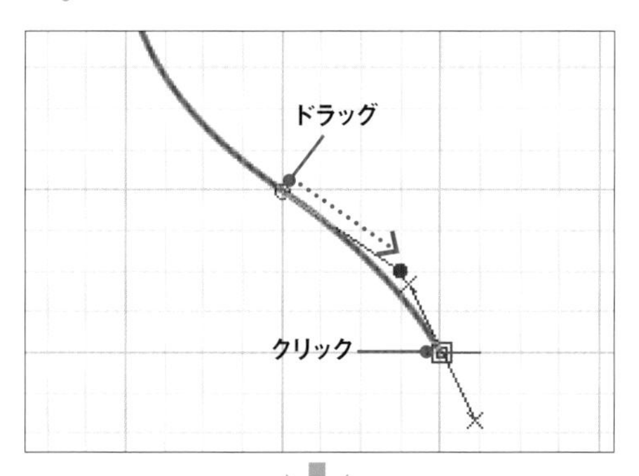

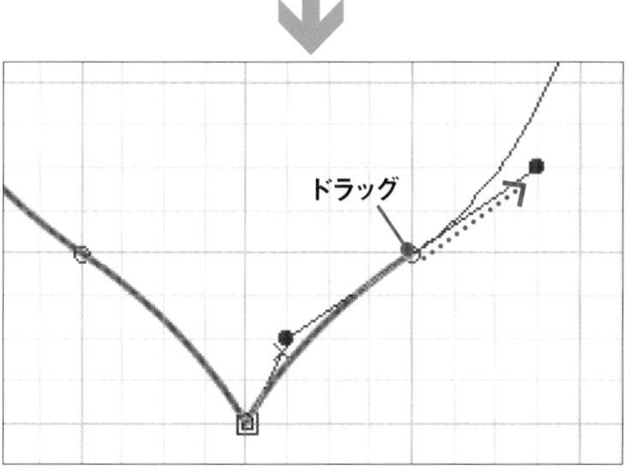

線を閉じるか、ダブルクリックすると曲線が確定される。

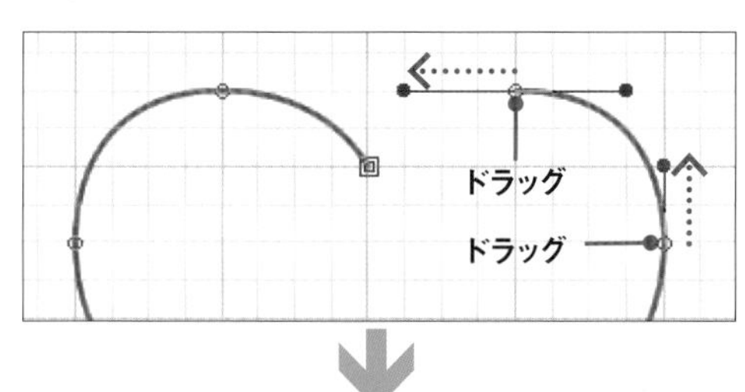

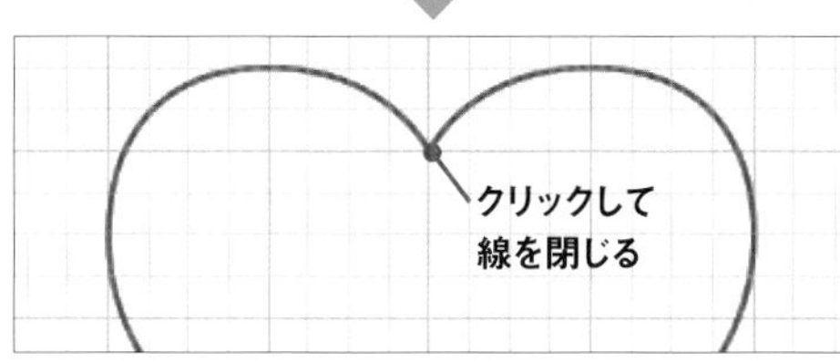

SVG形式で書き出す

ベクターレイヤーの画像は［ファイル］メニュー→［ベクター書き出し］からSVG形式で書き出すことで、Adobe Illustratorで開けるファイルになる。

［操作］ツールの［オブジェクト］で選択し制御点を動かして曲線を調整できる。また［ツールプロパティ］パレットでは、線の太さや色を設定可能だ。

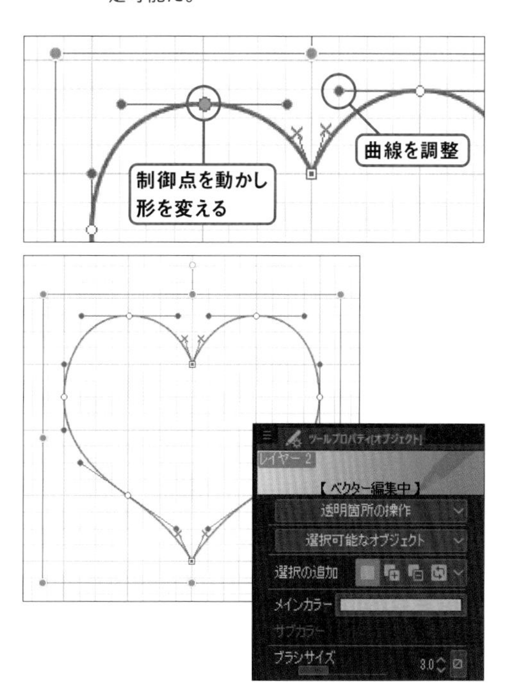

ベクターレイヤーでは塗りつぶしができない。塗りつぶしたい場合は、ラスターレイヤーを新規作成して［塗りつぶし］ツールで塗りつぶす。

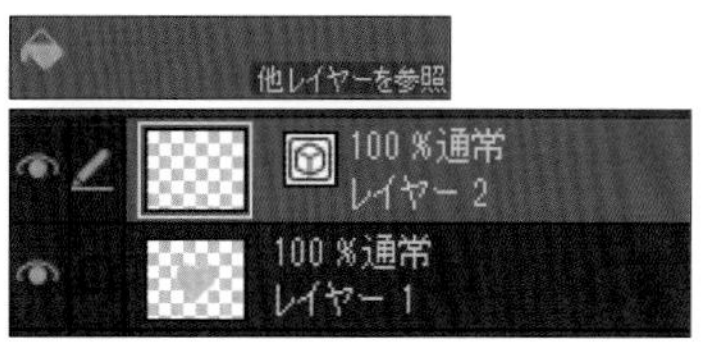

上の例ではラスターレイヤーを用意し、線画の下に配置、[塗りつぶし]ツール→[他レイヤーを参照]で塗りつぶした。

CHAPTER:04

07

対称定規でレース模様を描く

[定規]ツール→[対称定規]を使うと、簡単にレース模様が作れる。ぜひ試してみよう。

対称定規で描くレース模様

ここでは［対称定規］と［境界効果］を使ってレース模様を作成していく手順を解説する。

1 ［定規］ツールの［対称定規］を選択する。

2 ［ツールプロパティ］パレットで、［線の本数］を決める。ここでは［12］とする。

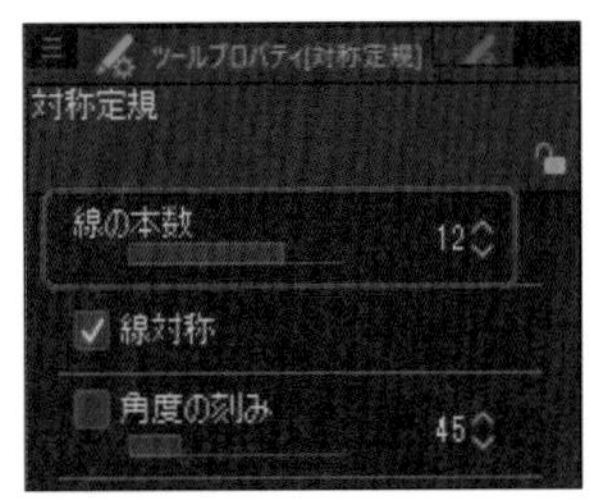

3 模様の中心になるところにアタリをつけ、クリックする。定規の線は❷で設定した数になる。

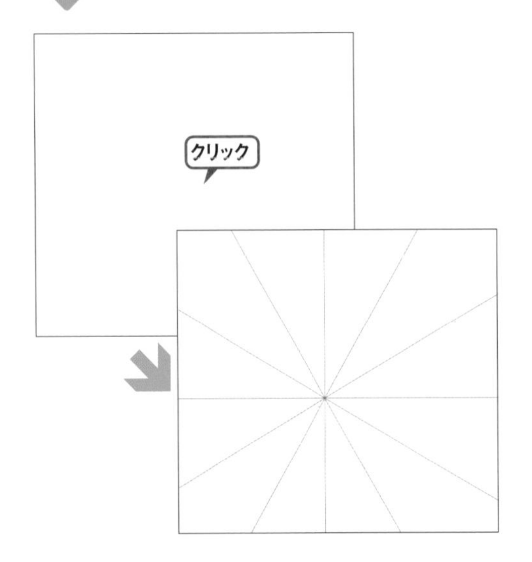

4 ［ペン］ツールから好みのサブツールを選び、カラー系のパレットで描画色を白にする。ブラシサイズは［8.0］(px)。

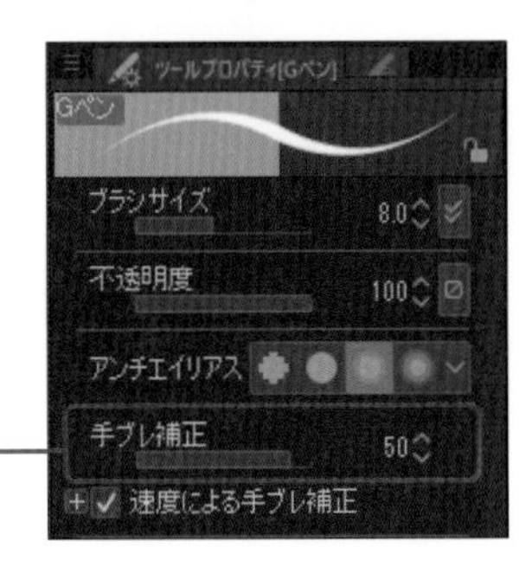

なめらかな線を引くため、[手ブレ補正]は高めに設定している。

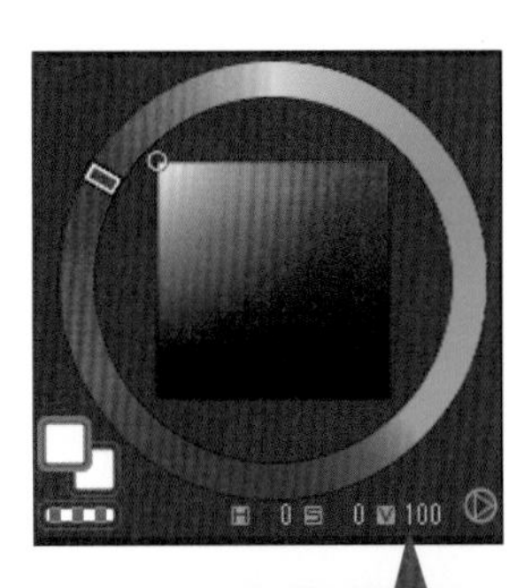

[カラーサークル]パレット下部の[H][S][V]はそれぞれ色相(H)、彩度(S)、明度(V)を表す。描画色を白にするには[S]が[0]で[V]が[100]になるよう設定するとよい。

POINT

▶ **斜め方向に対称にしたい場合は、定規を作成する際に斜めにドラッグする。**

5 ［レイヤープロパティ］パレットで［境界効果］をオンにする。［フチの太さ］を［1.0］に、［フチの色］を黒にする。

［フチの色］は、カラーアイコンをクリックすると［色の設定］ダイアログで編集できる。

6 描画すると12分割された画面に同じ模様が描かれていく。

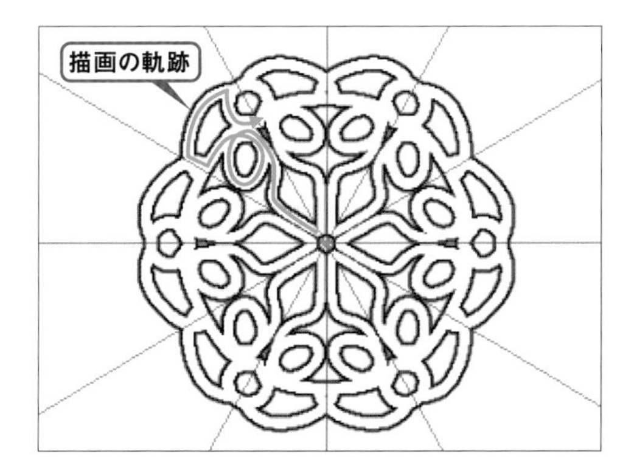

7 描画を続けて模様を増やしていく。短時間でできるので、模様が気に入らなければ6からやり直そう。

8 適当にペンを動かしていくだけでも対称定規の効果で模様らしくなるが、花や葉っぱなどの自然物をイメージして描くと、きれいな模様になりやすい。

CHAPTER:04
08

写真のトーン化によるデザイン処理

トーン化する機能を使って写真を加工してみよう。
工夫次第で面白い効果を出すことができる。

カラーハーフトーン

写真をトーン化して加工し、カラーハーフトーンの画像にしていく。

1 ［ファイル］メニュー→［開く］から加工したい写真の画像ファイルを開く。

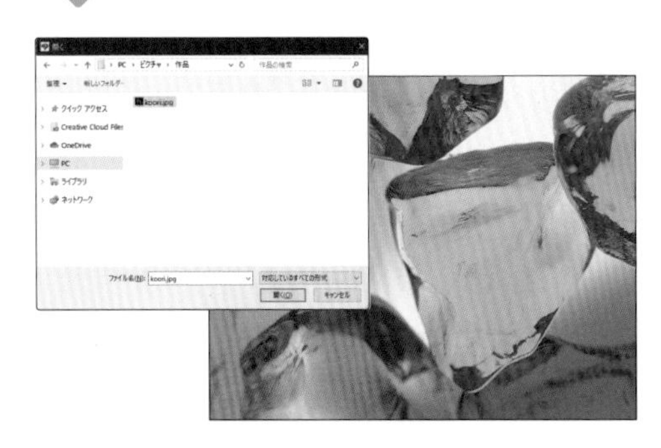

2 ［レイヤー］メニュー→［レイヤーを複製］を選択。複製したレイヤーは非表示にしておく。

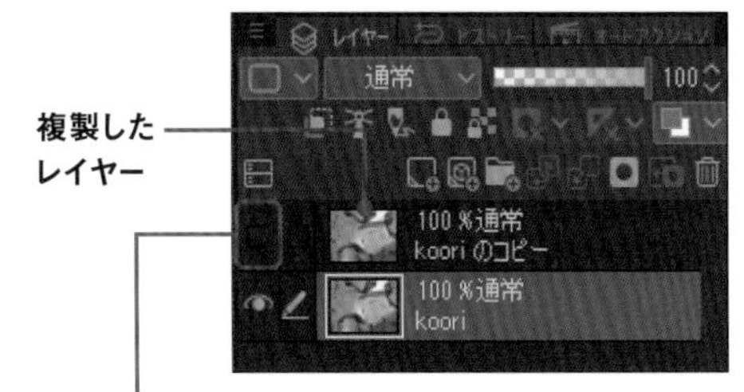

目のアイコンをクリックして非表示にする。

3 ［レイヤー］パレットで、1 で開いた写真のレイヤーを選択し直し、［レイヤープロパティ］パレットで［トーン］をオンにする。

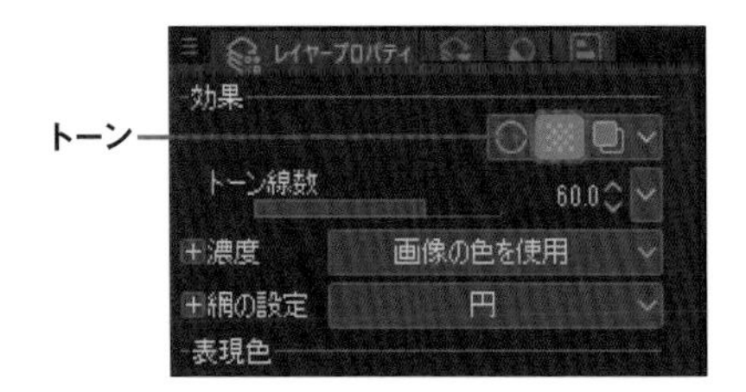

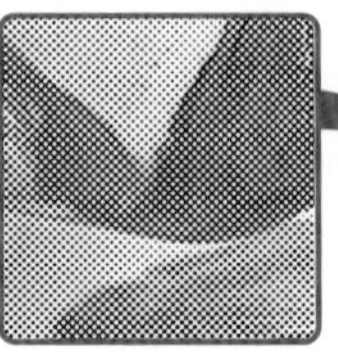

［トーン］をオンにすると、白と黒の網点で構成された画像に変換され、自動的にモノクロになる。

4 ［トーン線数］で網点の大きさを調整する。値が小さいと網点が大きくなる。

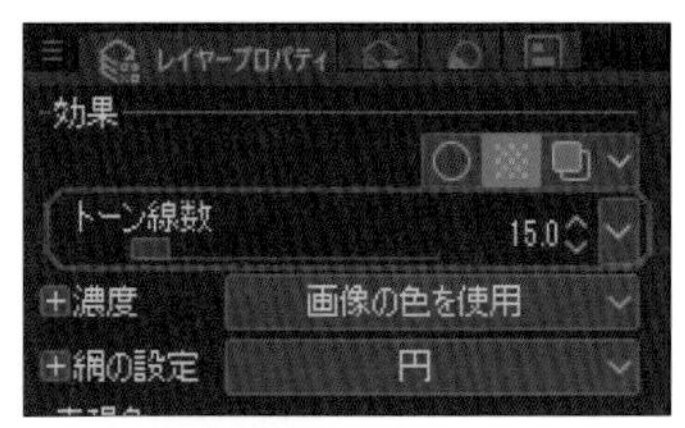

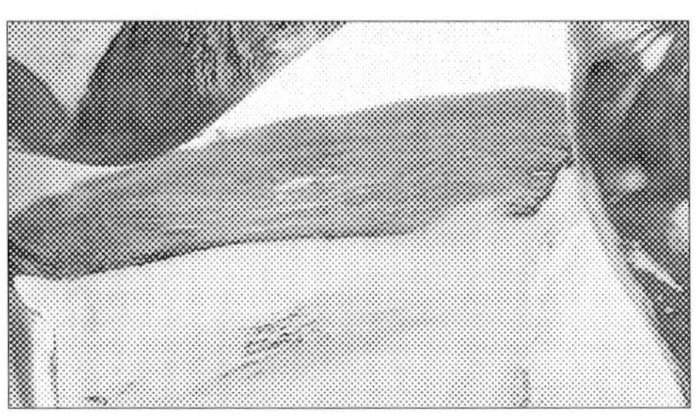

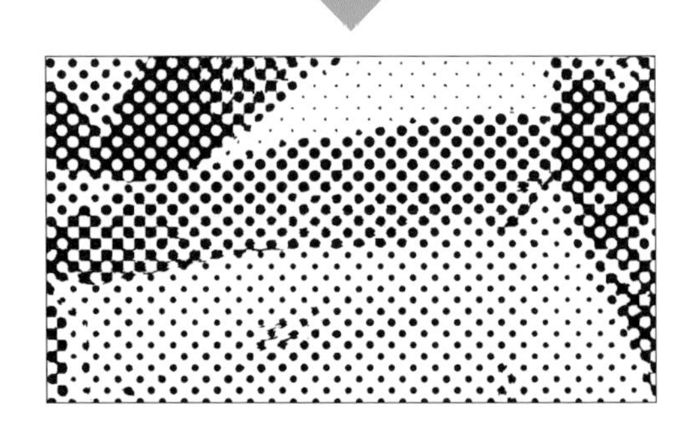

5 ［編集］メニュー→［輝度を透明度に変換］を選ぶ。すると網点以外は透明になる。

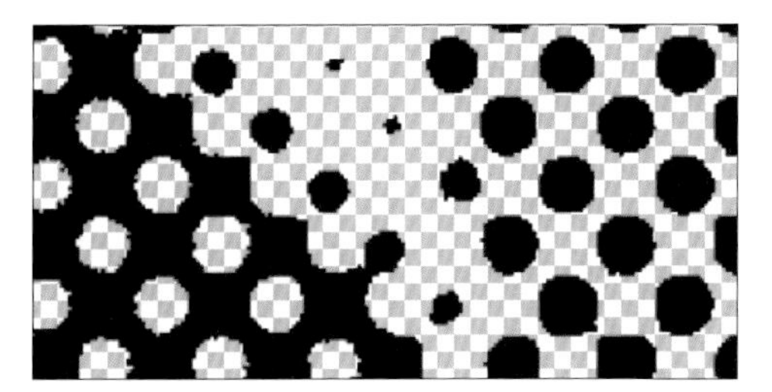

白い部分が透明になり、黒い網点だけが残る。透明部分は市松模様で表示される。

用紙レイヤーを作成する

JPEG画像などを開くと、用紙レイヤーがないため透明部分が市松模様になり画像が少し見にくい場合がある。そんなときは［レイヤー］メニュー→［新規レイヤー］→［用紙］で用紙レイヤーを作成するとよい。

非表示中の複製したレイヤーを表示し、［下のレイヤーでクリッピング］をオンにする。すると写真がカラーハーフトーン処理されたような見た目になる。

下のレイヤーでクリッピング

トーン化によるグラフィック的な処理

トーンの色を変える

トーン化した写真の上に、好きな色で塗りつぶしたレイヤーを作成し［下のレイヤーでクリッピング］すると、トーンに色をつけられる。

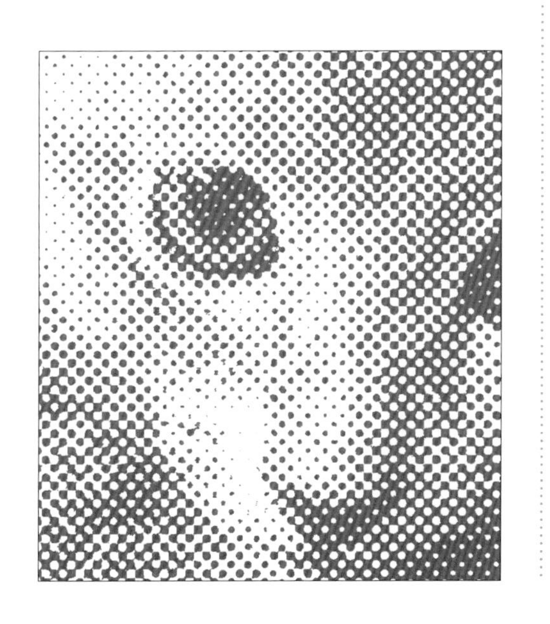

下に色をしく

トーン化した写真を［輝度を透明度に変換］しておき、下にレイヤーを作成して着色するとポップな印象になる。

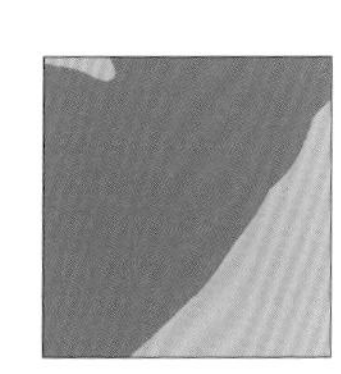

下のレイヤーを塗りつぶす。

CHAPTER:04

09

文字や写真を加工したロゴデザイン

ここでは加工した写真と文字で作るロゴの作例を紹介する。
文字にはかすれたような加工を施して仕上げている。

さまざまな加工で仕上げる

右の作例ではフィルターや合成モードなどさまざまな機能を使って加工したり、かすれたような効果を加えたりしていく。その制作過程をみていこう。

作例はカードサイズくらいの作品を想定して、幅100mm、高さ70mm、解像度350dpiのキャンバスで作成した。これより大きなサイズで作品を作る場合は、各種加工に関わる数値も変わる。

→ その1：写真を加工して背景に

1 キャンバスに写真を配置する。［ファイル］メニュー→［読み込み］→［画像］を選択し写真のファイルを読み込む。写真はキャンバスより小さいと拡大しなくてはならないため劣化する可能性がある。なるべくキャンバスより大きなものを使おう。

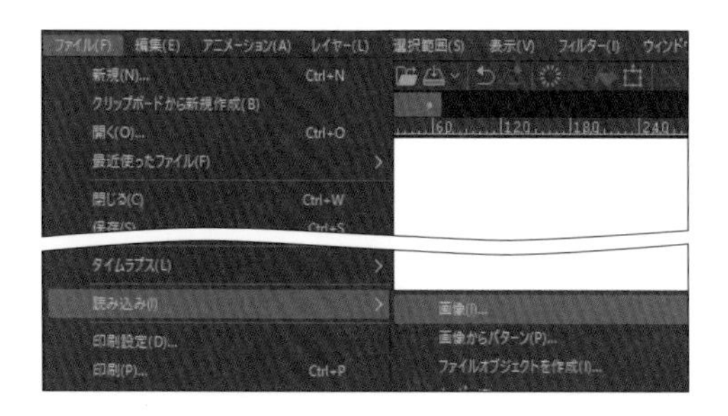

2 読み込んだ写真は画像素材レイヤーになっている。このままだと加工が難しいので［レイヤー］メニュー→［ラスタライズ］でラスターレイヤーに変換する。

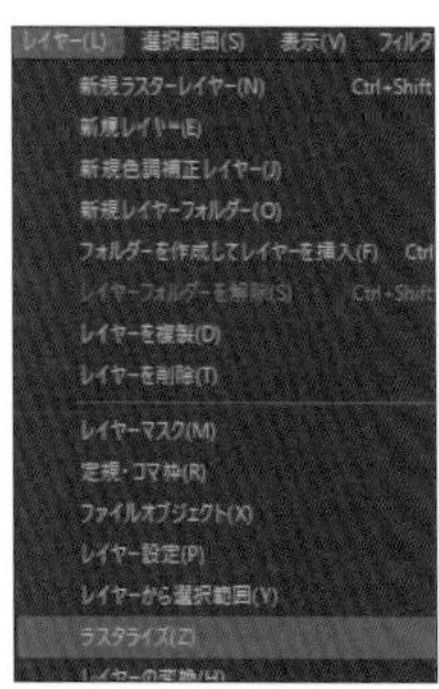

3 写真のレイヤーを［レイヤー］メニュー→［レイヤーを複製］で複製し、［編集］メニュー→［変形］→［上下反転］を選択。写真が上下反転したレイヤーができる。このレイヤーを「写真A」とする。

4 「写真A」レイヤーを複製し、［編集］メニュー→［変形］→［左右反転］で左右反転。このレイヤーは「写真B」とする。

5 「写真A」レイヤーを選択し［フィルター］メニュー→［ぼかし］→［ガウスぼかし］でぼかす。［ぼかす範囲］は、［30］とした。

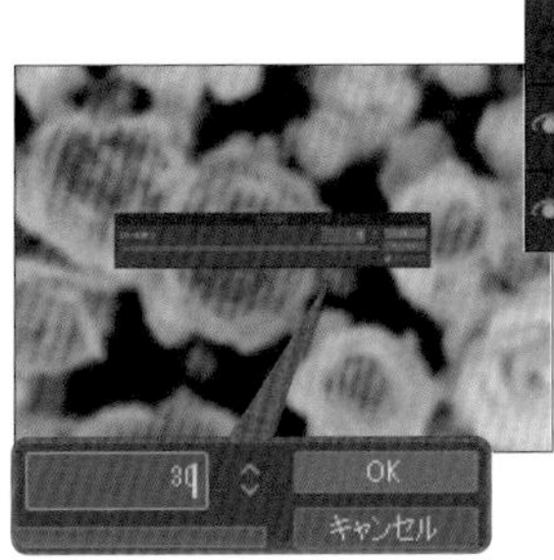

ぼけ具合を確認するために「写真B」を一時的に非表示にしている。ぼかした後は再び表示する。

6 「写真A」「写真B」のレイヤーの合成モードを両方とも［ハードライト］に変更する。

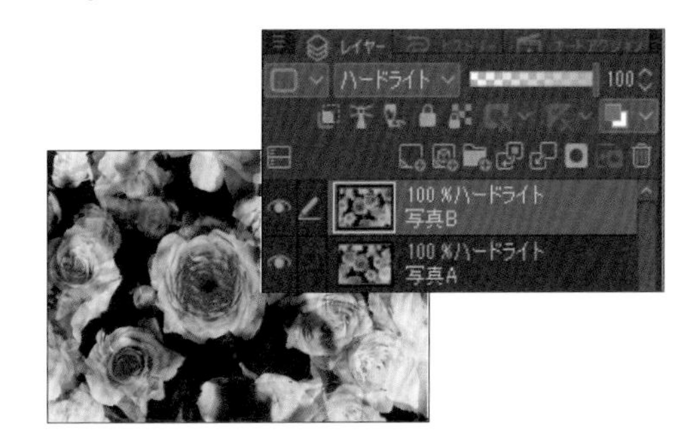

7 ［レイヤー］メニュー→［新規色調補正レイヤー］→［トーンカーブ］でトーンカーブの色調補正レイヤーを作成。グラフを調整し、コントラストを調整する。

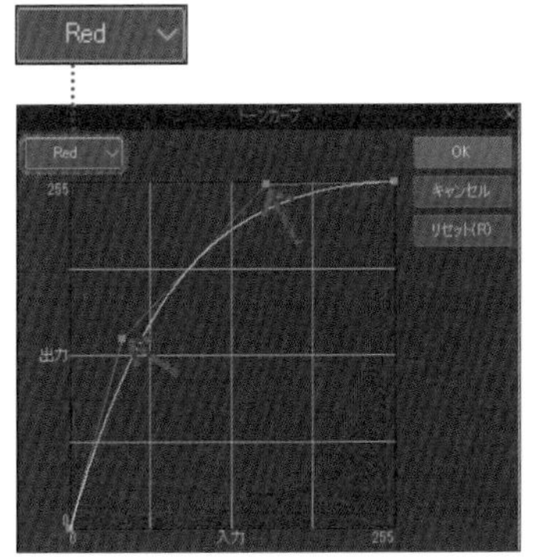

[Red]のチャンネルを選択。コントロールポイントを上に上げると鮮やかで明るい赤が目立つようになる。

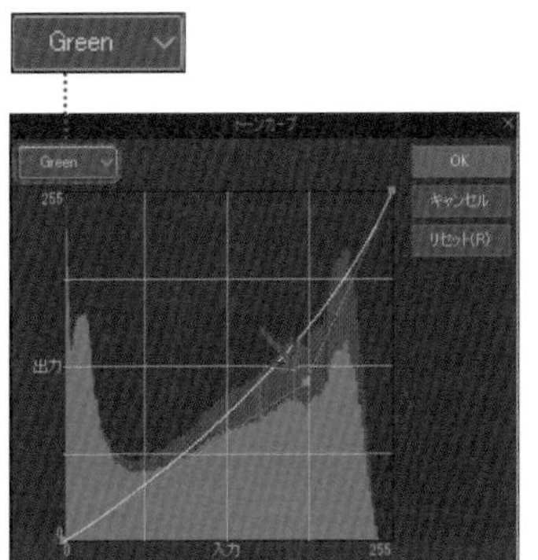

[Green]のチャンネルはコントロールポイントをやや下げて緑系の色を少し暗く抑える。

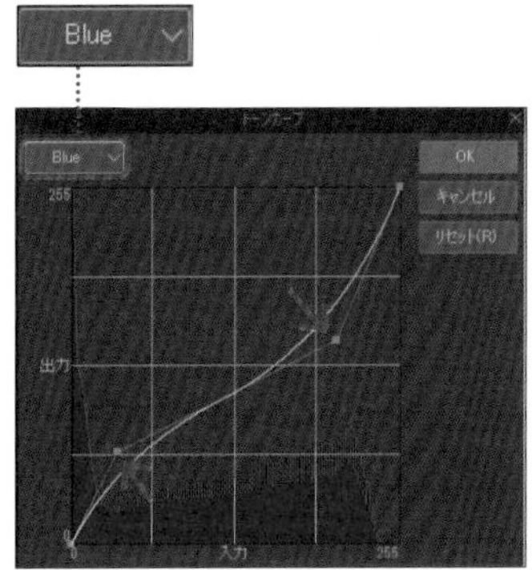

[Blue]のチャンネルは青系の色に影響する。明るい色は少し下げ、暗い色はやや上げる。

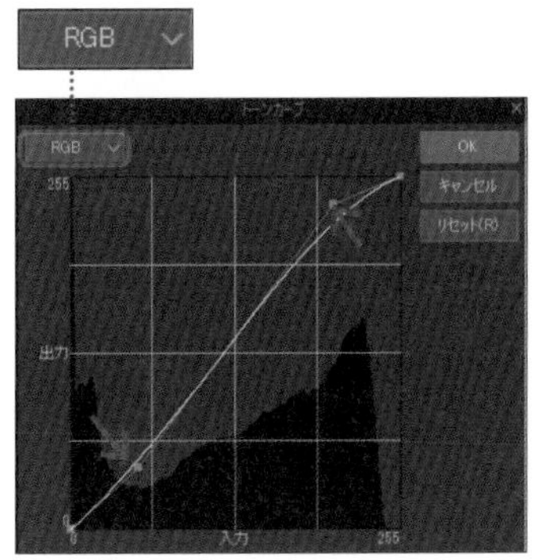

[RGB]のチャンネルは全体の色を調整する。少しだけコントラストを上げている。

8 ［レイヤー移動］ツールで「写真B」レイヤーの位置を調整。下のレイヤーと［ハードライト］で合成されているので色の見え方などが変化する。これで写真を加工した背景ができた。

背景ができたらレイヤーフォルダーにまとめて整理しておくとよい。

→ その2：文字を加工する

1 ［テキスト］ツールで文字を入力。1文字ずつレイヤーを分け、レイヤーフォルダーにまとめておく。それぞれの文字の位置は［レイヤー移動］ツールで調整する。

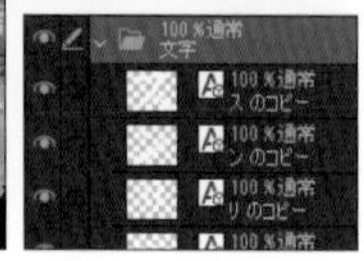

2 ここから文字のアウトラインを作って加工する。まずは文字の形で選択範囲を作成。文字のレイヤーフォルダーを選択し［レイヤー］メニュー→［レイヤーから選択範囲］→［選択範囲を作成］を選ぶ。

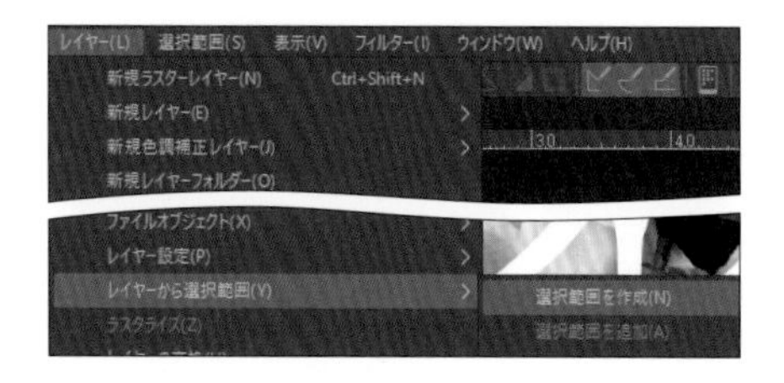

3 ❶で作成した文字のレイヤーフォルダーは非表示にする。

4 選択範囲を縮小する。［選択範囲］メニュー→［選択範囲を縮小］で、［縮小幅］を［0.3］mm※にして［OK］をクリック。新規ラスターレイヤーを作成し、描画色を白にして、［編集］メニュー→［塗りつぶし］で選択範囲を塗りつぶす。このレイヤーの名称を「文字加工」レイヤーとする。

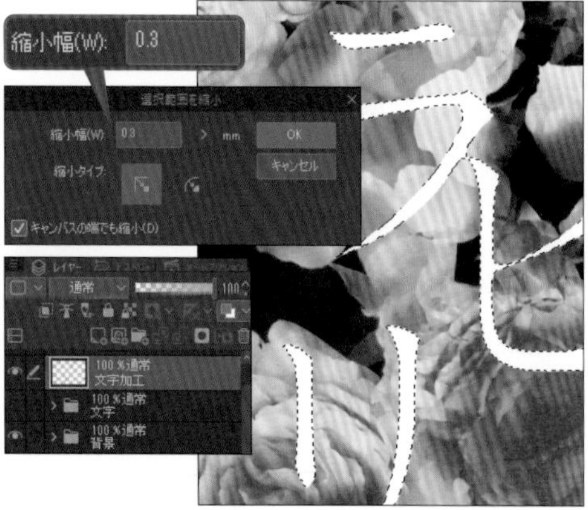

後の工程でフチをつけるため、元の字より縮めて塗りつぶしている。

※設定値の単位を[mm]で作業している。単位は[ファイル]（macOS／タブレット版では[CLIP STUDIO PAINT]、スマートフォン版では[アプリ設定]）メニュー→[環境設定]→[定規・単位]で設定することができる。

5 「文字加工」レイヤーにフチをつける。このフチがアウトラインになる。［レイヤープロパティ］パレットで［境界効果］をオン。［フチ］を選び［フチの太さ］は［0.10］mm、［フチの色］は黒に設定する。

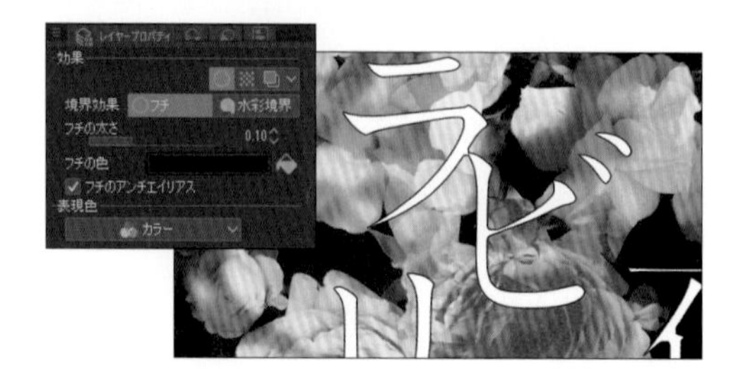

6 「文字加工」レイヤーをラスタライズする。画像に変化はないが、［レイヤー］プロパティのフチの設定は消える（完全に画像の一部になる）。

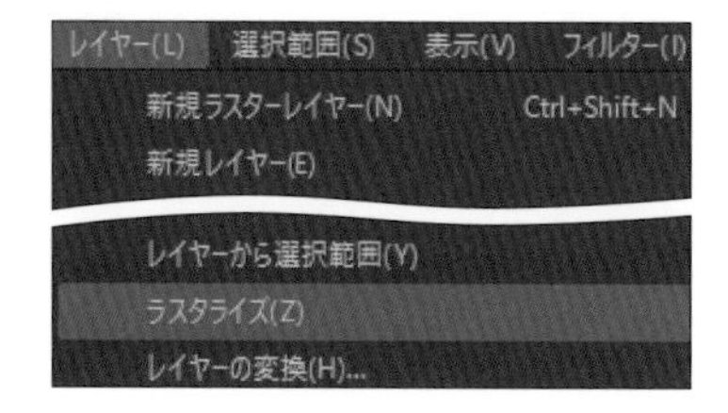

7 アウトラインを加工するため、「文字加工」レイヤーをベクターレイヤーに変換する。［レイヤー］メニュー→［レイヤーの変換］を選択し［種類］を［ベクターレイヤー］にして［OK］をクリック。

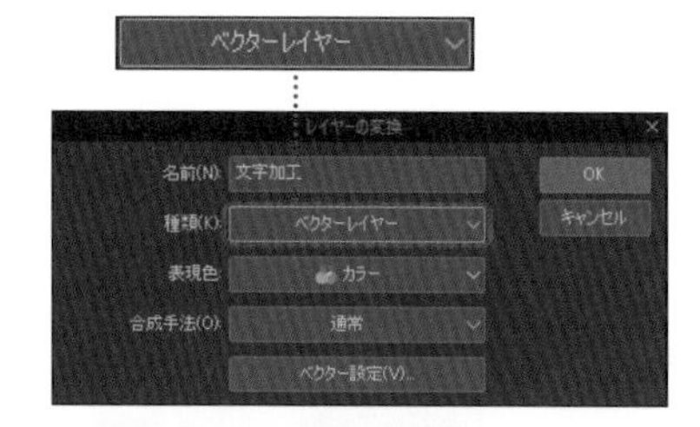

黒と白の描画を[レイヤーの変換]でベクターレイヤーにすると、白の描画部分は消え、黒だけ残る。

8 アウトラインの線の形状を変え、かすれた感じを出す。［レイヤー］パレットで「文字加工」レイヤーを選び［操作］ツール→［オブジェクト］を選択。［ツールプロパティ］パレットで［ブラシ形状］を［スプレー］に、色は［レイヤープロパティ］パレットで白に変更する。

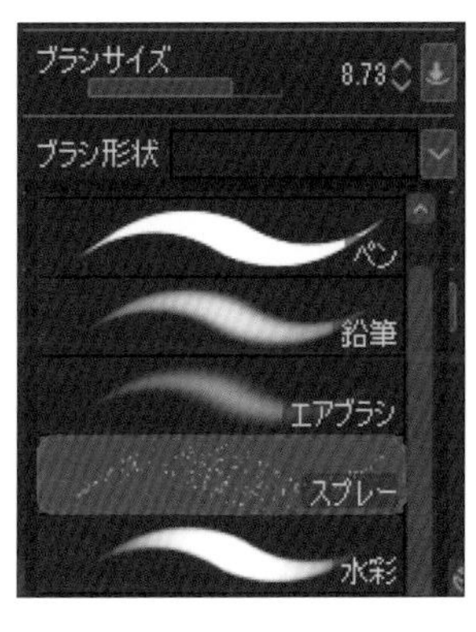

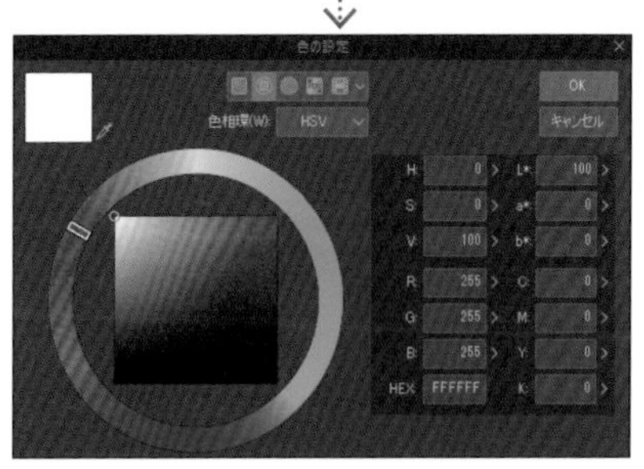

［レイヤープロパティ］パレットで［レイヤーカラー］を白（R=255、G=255、B=255）にする。色の指定はカラーアイコンをクリックして開く［色の設定］ダイアログで行える。

9 ［オブジェクト］ツールで制御点を動かし、文字の縦画や横画など一部を引き伸ばす。

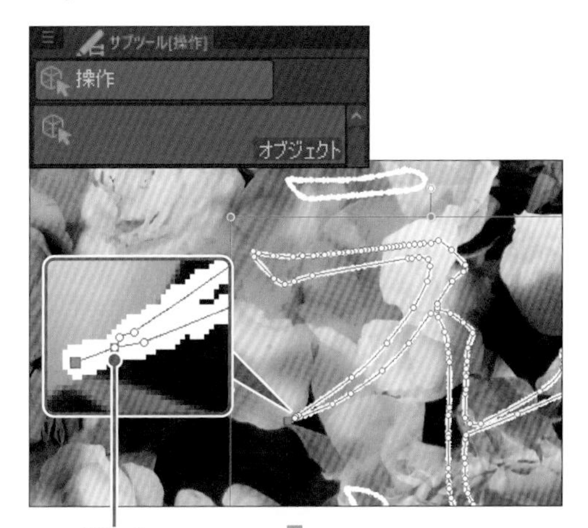

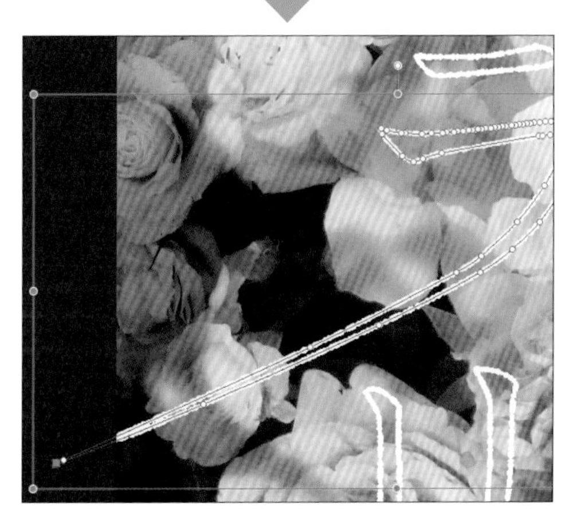

10 ［レイヤー］パレットで［参照レイヤーに設定］をオンにし、「文字加工」レイヤーを参照レイヤーにする。

11 新規ラスターレイヤー「中を塗りつぶし」を作成し、参照レイヤーを参照先に設定した［塗りつぶし］ツールで文字の中を塗りつぶす。

塗りつぶしツールの設定

［ツールプロパティ］パレットの［複数参照］にチェックを入れ、［参照レイヤー］を選んだ設定にする。

→ その3：かすれた加工で仕上げる

1 加工用にサブツールを作る。［サブツール］パレット（ここでは［エアブラシ］にした）のメニュー表示より［カスタムサブツールの作成］を選択。このツールは［細かいノイズ］と名付けた。

メニュー表示

2 ［サブツール詳細］パレット→［ブラシ先端］カテゴリー→［先端形状］で先端形状に［ノイズブラシ］を適用する。

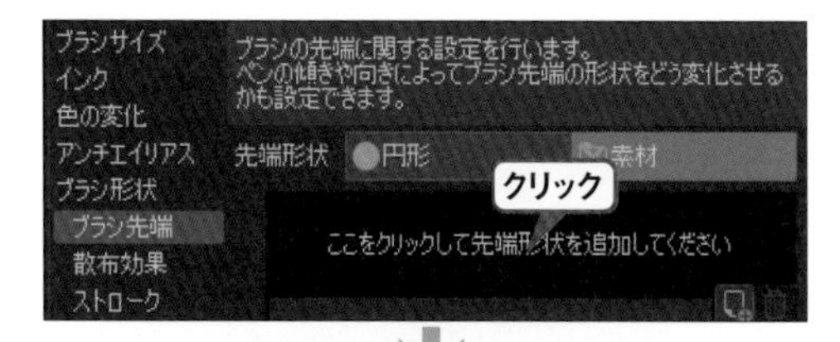

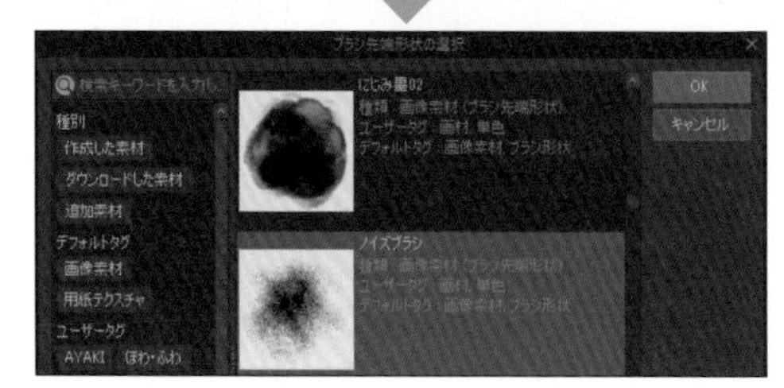

［素材］を選び、「ここをクリックして先端形状を追加してください」とあるところをクリック。［ブラシ先端形状の選択］ダイアログで先端形状に［ノイズブラシ］を適用する。

3 スプレー状に描画したいので［サブツール詳細］パレット→［散布効果］カテゴリーの設定で［散布効果］をオンにし、［粒子密度］と［散布偏向］を調整した。

［散布効果］はスプレー状の描画をしたいときにオンにする。［粒子密度］の値を上げると一度に散布されるブラシ先端素材の数が増える。［散布偏向］の値を上げると散布されるブラシ先端素材が中心に寄る。

4 レイヤーフォルダーを作成し、「文字加工」レイヤーと中を塗りつぶしたレイヤーを格納。［レイヤー］パレットから［レイヤーマスクを作成］をクリックし、レイヤーマスクを作成する。

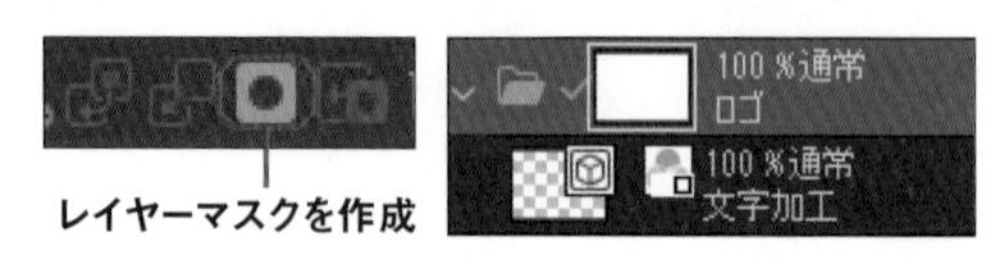

5 透明色を選び、作成した［細かいノイズ］のほか［エアブラシ］ツールの［飛沫］や［スプレー］で削るようにレイヤーマスクを編集する。

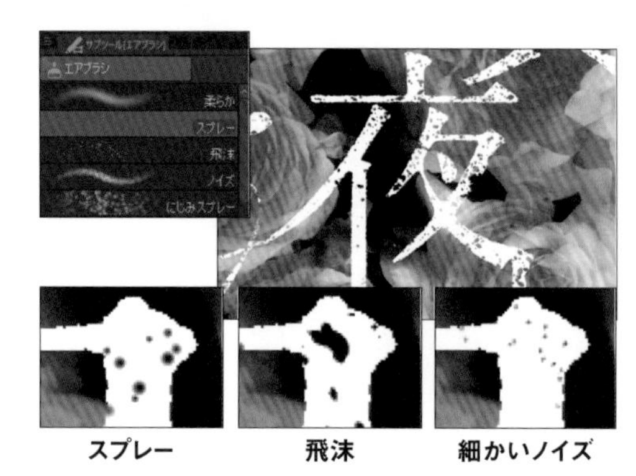

6 背景の上に新規ラスターレイヤーを作成。描画色を白にして❺で使ったツールでしぶきのような描画を加える。合成モードを［覆い焼き（発光）］にして完成。

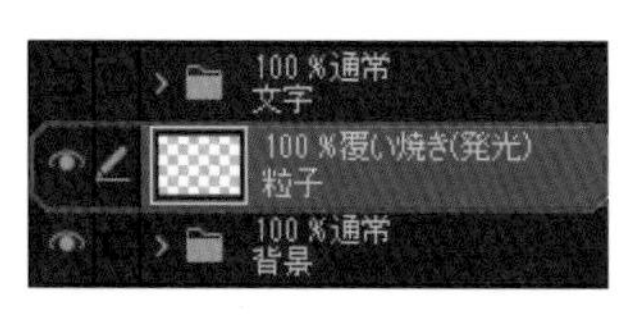

［覆い焼き（発光）］にすると、背景レイヤーの色と合成され輝いたようなしぶきになる。

完成

データダウンロード

マンガを描く

CLIP STUDIO PAINTは、マンガ特有のコマやフキダシ、
トーンなどを作成する機能を備えている。その使い方を見ていこう。

作例データを
ダウンロード
できます。

CHAPTER:05

01

コマ割り機能でコマを割る

コマはマンガ制作に欠かせない要素。
ここではコマ枠フォルダーと[コマ枠カット]ツールで、コマを割っていく過程を見ていこう。

コマ割りの手順

コマを割るときはコマ枠フォルダーを作成し、分割していく。その手順を解説する。

1 キャンバスに下描き（もしくはネーム※）を描いて、コマ割りを決める。

キャンバスの設定

マンガの場合［作品の用途］を［コミック］にした設定で新規キャンバスを作成する。このページの作例は、［仕上がりサイズ］の幅を182mm、高さを257mm（B5判）、解像度600dpi、基本表現色をモノクロに設定している。

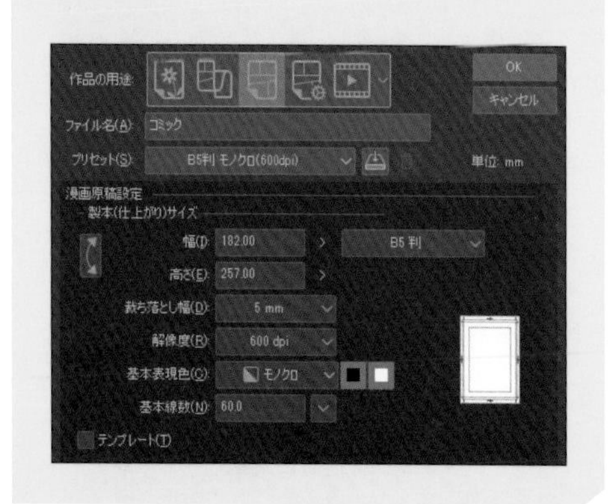

※ネーム……セリフやコマ割り、構図などを決める下描き以前のラフ。

2 マンガの場合、単位をmmで設定を決めていくと枠線の太さなどの目安をつけやすい。［ファイル］（macOS／iPad版は［CLIP STUDIO PAINT］）メニュー→［環境設定］→［定規・単位］より［長さの単位］を［mm］にする。

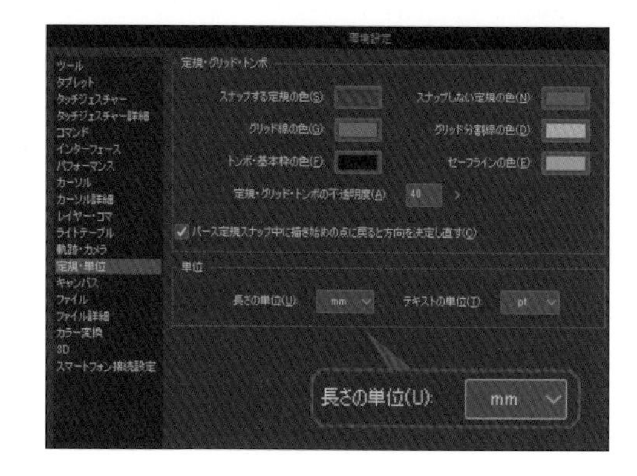

3 ［レイヤー］メニュー→［新規レイヤー］→［コマ枠フォルダー］を選択。［線の太さ］を決めて［OK］でコマ枠フォルダーが作成される。

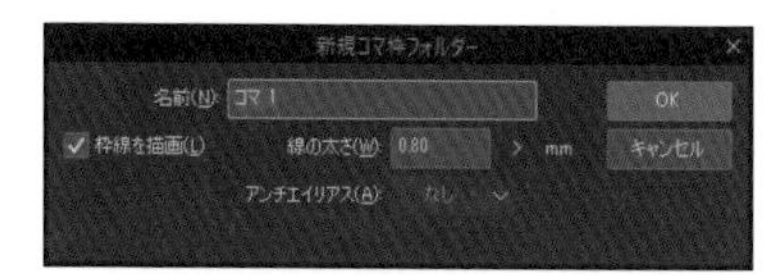

［線の太さ］は［0.8］mmにした。

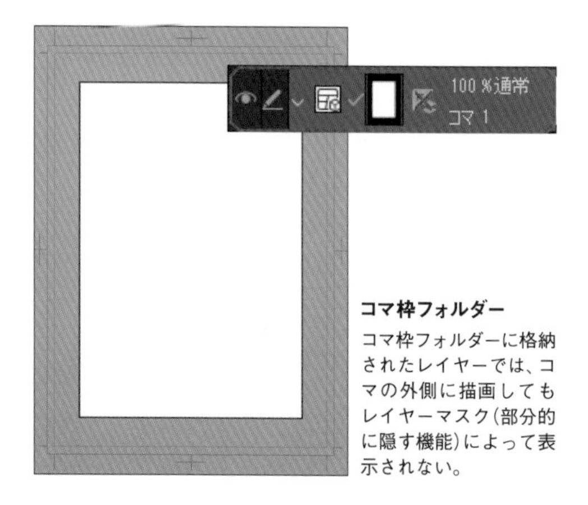

コマ枠フォルダー
コマ枠フォルダーに格納されたレイヤーでは、コマの外側に描画してもレイヤーマスク（部分的に隠す機能）によって表示されない。

［コマ枠］ツール→［コマ枠カット］グループ→［枠線分割］を選びコマを分割していく。まずは［ツールプロパティ］パレットでコマとコマの間隔（［左右の間隔］と［上下の間隔］）を決めよう。

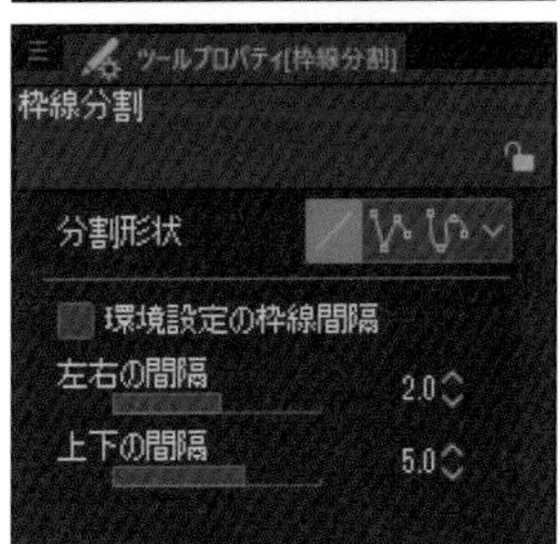

ここでは［左右の間隔］は2mm、［上下の間隔］は5mmにしている。

コマを分割する方法

［コマ枠］ツール→［コマ枠カット］グループ→［コマフォルダー分割］でもコマの分割はできる。［コマフォルダー分割］の場合、分割されたコマごとにコマ枠フォルダーが作成される。コマごとにコマ枠フォルダーで管理したい場合は［コマフォルダー分割］を使うとよい。

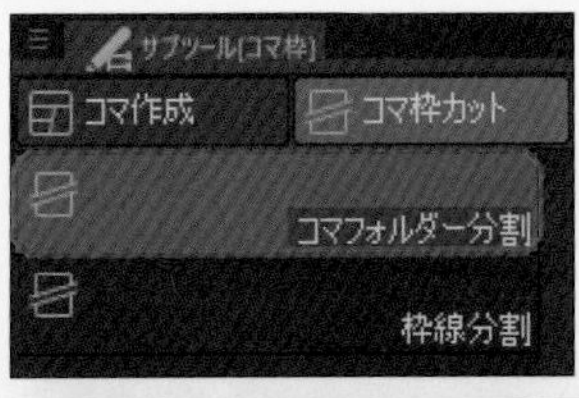

分割されたコマごとにコマ枠フォルダーが作成される。

ドラッグもしくはクリックでコマを分割する（クリックでは水平にコマが分割される）。ここでは図のような順番で分割した。

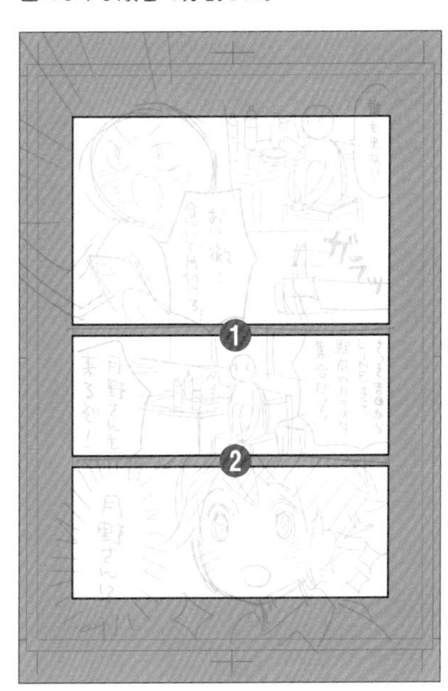

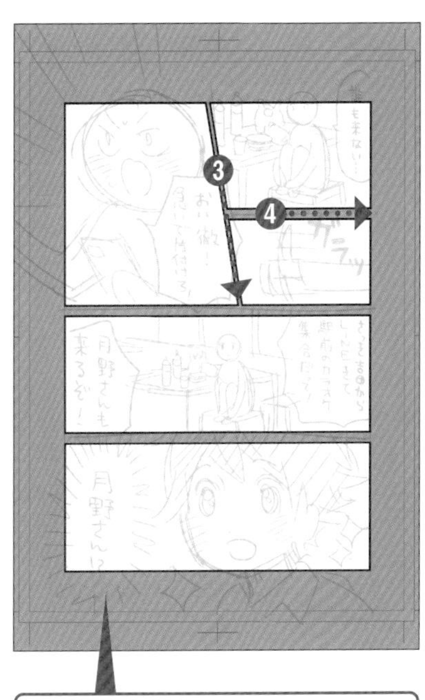

水平方向にコマ割り	→ クリック
45°刻みの方向にコマ割り	→ Shiftキー＋ドラッグ
好きな角度でコマ割り	→ ドラッグ

Shiftキー＋ドラッグでは45°刻みに割れるため、垂直・水平方向に割ることもできる。

コマの編集

［操作］ツール→［オブジェクト］でコマを選択すると枠線やコマの形を編集できる。

1つのコマを選択する

個別にコマを選択したい場合は、［オブジェクト］でコマの枠線をクリックする。複数選択するときは、Shiftキーを押しながら複数のコマの枠線をクリックする。

コマ枠フォルダーの複数選択

コマごとにコマ枠フォルダーを作成している場合は、［レイヤー］パレットでコマの複数選択ができる。

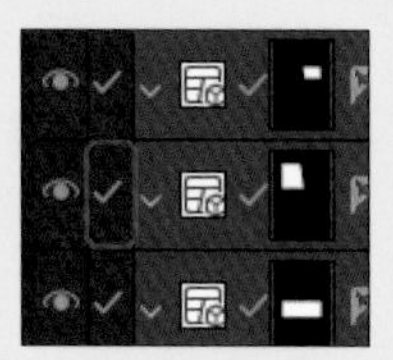
チェックマークを入れて複数選択する。

枠線の編集

［オブジェクト］でコマを選択中は［ツールプロパティ］パレットで枠線を編集できる。

枠線を消す
［ツールプロパティ］パレットで［枠線を描画する］をオフにすると枠線が消える。

太さを変更
枠線の太さは［ブラシサイズ］で設定できる。

コマの変形

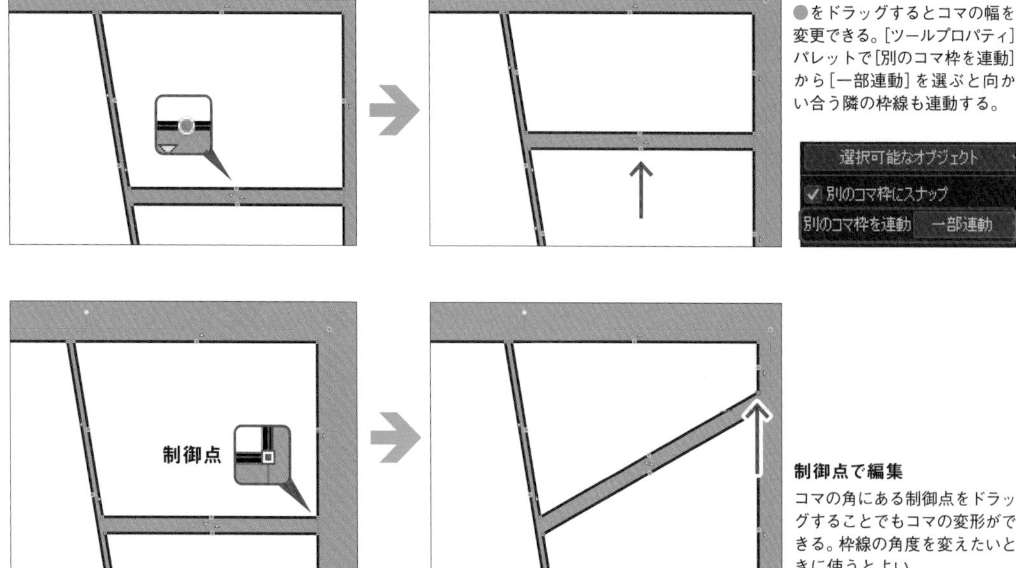

幅の変更
●をドラッグするとコマの幅を変更できる。［ツールプロパティ］パレットで［別のコマ枠を連動］から［一部連動］を選ぶと向かい合う隣の枠線も連動する。

制御点で編集
コマの角にある制御点をドラッグすることでもコマの変形ができる。枠線の角度を変えたいときに使うとよい。

タチキリのコマを作成

タチキリとは、仕上がり線からはみ出して描くこと。三角形をクリックすると端までコマが広がる機能を使うとよいだろう。

POINT

▶ 仕上がり線と裁ち落としはマンガ原稿を作る際に使う用語。詳しくは→P.17

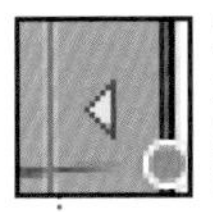

三角形をクリック
三角形をクリックで、キャンバスの端までコマが広がる。隣接したコマがある場合は隣のコマとの間隔が詰まる。

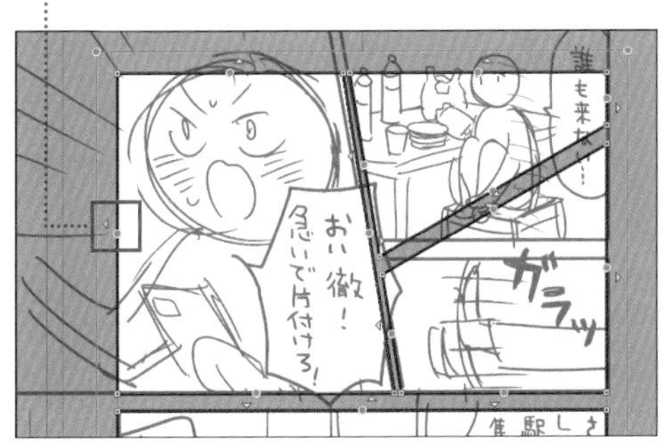

コマを重ねる

［コマ枠］ツールでコマを追加して重ねられる。

1 ［コマ枠］ツール→［コマ作成］グループ→［長方形コマ］を選択する。

2 コマを追加したいところでドラッグすると、コマを重ねて作成できる。

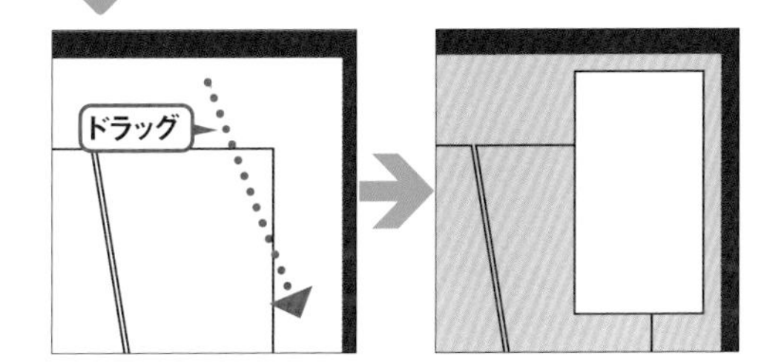

2つのコマを結合する

2つのコマを1つに結合する操作を覚えておこう。

1 ［操作］ツール→［オブジェクト］でShiftキーを押しながら枠線をクリックし、2つのコマを複数選択する。

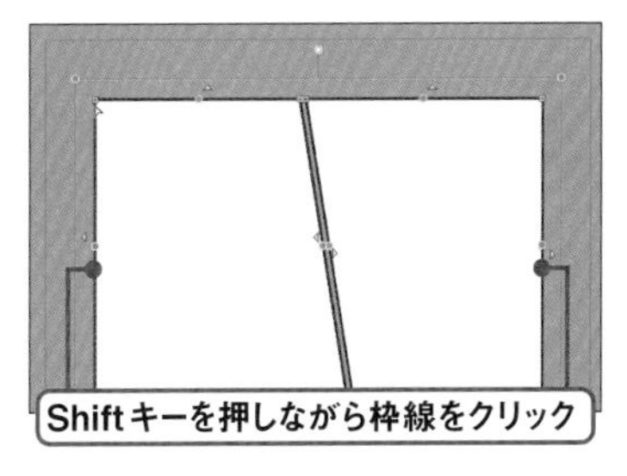

2 ［レイヤー］メニュー→［定規・コマ枠］→［コマ枠を結合］を選択。2つのコマが結合される。

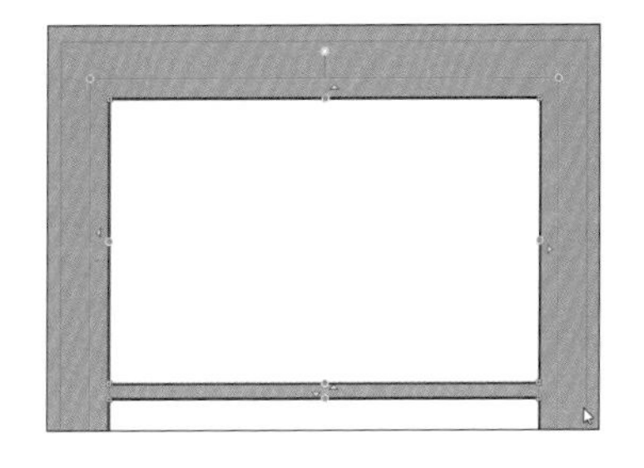

CHAPTER:05

02

フキダシを作る

マンガのセリフはフキダシによって表現される。
ここではフキダシの作成方法を解説する。

フキダシ素材を使う

［素材］パレットにあるフキダシ素材を使ってフキダシを作成する過程を見ていこう。

1 ［素材］パレット→［漫画素材］→［フキダシ］にあるフキダシ素材を選択し貼り付ける。セリフの雰囲気に合うものを選ぼう。

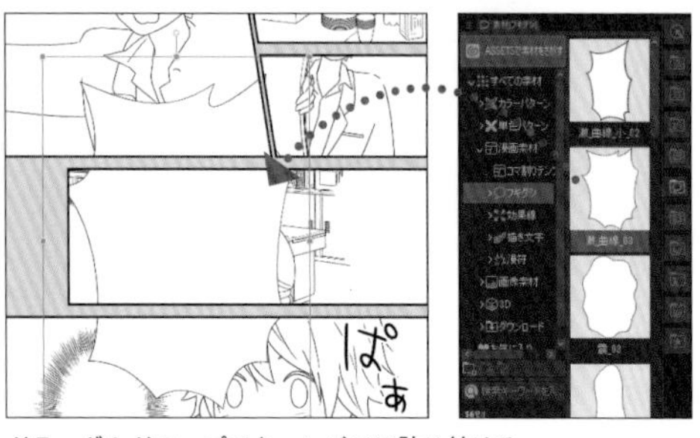

ドラッグ＆ドロップでキャンバスに貼り付ける。

2 フキダシ素材は［操作］ツール→［オブジェクト］で編集できる。大きさや線の太さを調整しよう。

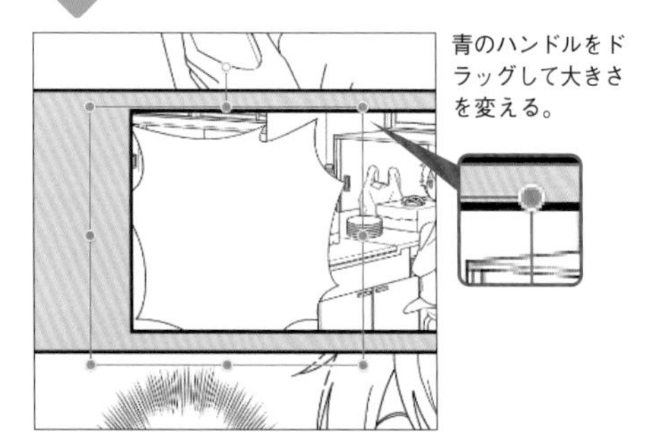

［ブラシサイズ］で線の太さを変更できる。

［ツールプロパティ］パレットの［変形方法］が［制御点と拡縮回転］の場合、制御点の編集と、拡大・縮小・回転ができる。

3 絵に合うように制御点を動かして形を変えることもできる。

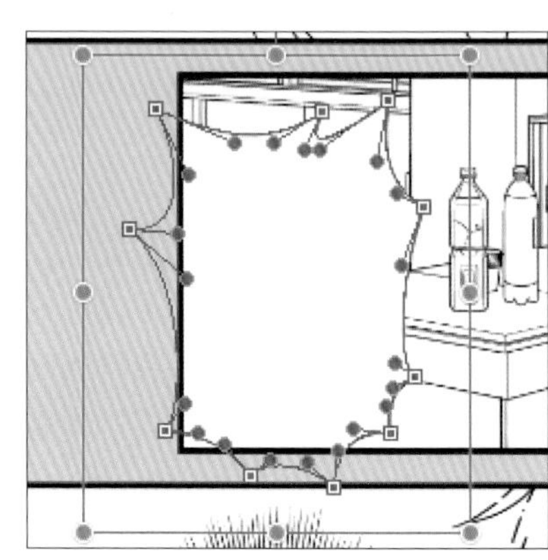

レイヤーマスクで一部を隠す

フキダシがほかのコマまではみ出しているときはレイヤーマスクで隠そう。

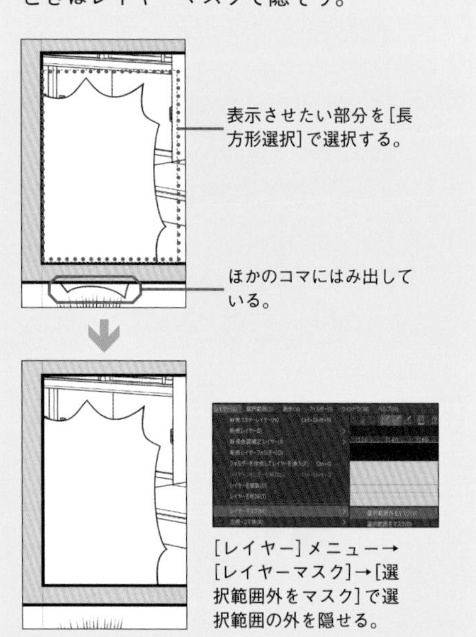

4 フキダシの配置が確定したら［テキスト］ツールを選び［ツールプロパティ］パレットで字の大きさなどを決め文字を打つ準備をする。

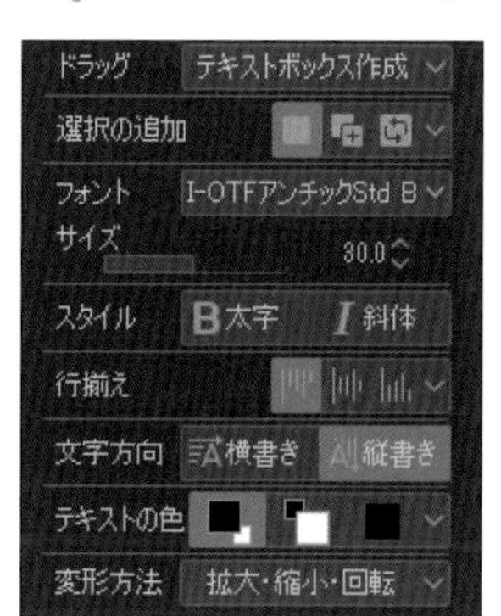

フォント、サイズ、文字方向（縦書きと横書きから選ぶ）の設定をしてから文字を打ち込むとよい。

5 セリフを入れたいところをクリックして文字を入力する。フキダシレイヤーの上だとフキダシの中心に文字が配置される。

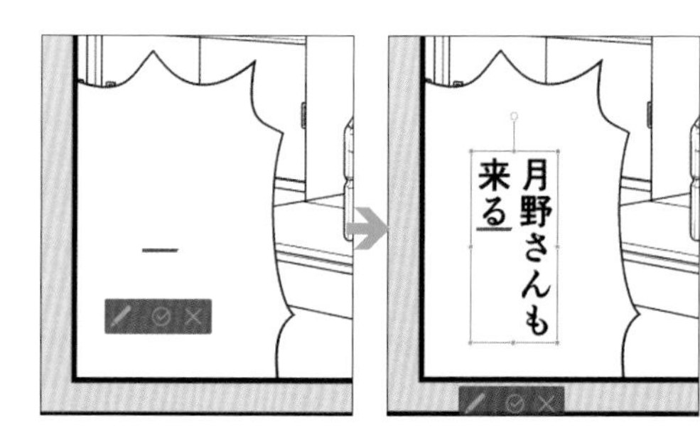

6 文字は［オブジェクト］で選択して拡大・縮小ができる。［オブジェクト］で選択中は［ツールプロパティ］パレットで設定の変更が可能。

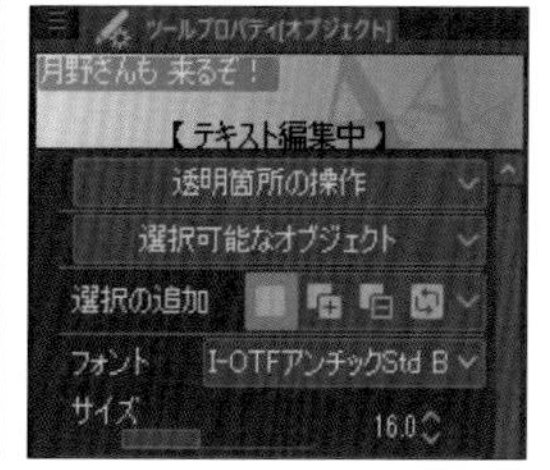

7 1文字単位で修正したい場合は［テキスト］ツールで文字列を選択して編集する。これでセリフ入りのフキダシができた。

マンガ用フォントを使う

CLIP STUDIO PAINT PROやEXの製品版にはマンガ用フォント（イワタアンチック体B）が特典としてついてくる。入手方法は、CLIP STUDIO PAINTの公式サイト（https://www.clipstudio.net/）にアクセスし、［ダウンロード］ページ下にある［フォント］から開いたページでダウンロードできる。

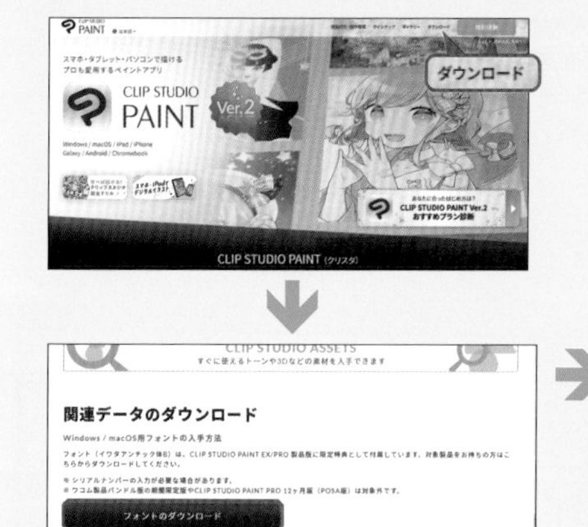

※ Ver.1ダウンロード版／パッケージ版（無期限版・一括払い）ではCLIP STUDIOのアカウントと購入したソフトウェアのシリアルナンバーが必要です。

※月額利用プラン（スマートフォンプランを除く）・Ver.2.0（無期限版・一括払い）をご利用中の方は、ご利用になる端末でアプリケーションへのログイン後、起動してから、本ページの［フォントのダウンロード］ボタンをクリックしてください。

※ワコム製品バンドル版の期間限定版やCLIP STUDIO PAINT PRO 12ヶ月版（POSA版）は対象外です。

フキダシツール

［フキダシ］ツールはフキダシを作成するツール。［フキダシしっぽ］とセットで使おう。

サブツール

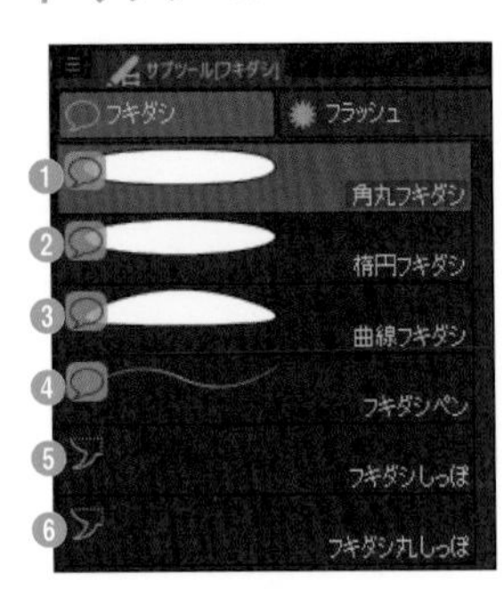

❶角丸フキダシ
角が丸いフキダシを作成できる。

❷楕円フキダシ
楕円や正円のフキダシを作成できる。

❸曲線フキダシ
きれいな曲線のフキダシを作成できる。

❹フキダシペン
フリーハンドでフキダシを作成できる。

❺フキダシしっぽ
ドラッグするとフキダシのしっぽを追加できる。

❻フキダシ丸しっぽ
心の中のセリフを表現するときに使うしっぽ。

［楕円フキダシ］でドラッグすると楕円のフキダシができる。

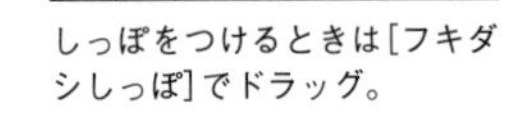

しっぽをつけるときは［フキダシしっぽ］でドラッグ。

フキダシツールの使用例

［フキダシ］ツールを使い分けてさまざまな形のフキダシを作れる。

1 ［フキダシ］ツール→［曲線フキダシ］を選択する。［ツールプロパティ］パレットで必要な設定をしておく。

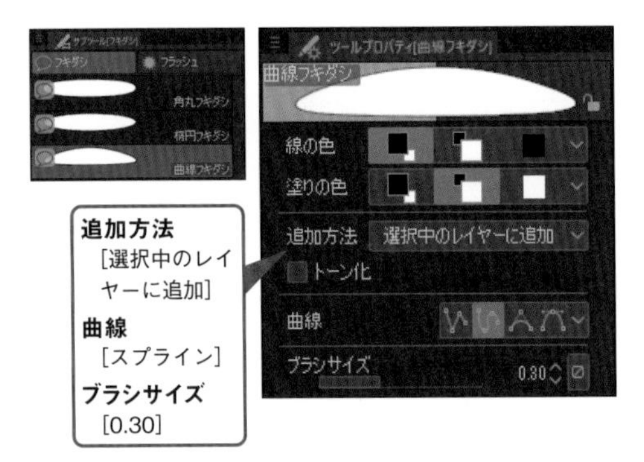

2 クリックして線をつなげていくと曲線になっていく。線を閉じれば形が確定される。

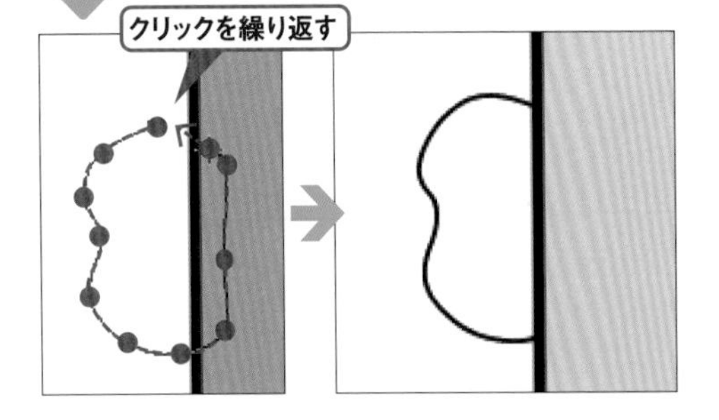

3 さらに作成したフキダシレイヤー上で［楕円フキダシ］を使い、形を追加していく。しっぽも［楕円フキダシ］で追加した。

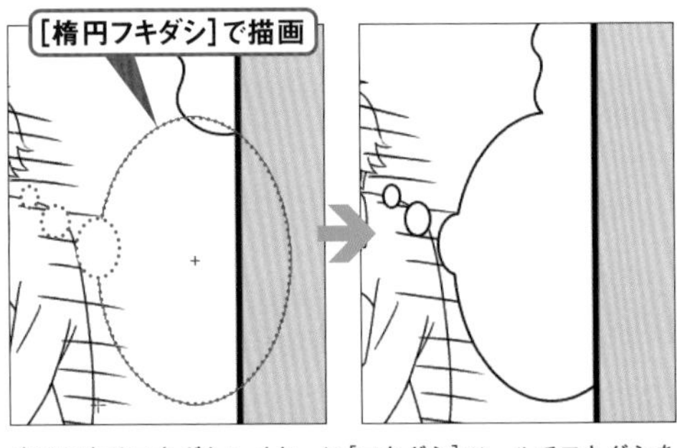

すでにあるフキダシレイヤーに［フキダシ］ツールでフキダシを追加すると、複数のフキダシを結合させることができる。

［オブジェクト］で選択し、位置を変えたりできる。［テキスト］ツールでセリフを入れて完成。

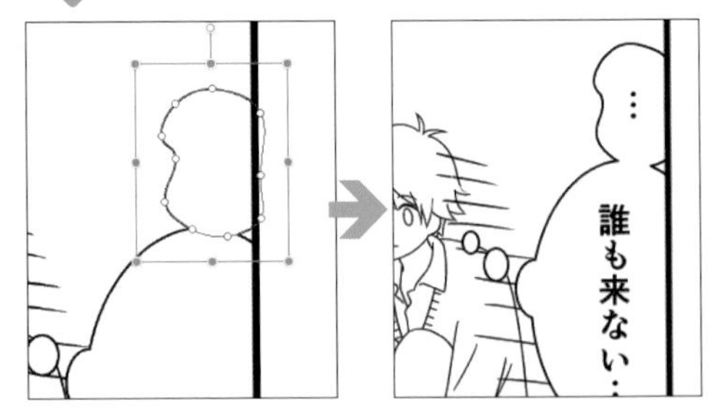

コマから飛び出したフキダシ

フキダシをコマからはみ出して描く場合は、それらをコマ枠フォルダーより上に配置する。

フキダシ素材の場合

コマ枠フォルダー内はコマの外側がマスクで隠されている。コマから飛び出したような表現をするならコマ枠フォルダーから出す必要がある。

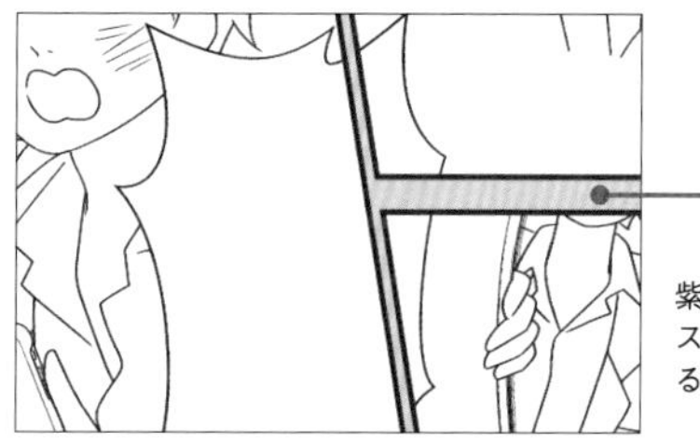

紫の部分がマスクされている箇所。

[レイヤー] パレットでコマ枠フォルダーの上にフキダシレイヤーを配置する。フキダシ素材など中が白で塗りつぶされているフキダシならこれで完了となる。

ペンで描いたフキダシの場合

素材や［フキダシ］ツールを使わずに描いたフキダシは、ただの線画なので、コマから飛び出させるとコマの枠線が邪魔になる。

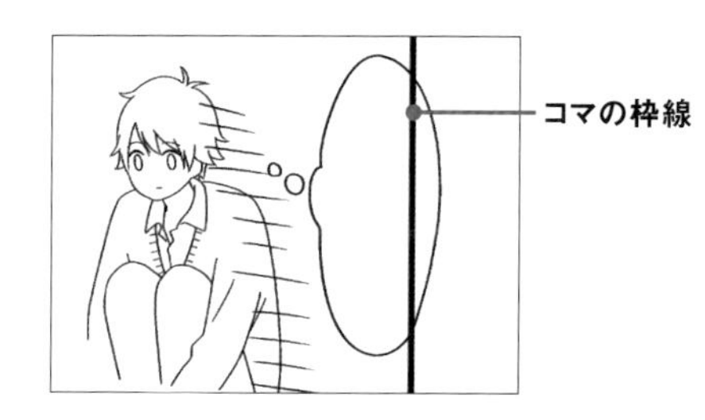

余計な線画が見えてしまうときは、線画とコマ枠フォルダーの間にレイヤーを作成し、白で塗ってしまえばよい。

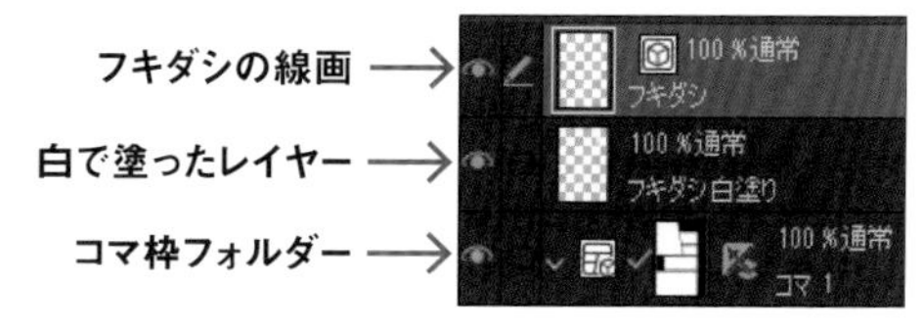

ラスタライズによりコマの枠線を部分的に消す

コマからフキダシや絵を飛び出させる方法としてコマ枠フォルダーを［レイヤー］メニュー→［ラスタライズ］し、ラスターレイヤーになった枠線を編集する方法もある。

コマ枠フォルダーをラスタライズすると、枠線が描画されたラスターレイヤーと、コマの範囲外をマスクしたレイヤーフォルダーに変換される。

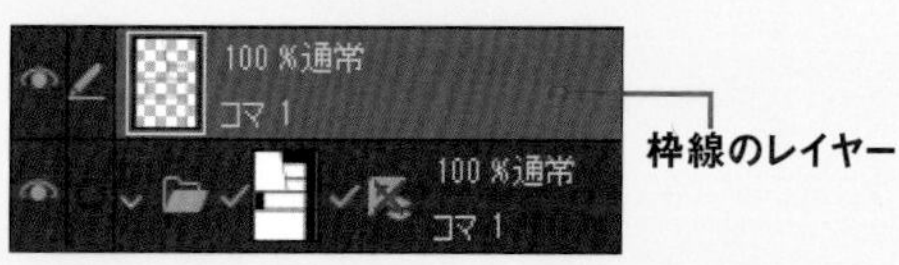

ラスタライズ後は、枠線のレイヤーを選択し、不要な部分を［消しゴム］ツールで消せるようになる。

CHAPTER:05

03 流線と集中線を描く

マンガの演出として、「流線」や「集中線」などの効果線を描くことがある。ツールをうまく使えば手早く効果線を仕上げられる。

流線ツール

流線はスピード感や動きの方向を演出できる。

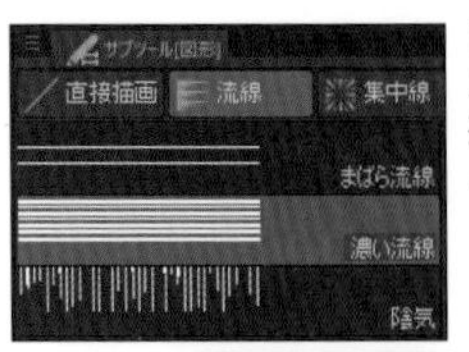

[図形] ツール→[流線] グループよりサブツールを選び、基準線を描画すると流線が作成される。

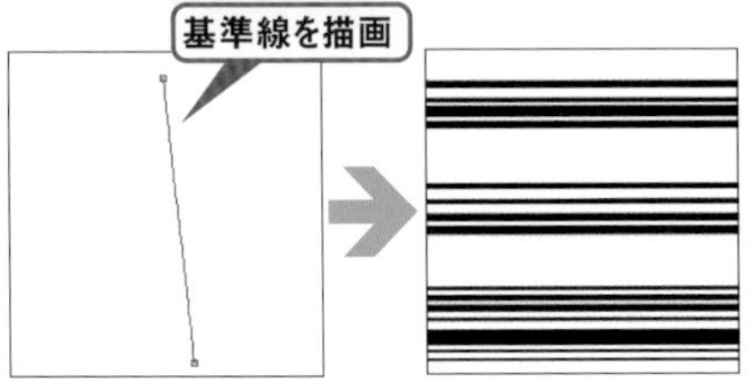

入り抜き設定を加える

[ツールプロパティ] パレットで設定して基準線を終点とした入り抜きのある流線も作成できる。

1 [図形] ツール→ [流線] グループ→ [まばら流線] を選択。[ツールプロパティ] パレットで [基準位置] を [終点] に、[入り抜き] を [ブラシサイズ] に設定する。

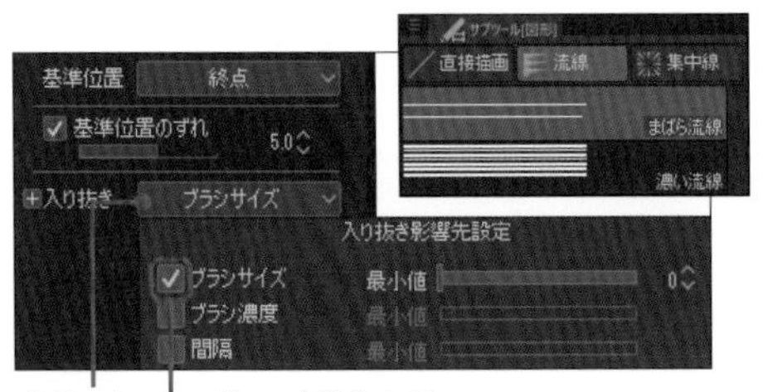

2 基準線を描画し流線を作成する。基準線の描画方法はサブツールによって異なる。[まばら流線] の場合は [スプライン] (クリックした点をつなげて曲線を作成する方法) で描画する。

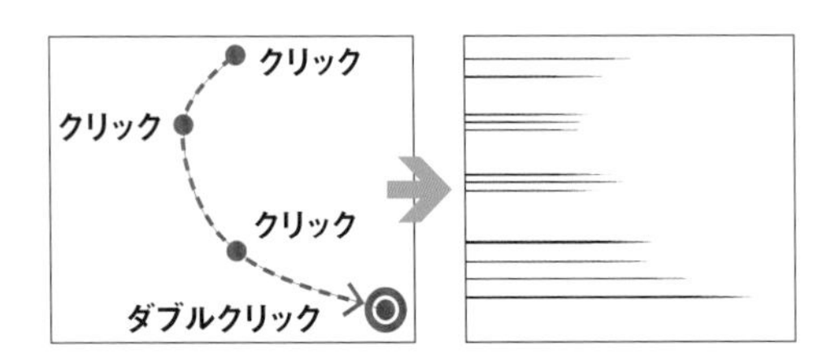

集中線ツール

集中線は絵を強調するときなどに使用される効果線。集中線ツールの一例を見てみよう。

1 [図形] ツール→ [集中線] グループ→ [まばら集中線] を選択して集中線を描く。ドラッグした楕円を基準に集中線が作成される。

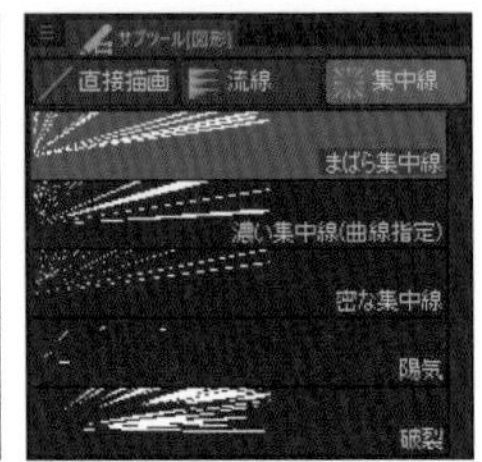

2 集中線を [オブジェクト] で選択すると [ツールプロパティ] パレットで線のまとまり方などを編集できる。

❶**線の間隔(角度)**
隣り合う線の間隔を角度で指定。

❷**線の間隔(距離)**
隣り合う線の間隔を距離で指定。

❸**まとまり**
線のまとまりを何本にするか設定する。

❹**長さ**
線の長さを設定する。

❺**基準位置のずれ**
値を上げるほど線の位置がランダムになる。

❻**基準位置をギザギザにする**
オンのとき線の描画位置がノコギリ状になる。

 定規を使って効果線を描く

手描きで効果線を入れたい場合は、[定規] ツールの [特殊定規] を使用して流線や集中線を描くとよい。

→ 平行線定規で流線を描く

1 新規レイヤーを作成し、[定規] ツール→ [特殊定規] に持ち替える。[ツールプロパティ] パレットで [特殊定規] の種類を [平行線] にする。

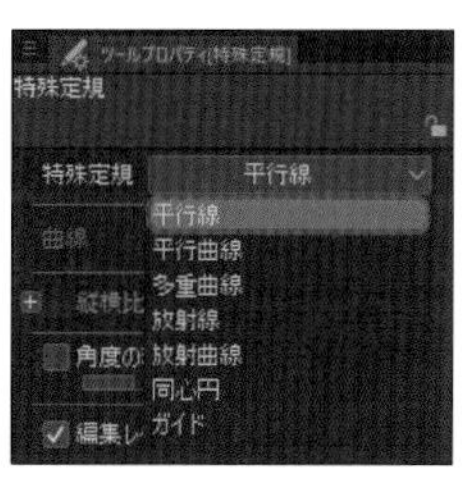

2 流線を入れたい方向にドラッグすると平行線定規が作成される。

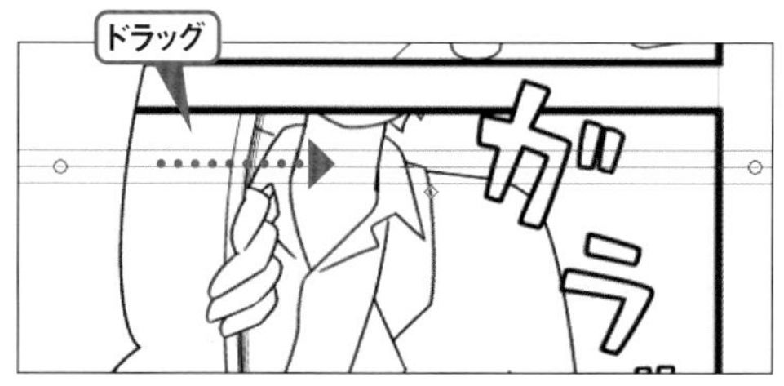

キャンバスに対して水平の定規を作成する場合はShiftキーを押しながらドラッグしよう。

3 [特殊定規にスナップ] をオンにし、入り抜きを出しやすい [ペン] ツールで描画する。

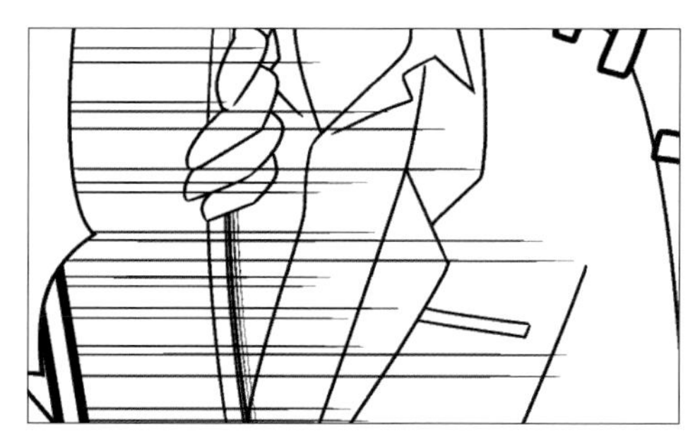

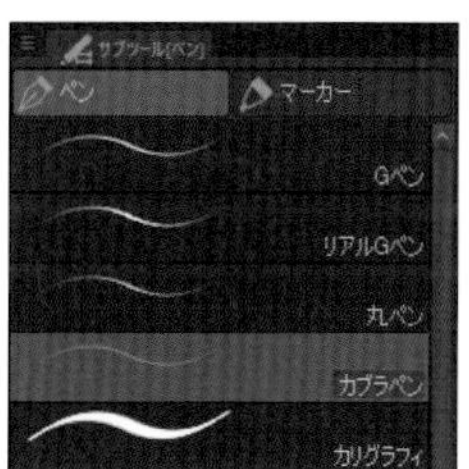

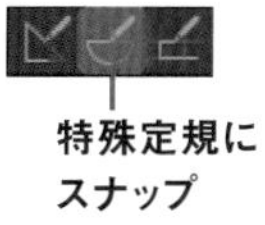

特殊定規にスナップ

線の抜きをしっかり出すと勢いのある効果線になる。

→ 放射線定規で集中線を描く

1 新規レイヤーを作成し、[定規] ツール→ [特殊定規] に持ち替える。[ツールプロパティ] パレットで [特殊定規] の種類を [放射線] にする。

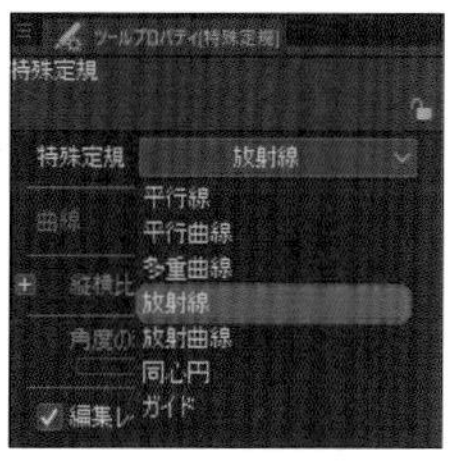

2 集中線の中心になる箇所をクリックする。これで放射線定規が作成される。

3 [特殊定規にスナップ] をオンにし、[ペン] ツール→ [効果線用] で集中線を描画する。数本のまとまりごとに線を入れていくとよい。

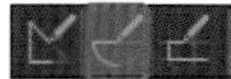

CHAPTER:05

04

トーンを貼る

モノクロのマンガは、黒と白のみしか使えず中間の階調(グレー)はトーンで表現する。トーンの貼り方をマスターしよう。

トーンの基礎知識

トーンは網点が並んでできている。網点の状態でトーンの見た目が変わる。

線数と濃度

トーンには線数と濃度が設定されている。
線数は網点の列の数のことで、数が多いほど密度の高いトーンになる。
濃度は、値が高くなるほど網点が大きくなり、トーンが濃くなる。

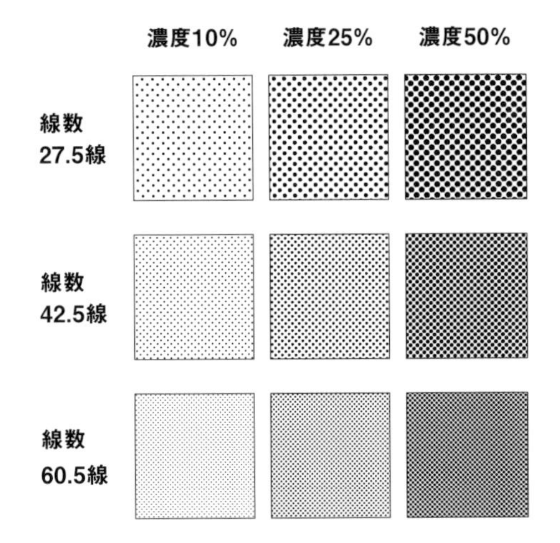

網点の種類

網点は［円］が基本。通常は［円］のトーンを使うとよい。ほかに［線］や［ノイズ］がある。

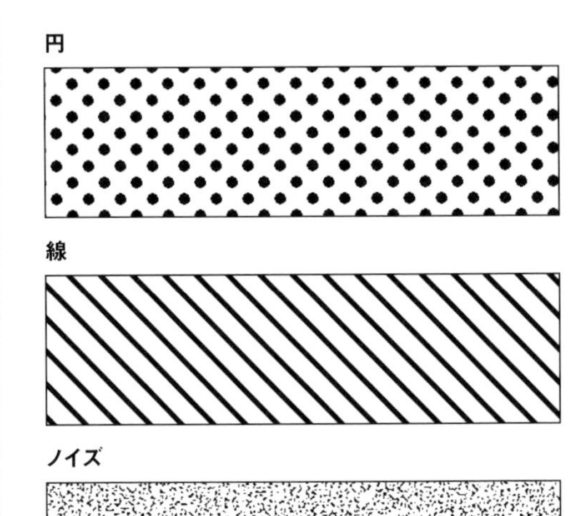

トーンレイヤー

トーンを貼り付けるとトーンレイヤーが作成される。貼り付けた後でも、［レイヤープロパティ］パレットで、線数や網点の種類などの設定を変更できる。

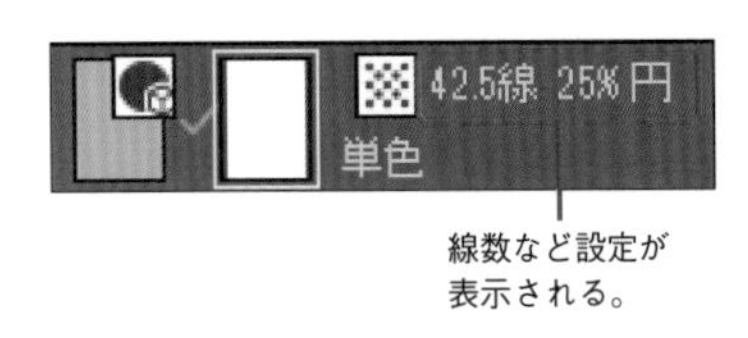

線数など設定が表示される。

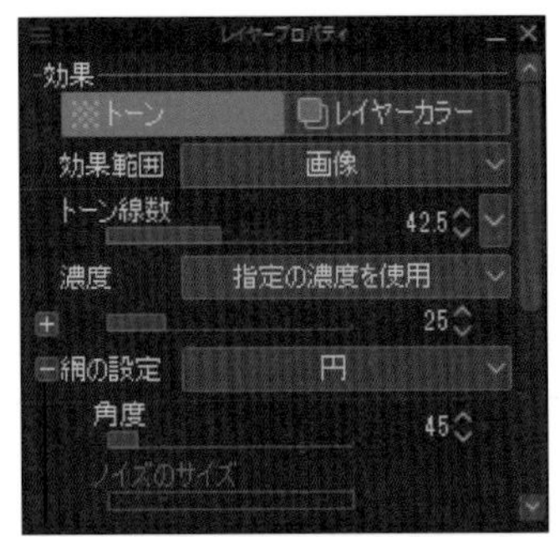

レイヤープロパティパレットで設定
線数、濃度や、網点の種類、角度などを設定できる。

トーンの作成

トーンの作成方法はいくつかある。代表的なものを覚えておこう。

素材パレットから貼り付け

1 ［素材］パレット→［単色パターン］→［基本］にはさまざまなトーンが用意されている。

❶網
網点の種類が［円］の基本的なトーン。

❷万線
平行線のトーン。網点の種類は「線」。

❸砂目
ざらざらしたトーン。網点の種類は［砂目］。

目当てのトーンが見つからないときはタグから探すとよい。

2 ドラッグ＆ドロップでキャンバスに貼り付ける。選択範囲を作成している場合は、選択範囲の外はレイヤーマスクによって隠された状態で貼り付けられる。

お気に入りに登録

［素材］パレット下部の［素材をお気に入り登録］で、気に入った素材をお気に入りフォルダーに保存できる。

選択範囲ランチャーから新規トーン

1 ［選択範囲］ツールや［自動選択］ツールで選択範囲を作成する。

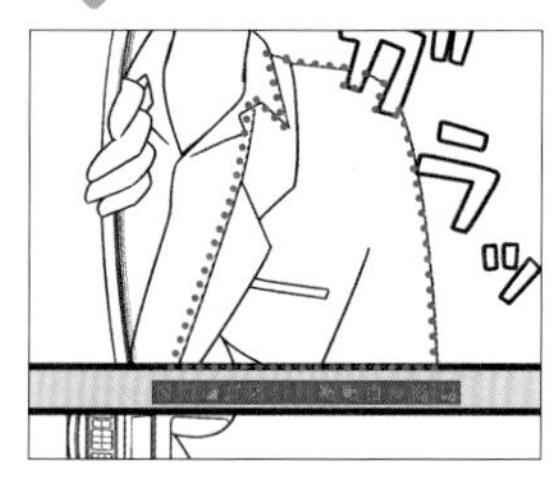

2 選択範囲ランチャーの［新規トーン］をクリック。［簡易トーン設定］ダイアログが開く。

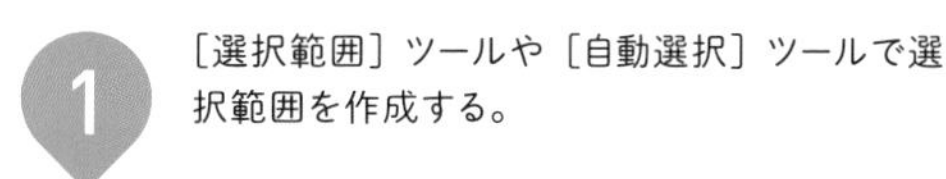

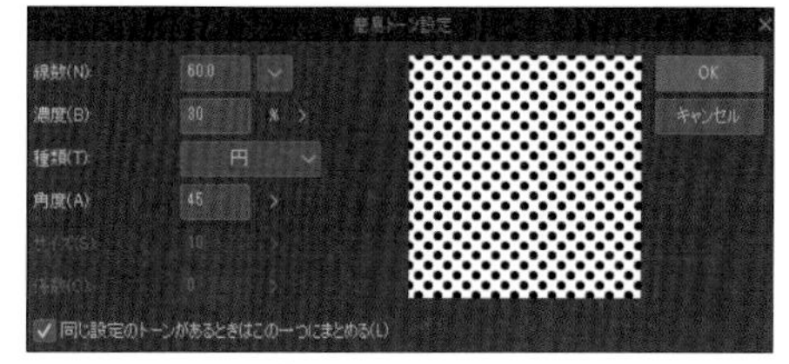

3 ［簡易トーン］ダイアログで線数や濃度などを設定して［OK］を押すと、トーンが貼り付けられる。

塗りつぶしツールでトーンを貼る

トーンレイヤーにはレイヤーマスク（部分的に表示を隠す機能）が設定されているため、[塗りつぶし] ツールや、[ペン] ツール、[消しゴム] ツールなどの描画系ツールでトーンの範囲を編集することができる。

1 [素材] パレット→ [単色パターン] → [基本] からトーンを選んでキャンバスに貼り付ける。

2 トーンレイヤーのレイヤーマスクのサムネイルを選択し、[編集] メニュー→ [消去] を選択。これでトーンが非表示になる（消えたのではなく、レイヤーマスクで隠している）。

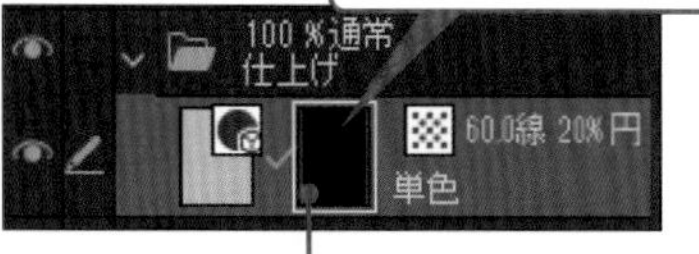

このサムネイルを選択しているときは、周りに枠が表示され、レイヤーマスクを編集できる。

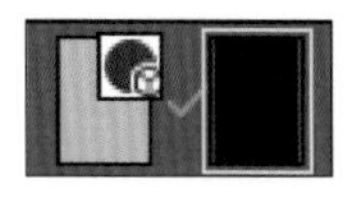

選択中
(レイヤーマスクを編集)

未選択

POINT

▶ **トーンレイヤーは、初期状態でレイヤーマスクのサムネイルが選択されている。**

3 [塗りつぶし] ツール→ [他レイヤーを参照] にツールを持ち替え、塗りつぶすとトーンが描画される。

4 [塗りつぶし] ツールが使いづらいような細かい箇所は [ペン] ツールなどで描画する。また [消しゴム] ツールや透明色でトーンを消すことができる。

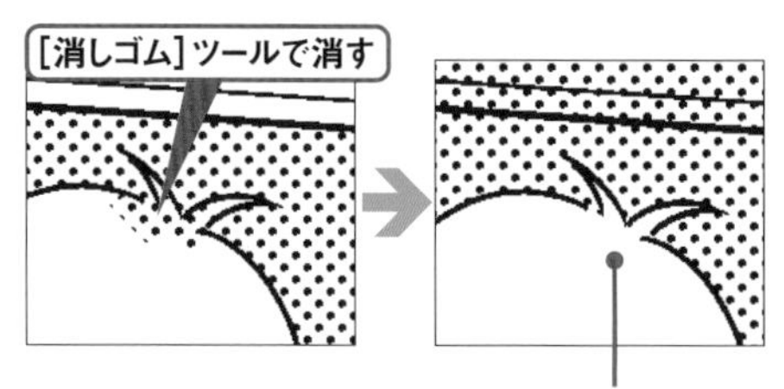

[消しゴム]ツールで消して細部を修正。

レイヤーマスクのサムネイルの黒い部分はトーンが非表示になっている箇所、白い部分はトーンの範囲を表わしている。

トーン化

グレーで塗ったところをトーンにできる。濃淡のあるブラシの描画をトーンにして、モノクロのデータにすることも可能。

1 新規ラスターレイヤーを作成し［レイヤープロパティ］パレットで表現色を［グレー］にして、グレーで描画する。

2 ［レイヤープロパティ］パレットで［トーン］をオンにする。

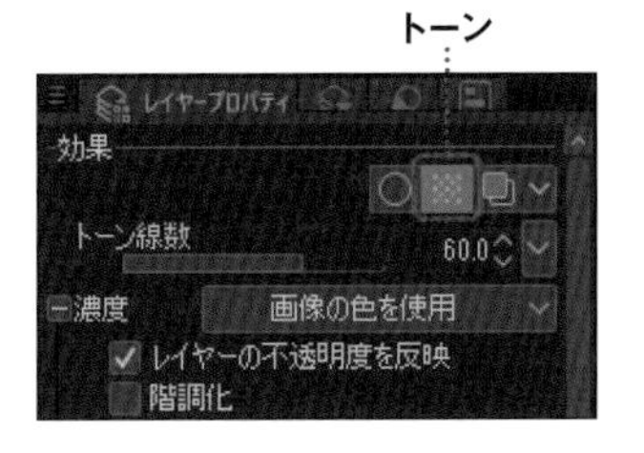

3 グレーで描画した箇所がトーンになる。濃度はレイヤー不透明度で下げられるが、通常のトーンのように濃くするのは難しいので注意しよう。

トーンを削る

トーンの一部をぼんやりと消すなら［トーン削り］を使うとよい。

1 レイヤーマスクのサムネイルを選択する。

2 カラーアイコンで透明色を選択する。

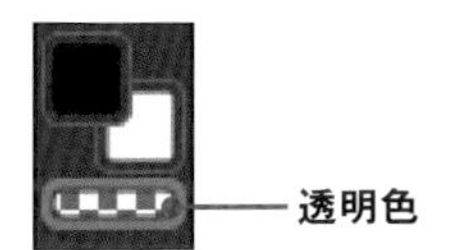

3 ［デコレーション］ツール→［カケアミ］→［砂目（トーン削り用）］に持ち替え、トーンを削る。

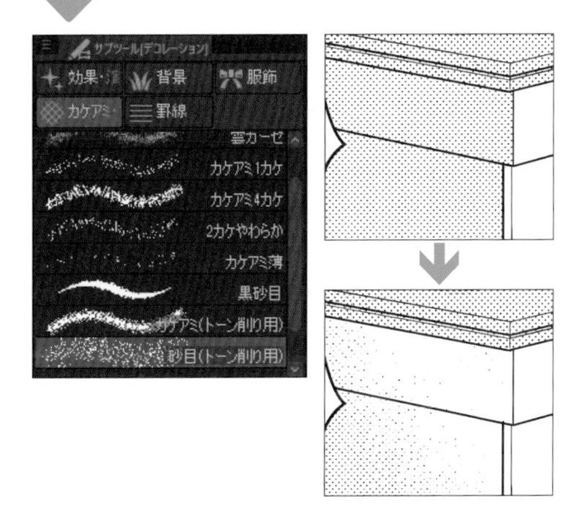

グラデーショントーン

マンガ用グラデーションツール

［グラデーション］ツール→［マンガ用グラデーション］は、白黒マンガでグラデーショントーンを入れるためのサブツール。

1 トーンを入れたい箇所の選択範囲を［長方形選択］で大まかに作成する。

2 ［グラデーション］ツール→［マンガ用グラデーション］でドラッグ。ドラッグした方向のグラデーションが作成される。

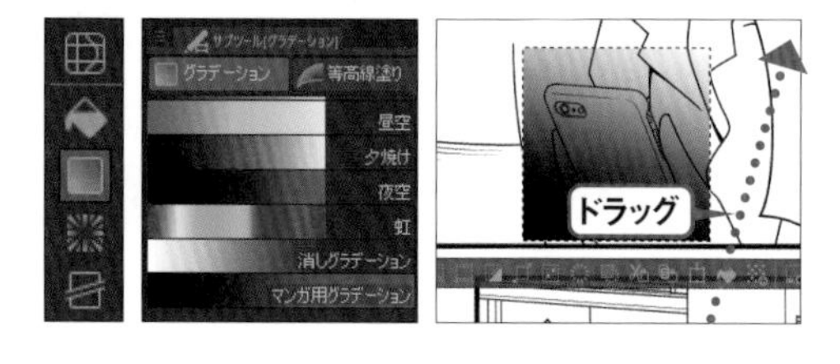

3 選択範囲を解除後、不要な部分は［消しゴム］ツールか、透明色で消す。選択範囲を作成して［消去］（Deleteキー）してもよい。

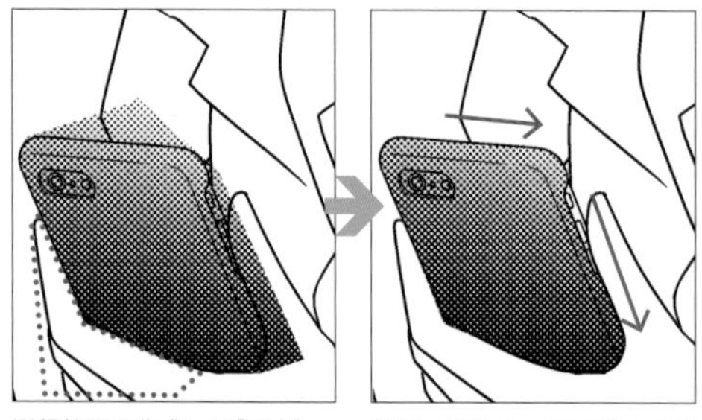

選択範囲を作成して［消去］。

［消しゴム］ツールで細かく修正。

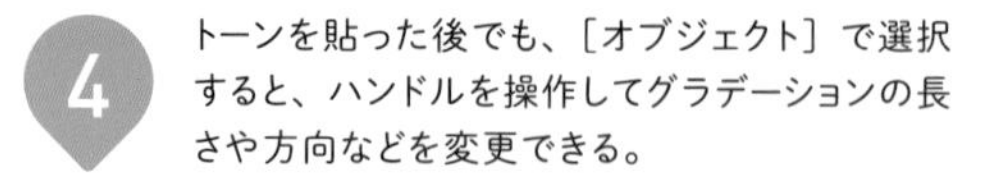

4 トーンを貼った後でも、［オブジェクト］で選択すると、ハンドルを操作してグラデーションの長さや方向などを変更できる。

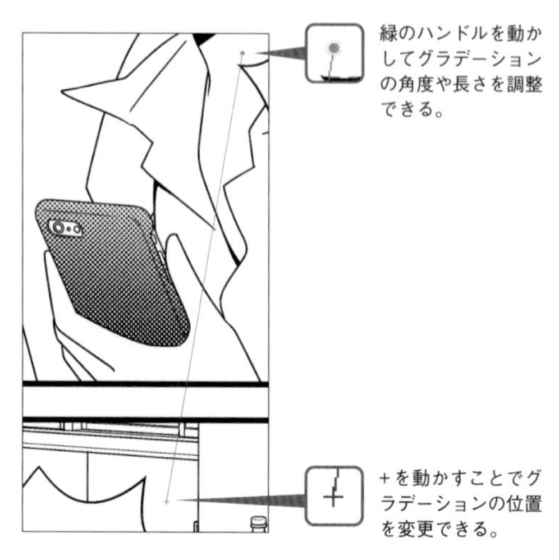

緑のハンドルを動かしてグラデーションの角度や長さを調整できる。

＋を動かすことでグラデーションの位置を変更できる。

素材のグラデーショントーン

［素材］パレット→［単色パターン］→［グラデーション］には、グラデーションのトーンが用意されている。

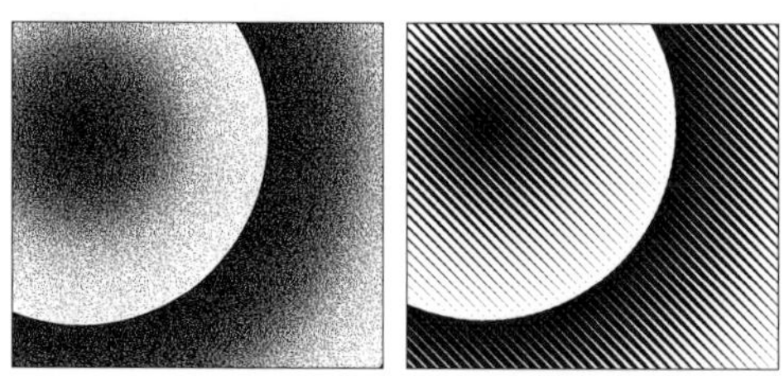

円形のグラデーショントーンも貼り付けられる。

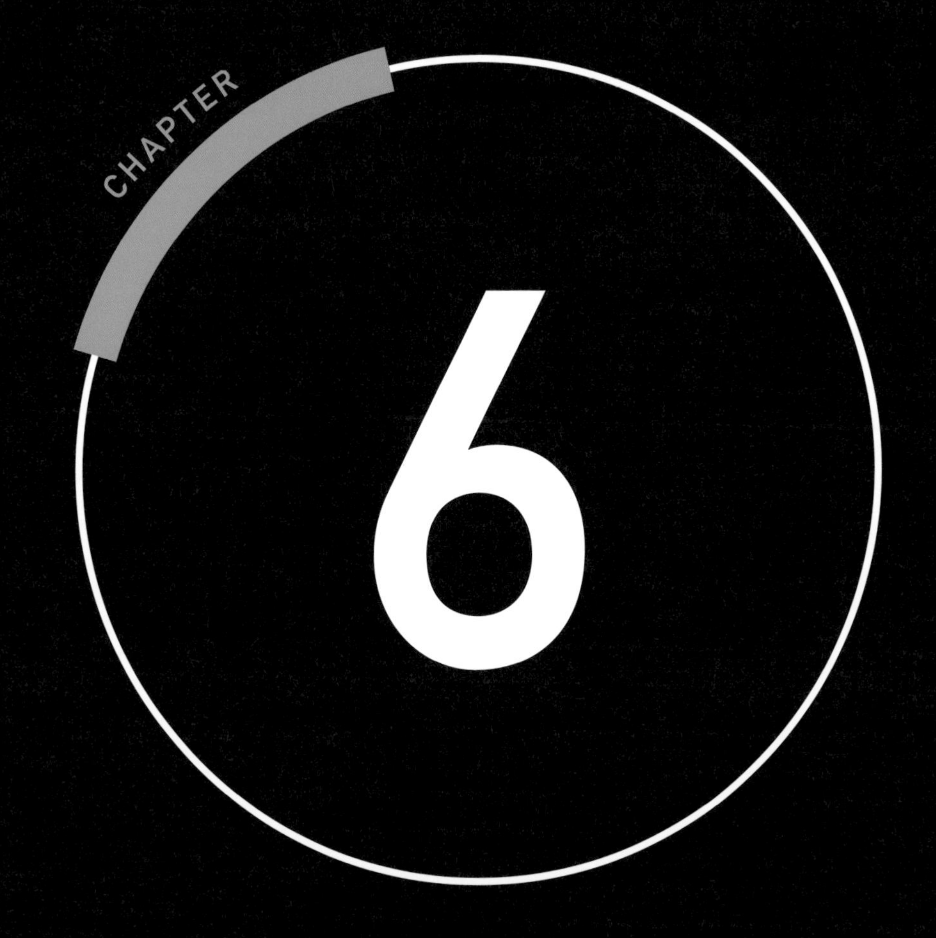

覚えておきたい便利な機能

作画を支援してくれる3Dデッサン人形やパース定規のほか、うごくイラストの作り方やショートカットキーのカスタマイズなど知っておきたい機能を解説する。

作例データをダウンロードできます。

CHAPTER:06

01

3Dデッサン人形を操作する

3Dデッサン人形は、イラストの下絵として使える3D素材。
各関節は自由に動かせるので、描くのが難しいポーズの参考になる。

3Dデッサン人形

3Dデッサン人形には男性モデルと女性モデルがある。体型も細かく調整できるのでさまざまなキャラクターの作画に役立てられる。

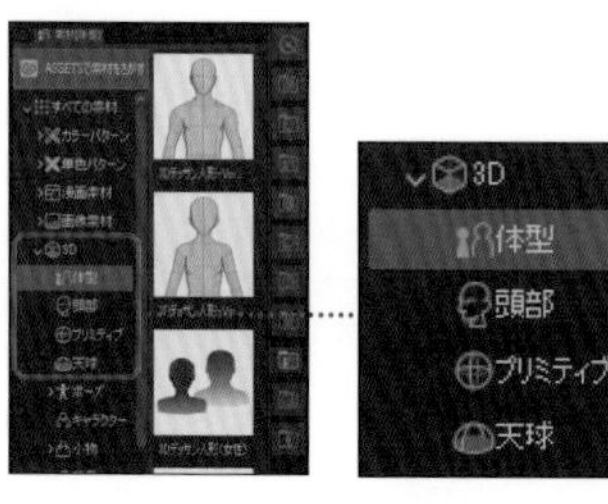

[素材]パレット→[3D]→[体型]→[3Dデッサン人形(男性／女性)]をキャンバスにドラッグ＆ドロップで貼り付ける。

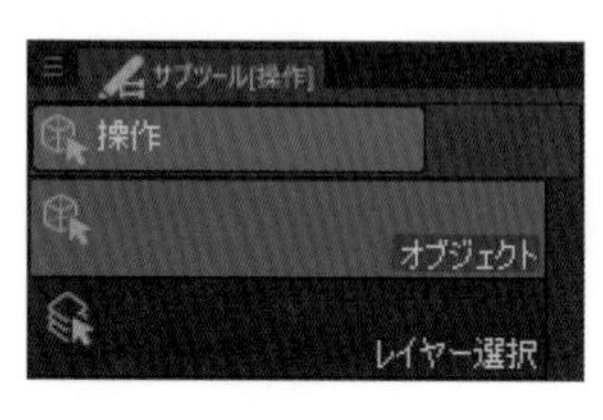

オブジェクトで編集

3D素材を編集するときは[レイヤー]パレットで3Dレイヤーを選択した状態で、[操作]ツール→[オブジェクト]を選ぶ。

表示や位置の移動

移動マニピュレータ

各ボタンをクリックすると操作を切り替えられる。キャンバスウィンドウの何もない場所をドラッグすると3D素材やカメラを動かせる。

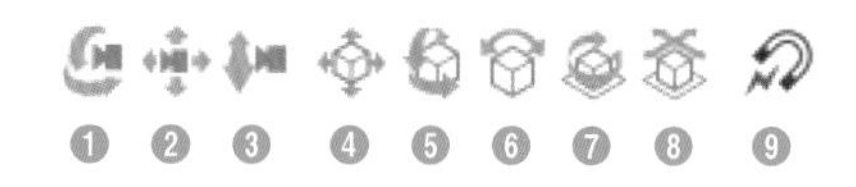

❶カメラの回転
カメラが回転する。

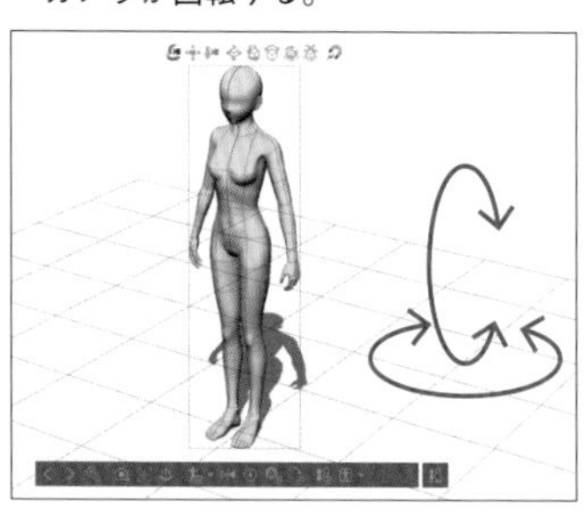

❷カメラの平行移動
カメラが平行移動する。

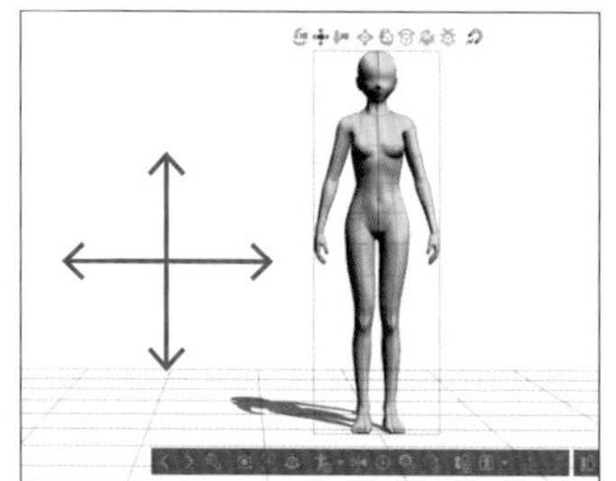

❸カメラの前後移動
カメラが前後に移動する。

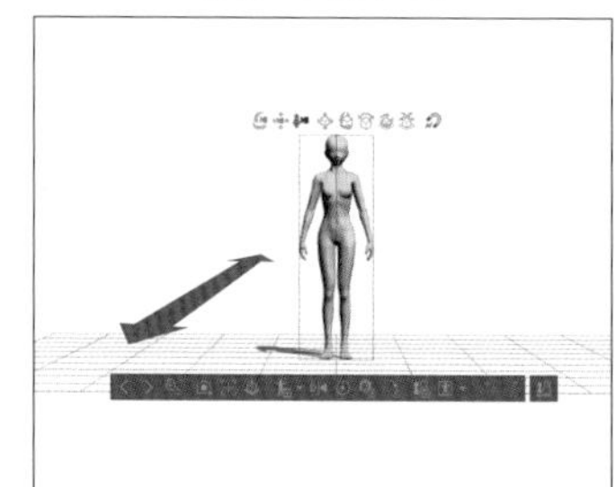

❹平面移動
平面的に上下左右へ移動する。

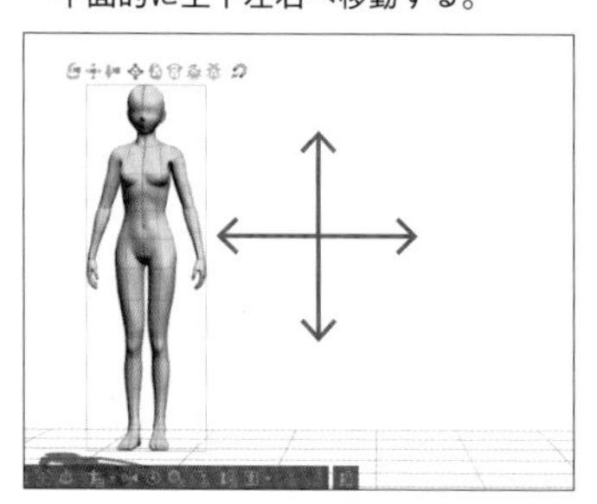

❺カメラ視点回転
カメラ視点に対して任意の方向に回転する。

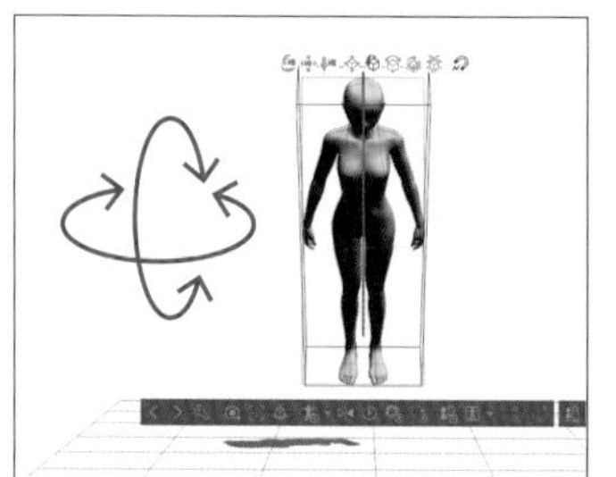

❻平面回転
時計の針のように平面的に回転する。

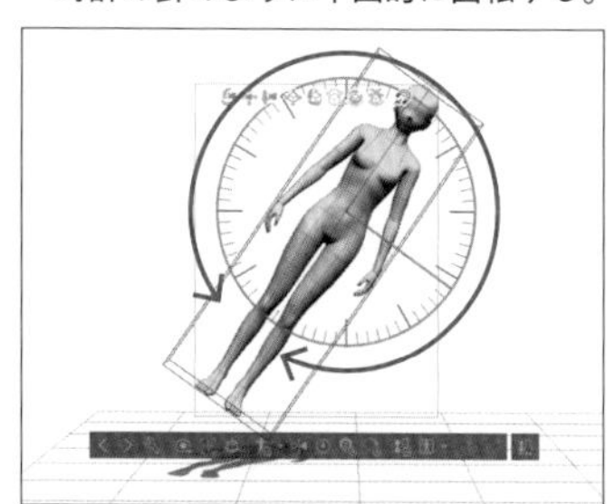

❼3D空間基準回転
3D空間に対して横方向に回転する。

❽吸着移動
3D素材を、3D空間のベースに接地させながら、前後左右に移動する。

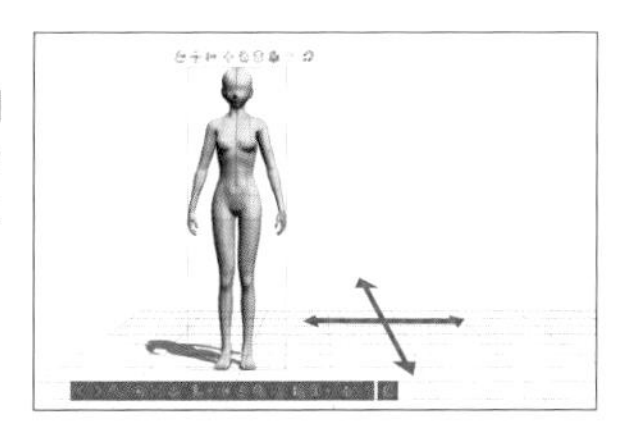

❾3Dモデルをスナップする
オンにすると移動・回転・拡縮した際に、ほかのオブジェクトの位置やサイズにスナップされる。

オブジェクトランチャー

3Dデッサン人形の下部に表示されるオブジェクトランチャーにはボタンが並び、さまざまな機能が割り振られている。

❶ 前の3Dオブジェクトを選択
レイヤーに複数の3D素材がある場合、選択する3D素材を切り替える。

❷ 次の3Dオブジェクトを選択
[前の3Dオブジェクトを選択] とは逆の順に、選択する3D素材を切り替える。

❸ オブジェクトリストを表示
3D素材の表示やロックを切り替えるリストが表示される。

❹ カメラアングル
カメラアングルをプリセットから選択する。

❺ 編集対象を注視
画角の中心に3Dデッサン人形が配置された構図になる。

❻ 接地
3D空間の床面に接地する。

❼ ポーズを登録
ポーズを素材として登録する。

❽ 左右反転
ポーズを左右反転する。

❾ 初期ポーズ
初期ポーズに戻す。

❿ スケールをリセット
3Dデッサン人形のスケール（大きさ）を初期状態に戻す。

⓫ 回転をリセット
3Dデッサン人形の回転をリセットする。

⓬ 体型を登録
設定した体型を登録。

⓭ ポーズスキャナー
写真を読み込み、写っている人物のポーズを3Dデッサン人形に反映させる。

⓮ 関節の固定
選択中の関節を固定する。

⓯ 関節の固定をすべて解除
関節の固定をすべて解除する。

⓰ 体型変更
[サブツール詳細]パレットの[体型]カテゴリーが表示され、体型を編集できる。詳しい操作方法については次ページへ。

数値で位置と大きさを編集

より詳細に位置を編集したい場合は［サブツール詳細］パレットの［配置］カテゴリーで行う。［カメラ］カテゴリーでは詳細なカメラの編集が可能になっている。

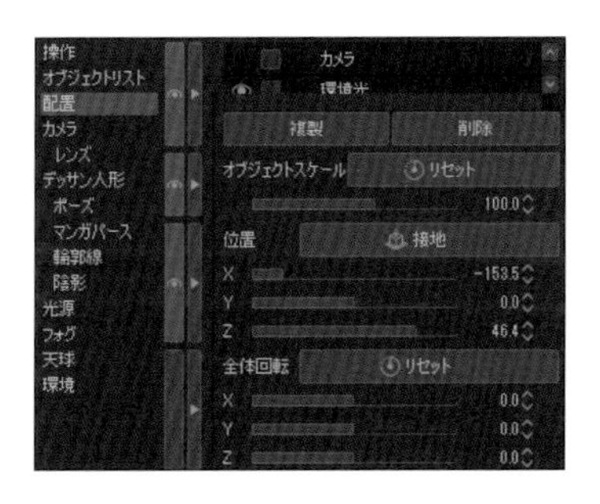

ルートマニピュレータで操作

3Dデッサン人形、3Dオブジェクト素材、3Dキャラクター素材は、ルートマニュピレータで直観的に回転や移動、スケールの変更ができる。

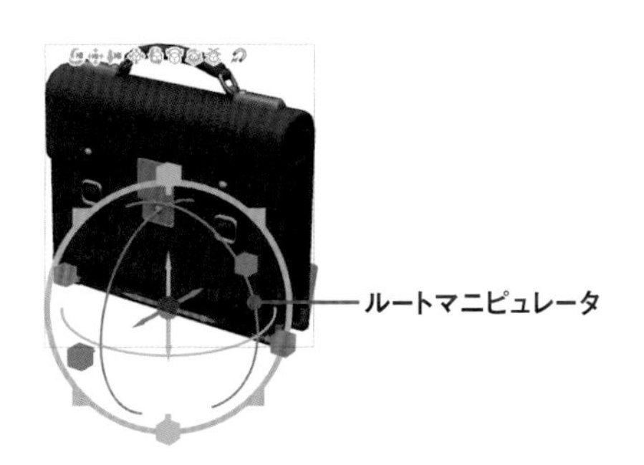

体型の変更

3Dデッサン人形は体型を自由に変更できる。ここでは全身の体型変更の方法について解説する。

1 オブジェクトランチャーの［体型変更］をクリックすると［サブツール詳細］パレットの［デッサン人形］カテゴリーが表示される。

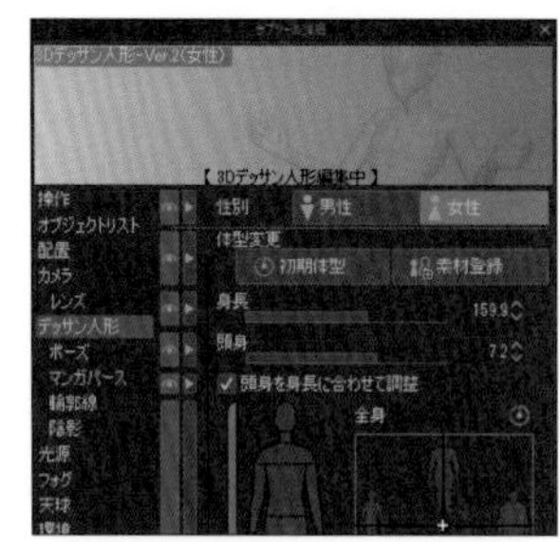

2 スライダーを上に動かすと男性型は筋肉が強調される。女性型はグラマーな体型になる。

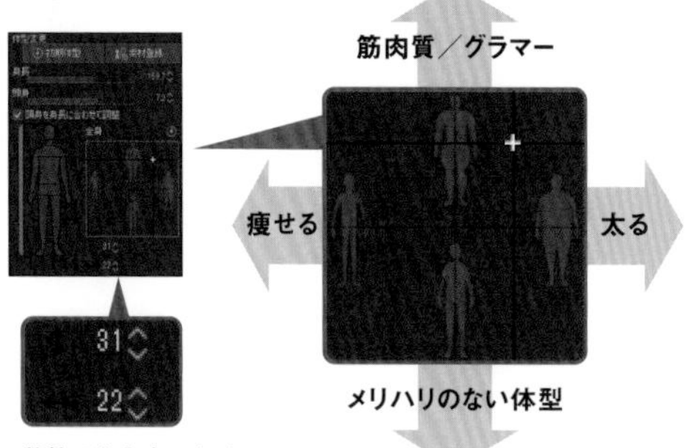

数値でも入力できる。

3 ［身長］でモデルの身長を編集できる。数値はcmで表示されている。男性型の場合は初期状態だと［175］cmに設定されている。

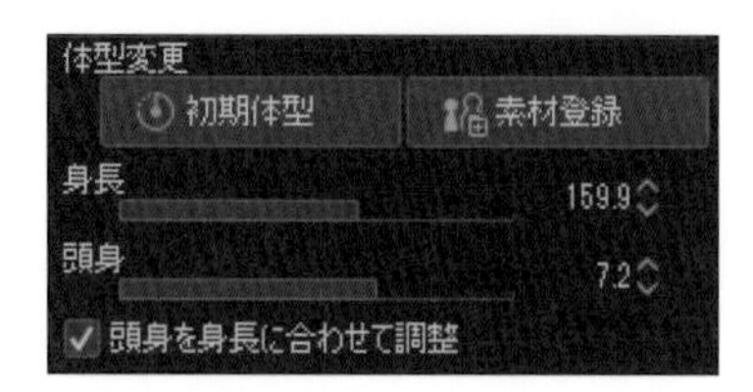

4 ［頭身］で頭身を変更できる。値を大きくするほど頭が小さいプロポーションになる。［頭身を身長に合わせて調整］をオンにすると身長と連動して頭身が変更される。

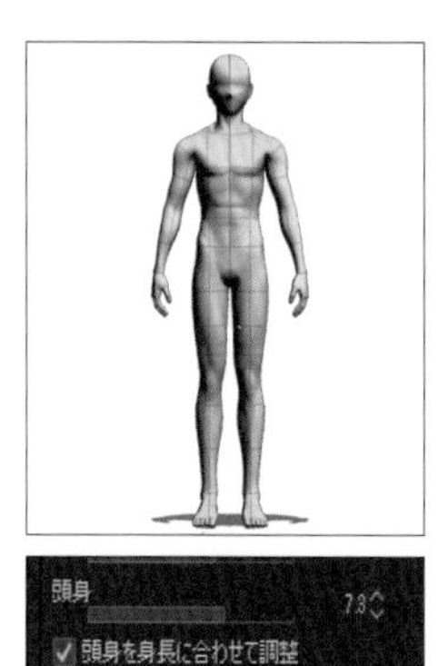
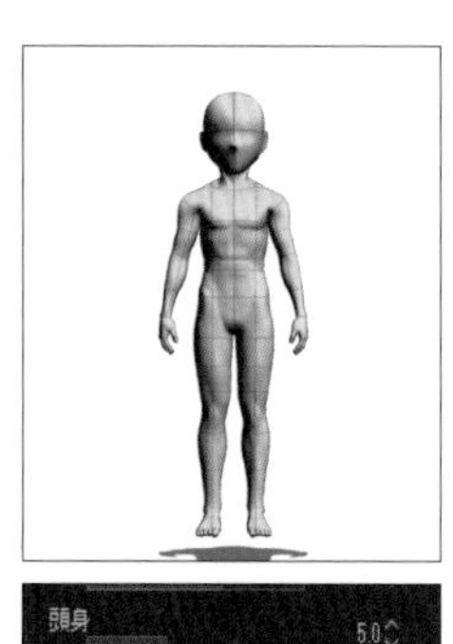

部位ごとの体型の変更

体型は、部位ごとに長さや太さを調整することもできる。

1 ［サブツール詳細］パレットの［体型］カテゴリーで、表示された図から部位を選択する。

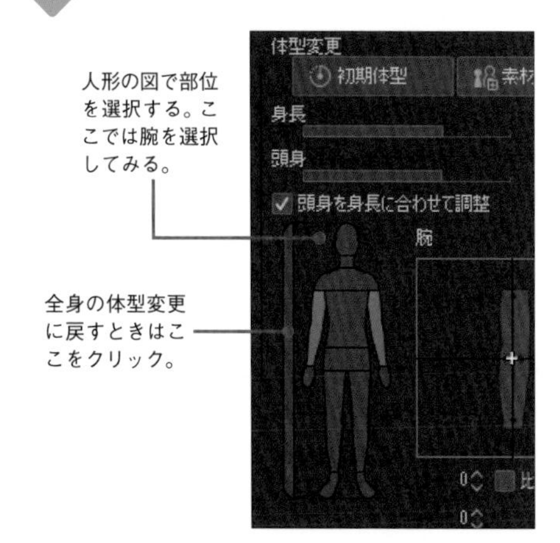

2 2Dスライダーをドラッグして各部位の太さなどを編集できる。

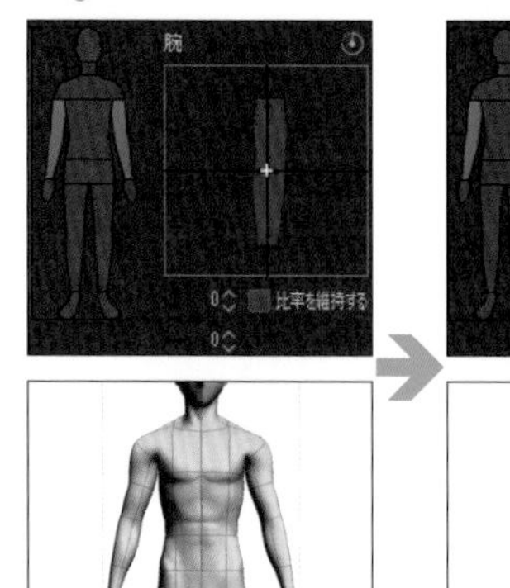
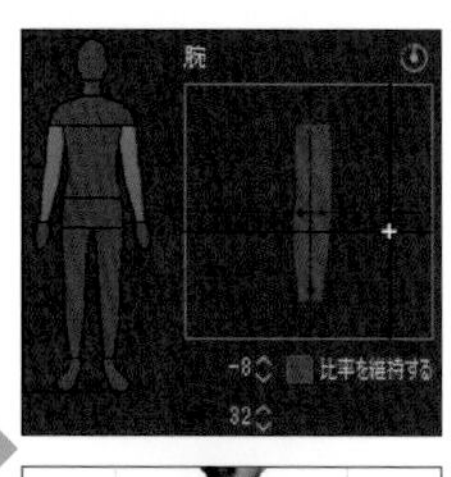
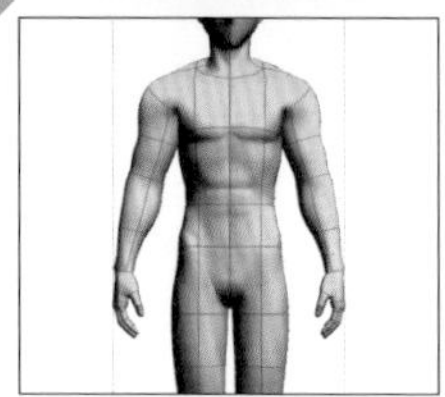

ポーズを作成する

1 3Dデッサン人形は特定の部位をドラッグすると、そこから引っ張られるようにほかの部位も動くため、自然な動きをつけられる。

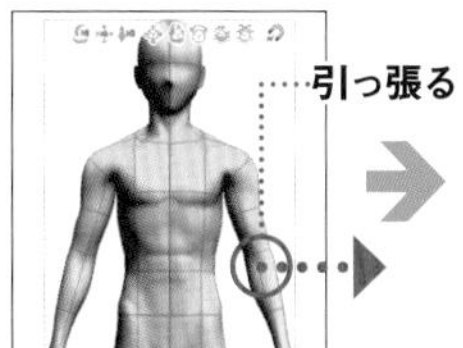

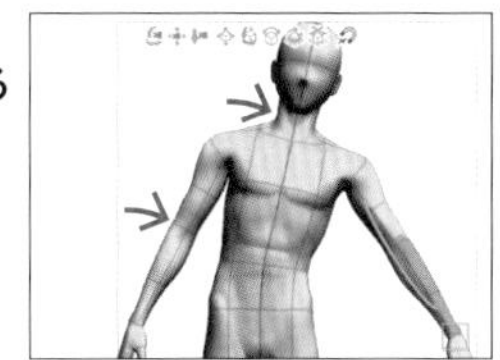

2 引っ張られたくない関節は、クリックで選択しオブジェクトランチャーより［関節の固定］をクリックで固定することができる。

関節の固定

3 3Dデッサン人形をクリックすると紫の球体が表示される。球体をドラッグすると球体ごとに連動した部位を動かすことができる。腕や足だけ動かしたい場合に使おう。

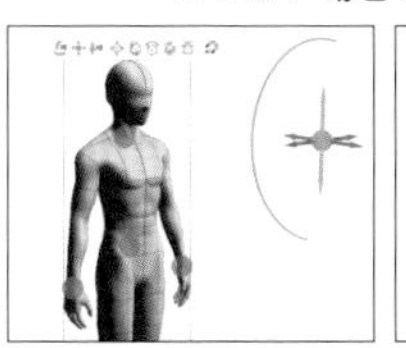
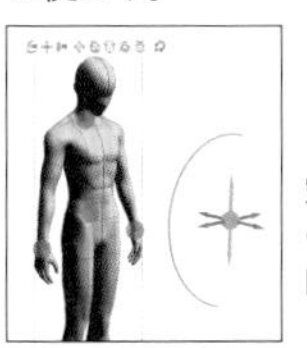

空中にある紫の球体は顔の向きを変えることができる。

4 ❸の後で3Dデッサン人形をクリックすると、クリックした箇所の部位の操作用のリング（マニピュレータ）が表示される。リングをドラッグすると部位の関節が動く。

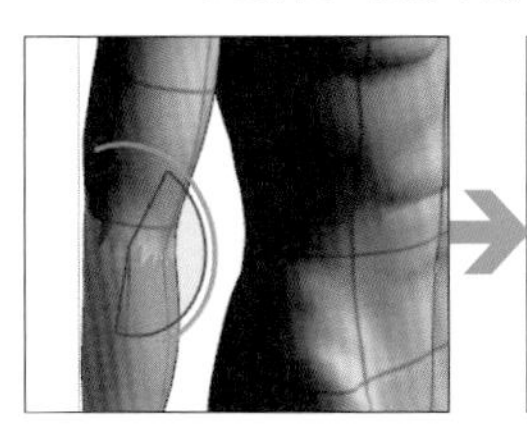
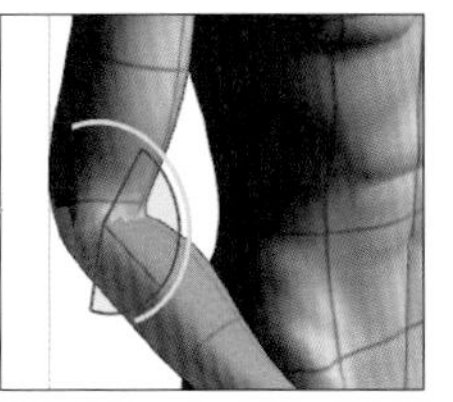

写真からポーズを読み込む

［オブジェクトランチャー］の［ポーズスキャナー］では、写真を読み込むことで写っている人物のポーズを3Dデッサン人形につけることができる。

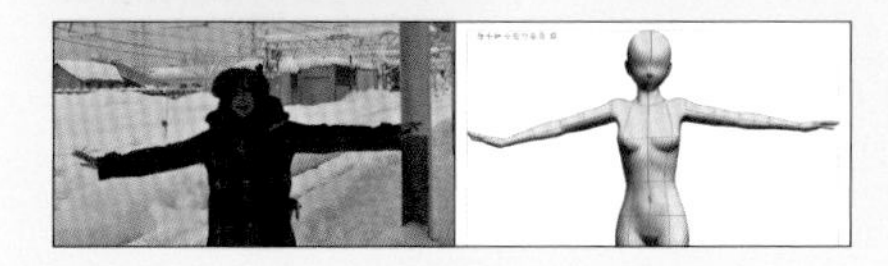

手のポーズを作成する

1 ポーズを変えたい方の手の側の部位を選択する。右手のポーズを変えたい場合は、右腕などを選ぶとよい。

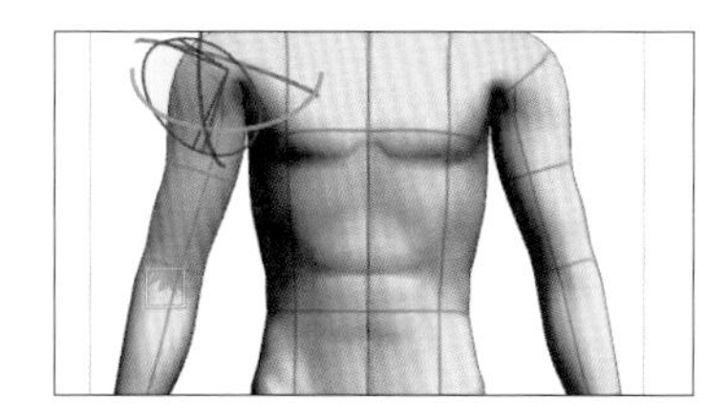

2 ［ツールプロパティ］パレットの［ポーズ］にある［+］をクリックすると「ハンドセットアップ」が表示される。

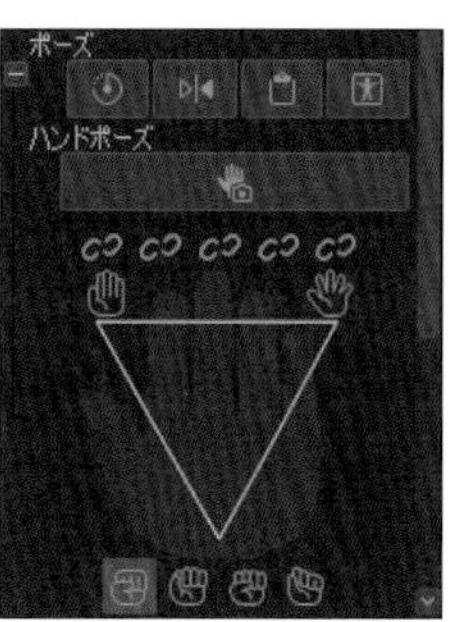

3 逆三角形のエリア内の＋を上にドラッグすると手が開き、下に動かすと握る。握り方は4種類から選択できる。

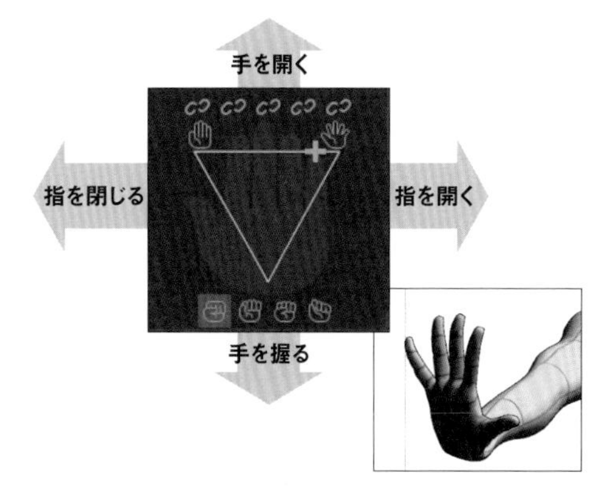

4 動かしたくない指をロックできる。たとえば開いた状態から、人差し指、中指をロックして握るとピースサインになる。

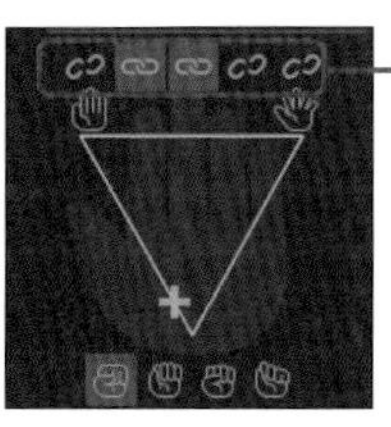

各指に対応しており、オンにすると指が動かなくなる。

ハンドスキャナー

ハンドスキャナーは、PCに内蔵されたカメラなど、デバイスのカメラで撮影した手のポーズを、3Dデッサン人形に反映できる。［オブジェクトランチャー］の［ポーズスキャナー］右の▼より［ハンドスキャナー（カメラ）］を選択すると［ハンドスキャナー］ダイアログが表示され、カメラに映した手のポーズを確認できる。ポーズが決まったら［OK］を押して確定させよう。

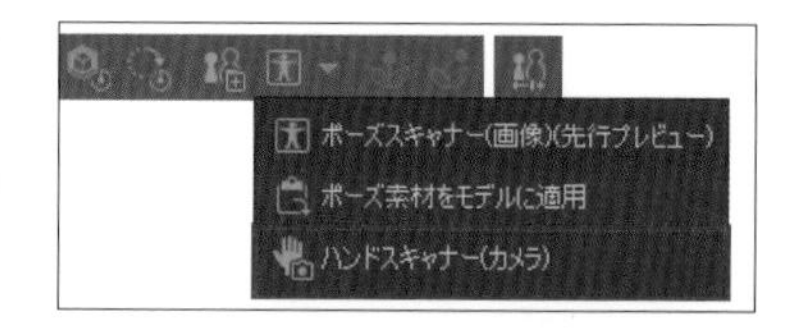

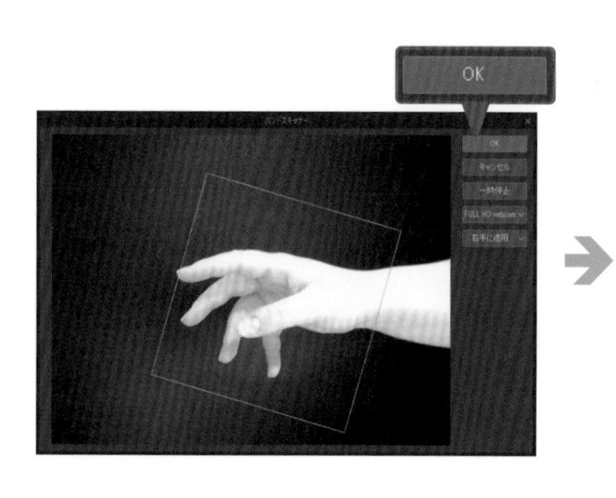

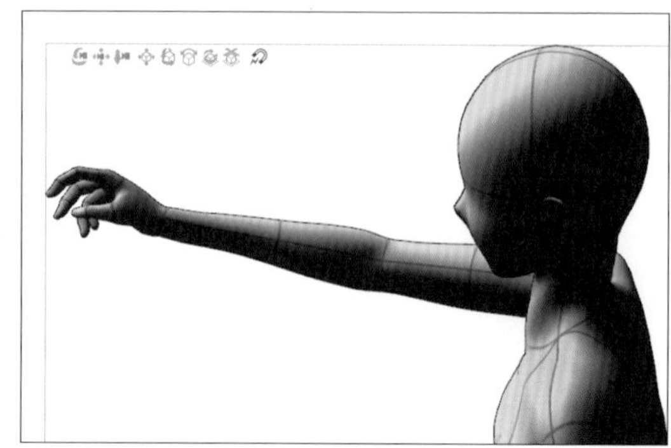

3D頭部モデル

Ver.2.0からは、3D頭部モデルが追加されている。3D頭部モデルは、さまざまなタイプの顔を作れるため、キャラクターイラスト制作に役立てることができる。

顔タイプ

3D頭部モデルは、［素材］パレットのツリー表示より［3D］→［頭部］にある。「ベース」のほかの顔タイプは追加素材なため、CLIP STUDIOからダウンロードするとよい。

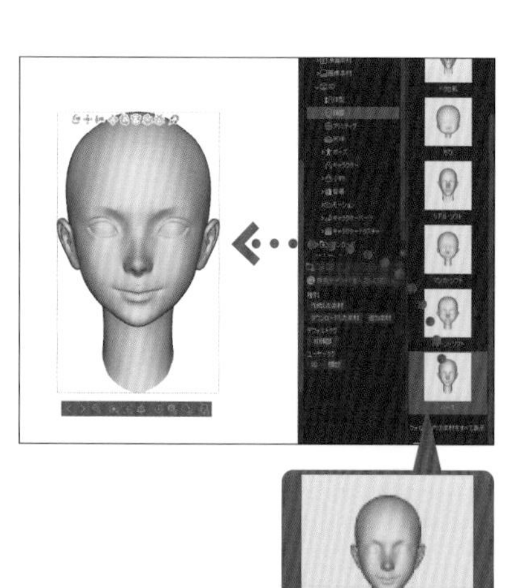

追加素材をダウンロード

追加素材をダウンロードしたいときは、CLIP STUDIOの［設定］（歯車アイコン）→［追加素材を今すぐダウンロードする］を選択する。

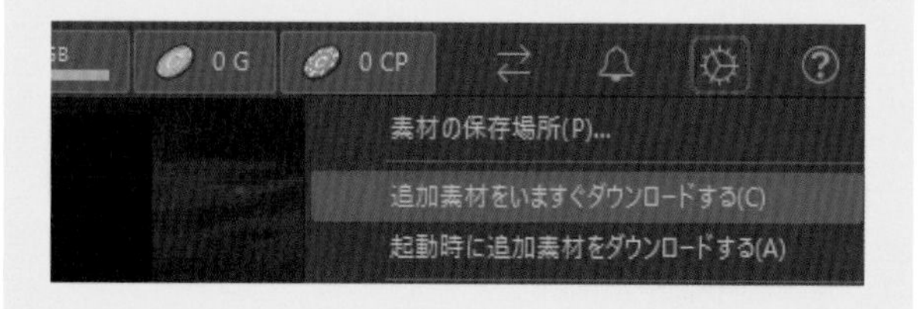

顔のブレンド

［ツールプロパティ］パレットの［顔のブレンド］では、顔タイプをブレンドすることができる。それぞれのサムネイルをクリックすると、0～100で値を調整でき、どのくらいブレンドするかを決めることが可能。
数値の合計が100以上になると顔の造形が破綻しやすくなる。破綻を避けたい場合は［ブレンド制限］にチェックを入れるとよい。逆に極端な造形にしたい場合は［ブレンド制限］をオフにする。

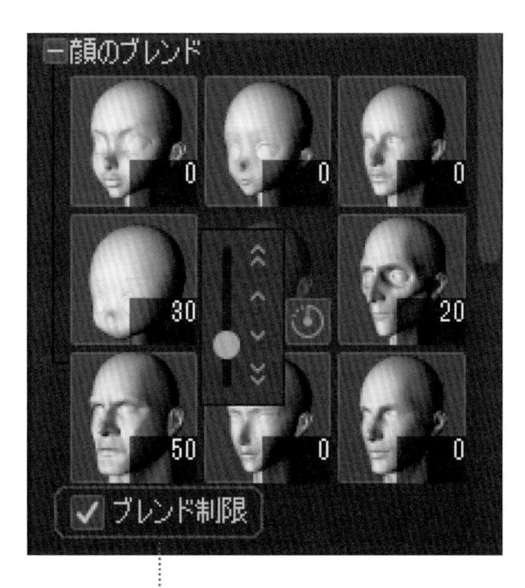

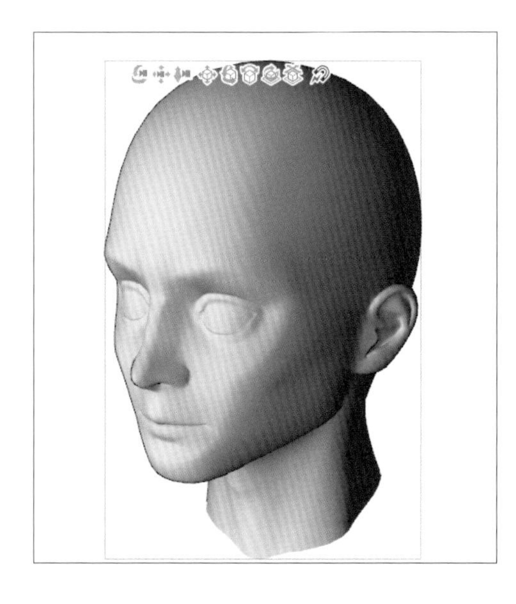

顔パーツ制作

［ツールプロパティ］パレットの［顔パーツ操作］では、顔のパーツの位置、大きさ、形などを調整できる。

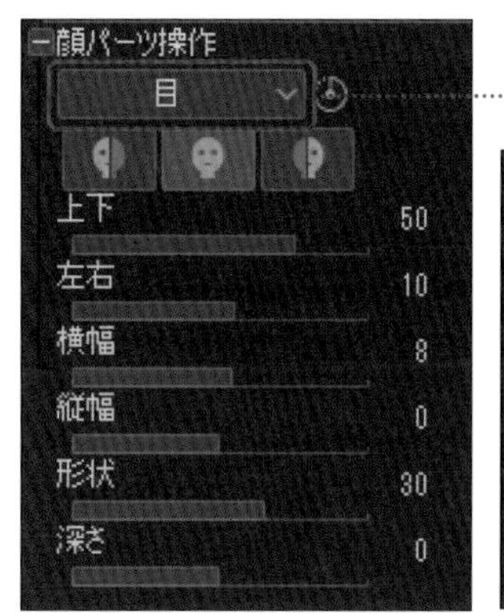

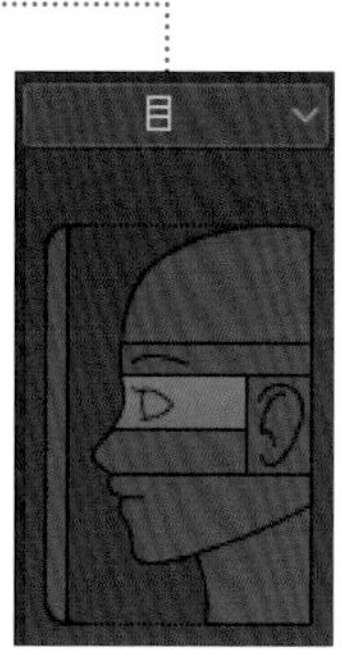

「目」などパーツ名が表示されている箇所をクリックして、パーツの部位を選択する。

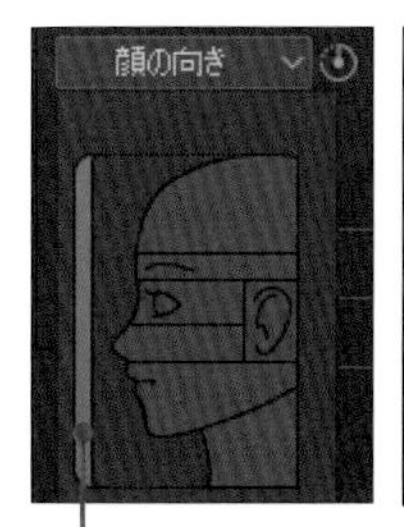

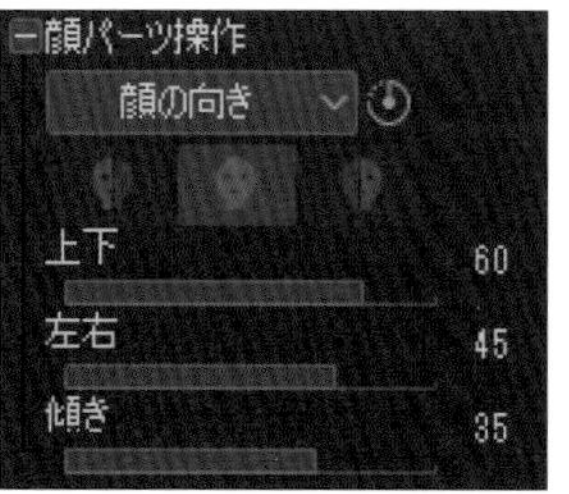

顔の向き
左のバーを選択すると、顔の向きを調整できる。

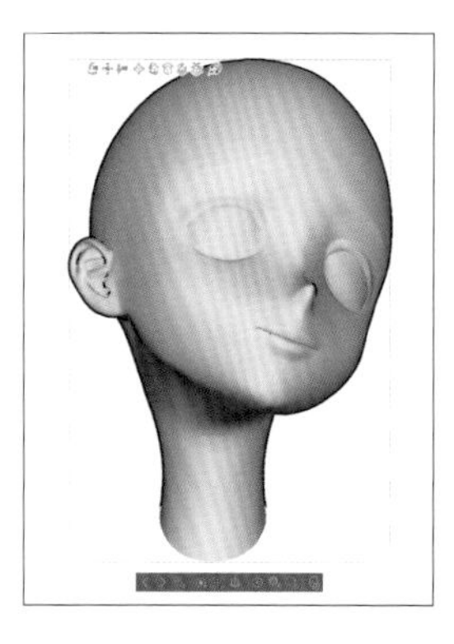

頭部モデルを登録

オブジェクトランチャーより［頭部モデルを登録］アイコンで、［素材］パレットに頭部モデルを登録することができる。

頭部モデルを登録

CHAPTER:06
02

パース定規で背景を描く

[パース定規]は、遠近感のある描画を助けてくれる[定規]ツール。
[パース定規]を使うと建物や室内のイラストがぐっと描きやすくなる。

パース定規の作例

室内を描いた作例で、パース定規の使い方を見ていこう。

ラフを描いてイメージを固める。このラフから消失点などのアタリをつけておくとよい。

消失点

消失点とは、遠近法(遠近感を出す画法)において、実際には平行な線が遠くで交わる点のこと。下図のように平行な線が地平線で消える点だとイメージするとわかりやすい。

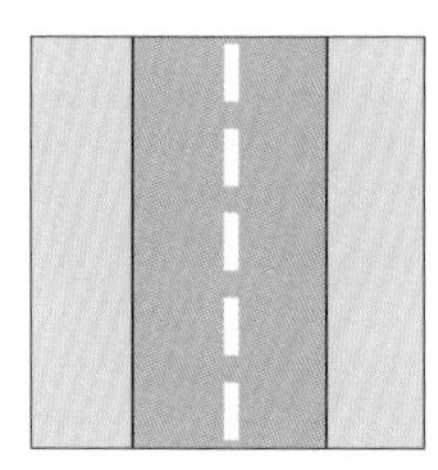

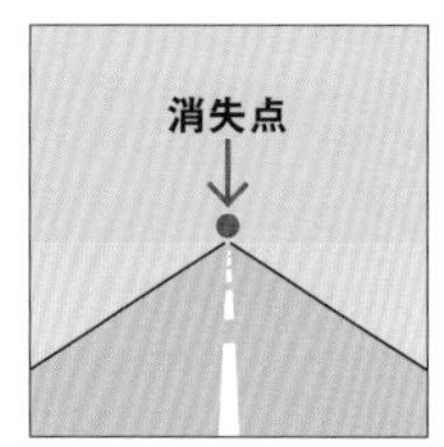

2

[定規作成] ツール→ [パース定規] を選択。[ツールプロパティ] パレットで、[処理内容] を[消失点の追加] に設定する。

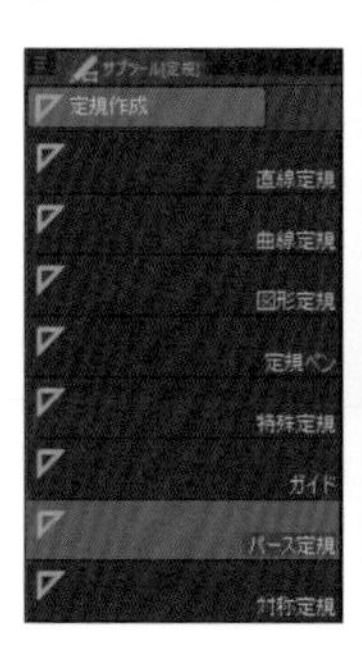

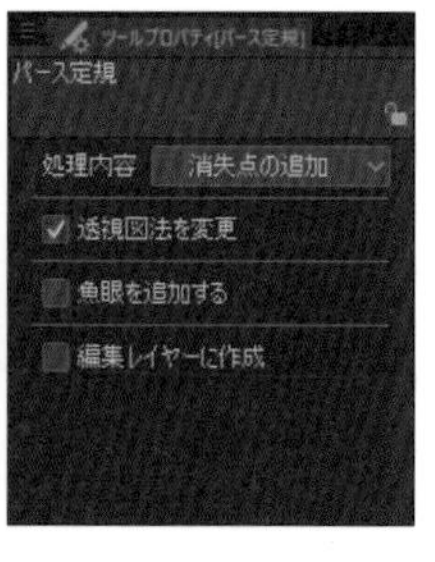

3

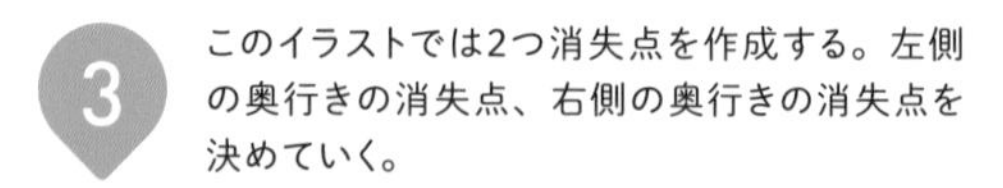

このイラストでは2つ消失点を作成する。左側の奥行きの消失点、右側の奥行きの消失点を決めていく。

2点透視図法

作例のように消失点を2つとり遠近感を表す図法を2点透視図法という。高さの歪みを描かないため縦の線は水平線に対して垂直に描かれるのが特徴。建物の外観や室内の描画などに用いられる。

アイレベル

アイレベルとは、目線の高さを表す言葉。2点透視図法では消失点はアイレベル上に存在する。

奥行きの消失点に交わりそうな線を、ラフから2本選び、それになぞるように [パース定規] でドラッグする。すると消失点が作成される。

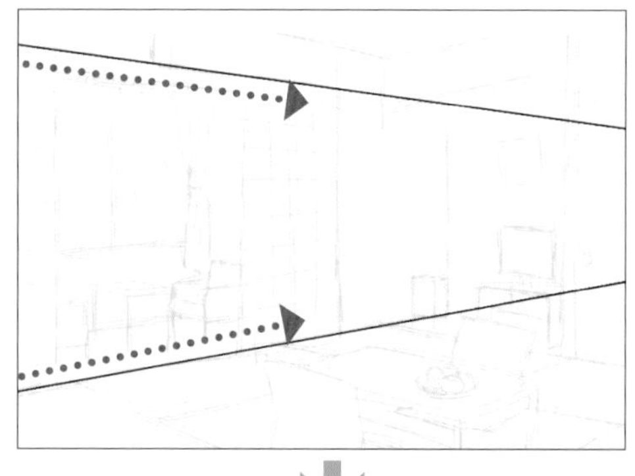

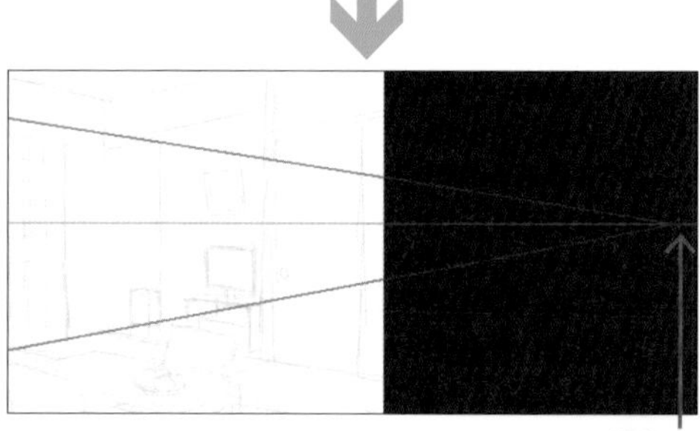

反対側の奥行きの消失点も同じような操作で作成する。

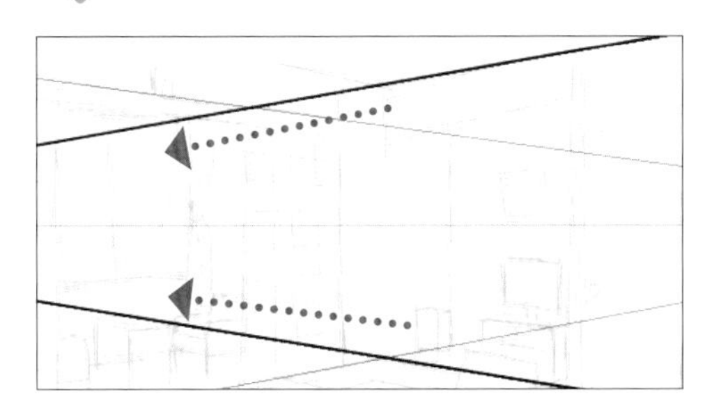

消失点が2つあるパース定規が作成された。2つの消失点はキャンバスからはみ出すくらい離れているほうが、自然なパースになりやすい。

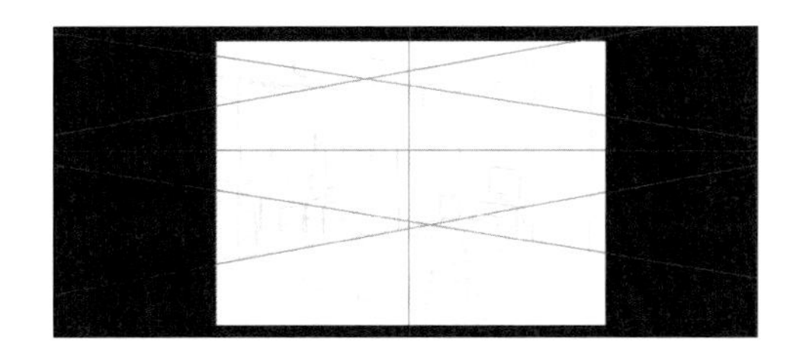

［操作］ツール→［オブジェクト］で選択するとパース定規の編集が可能になる。

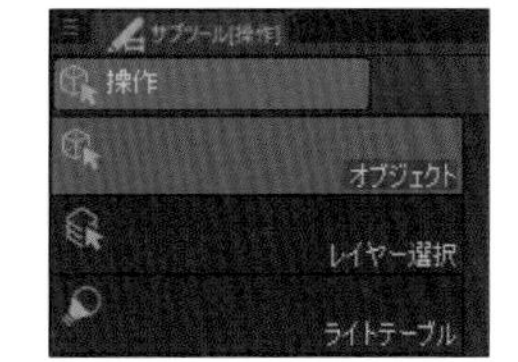

→ パース定規の各部名称

ここでパース定規の各部名称を覚えておこう。

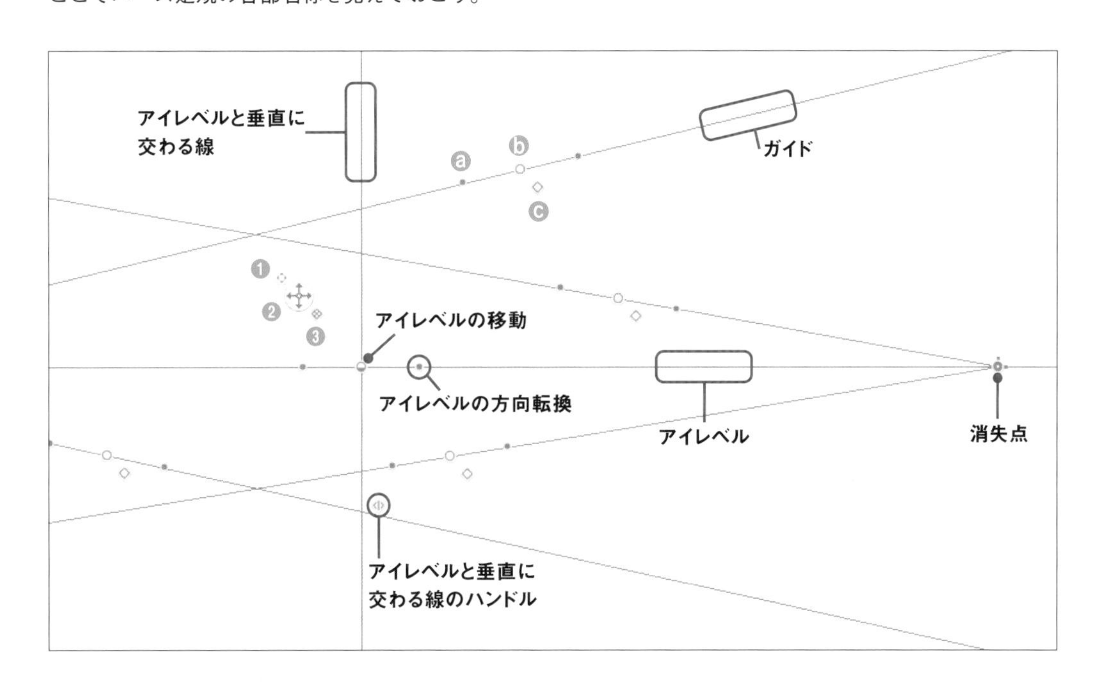

ⓐ消失点の移動
●をドラッグするとガイドに引っ張られるような形で消失点が動く。

ⓑガイドの移動
○をドラッグするとガイド線が動く。

ⓒ消失点へのスナップの切り替え
◇をクリックすると、消失点へのスナップのオン／オフを切り替えられる。

❶パース定規全体のハンドルの移動
ドラッグするとパース定規全体のハンドルの位置を変えられる。

❷パース定規の移動
ドラッグするとパース定規全体を移動できる。

❸パース定規へのスナップの切り替え
クリックで、パース定規へのスナップのオン／オフを切り替えられる。

8 ［オブジェクト］で編集中に右クリック。開いたメニューから［アイレベルを水平にする］を選択するとアイレベルが水平になる。

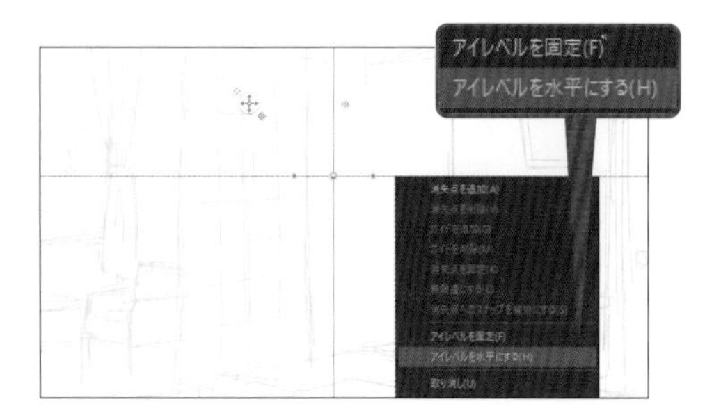

9 もう一度右クリックし［アイレベルを固定］を選んでチェックを入れておくと、間違ってアイレベルを動かす心配がなくなる。

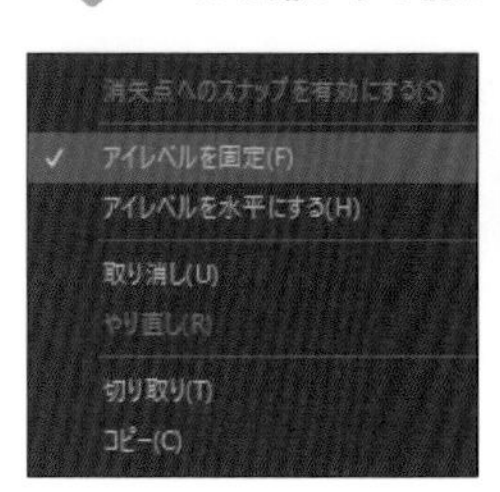

［ツールプロパティ］パレットでも［アイレベルを固定］の設定ができる。

10 まずは下描き。［特殊定規にスナップ］をオンにし、消失点方向に線を引く。下描きは［図形］ツール→［直線］を使用している。

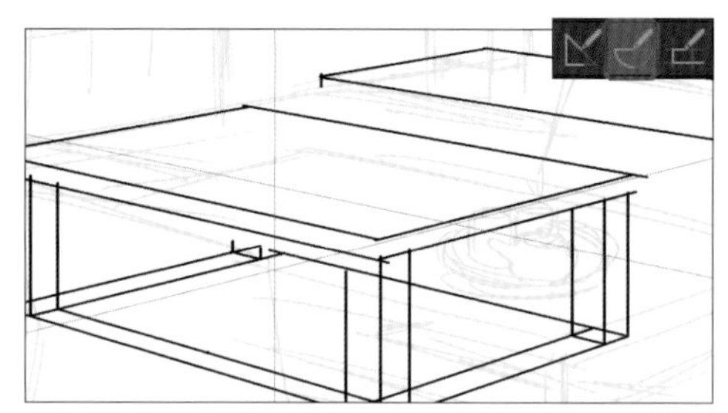

下描きははみ出しても気にしないでどんどん描いていく。

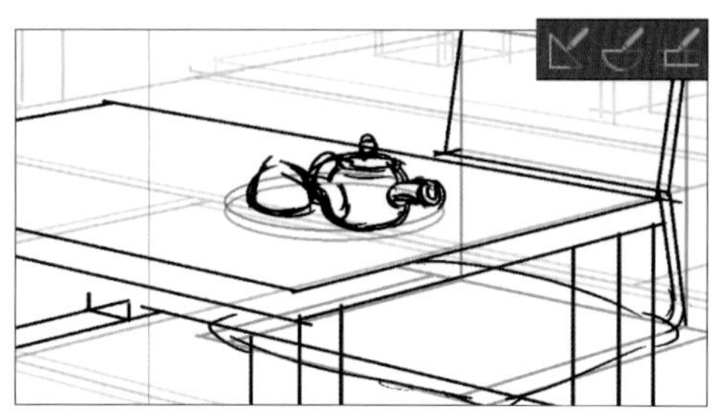

スナップさせたくない描画は［特殊定規へスナップ］をオフにして描く。

11 ［オブジェクト］で選択中の［ツールプロパティ］パレットより［グリッド］を表示できる。作例では床面の畳の大きさを測るのに役立てた。

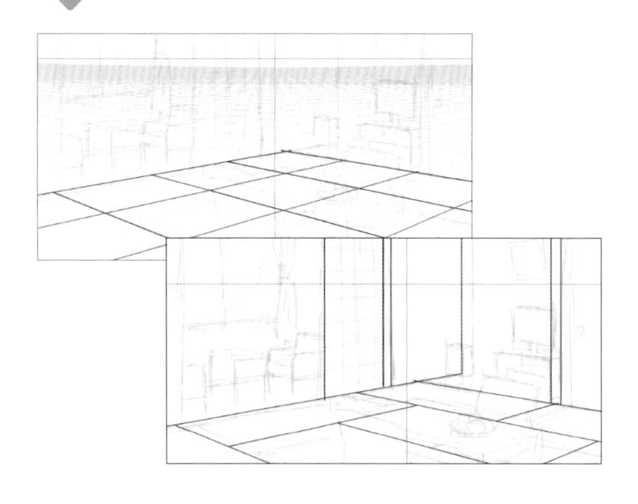

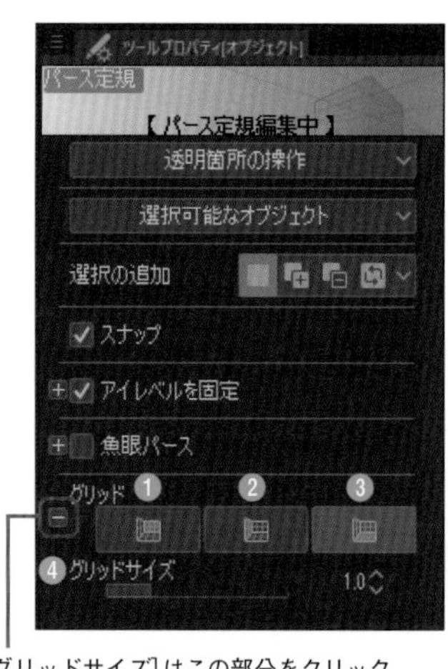

［グリッドサイズ］はこの部分をクリックすると表示される。

❶ XY平面

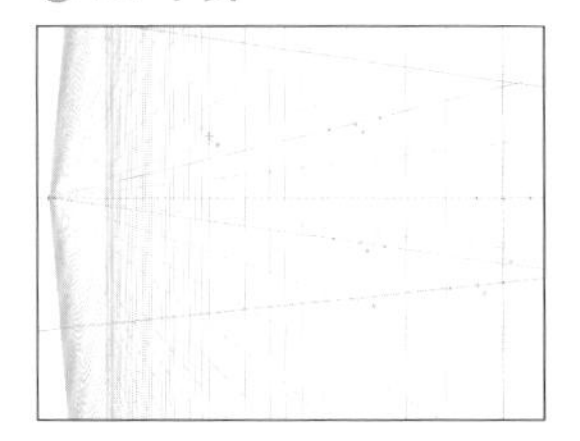

❷ YZ平面

❸ XZ平面

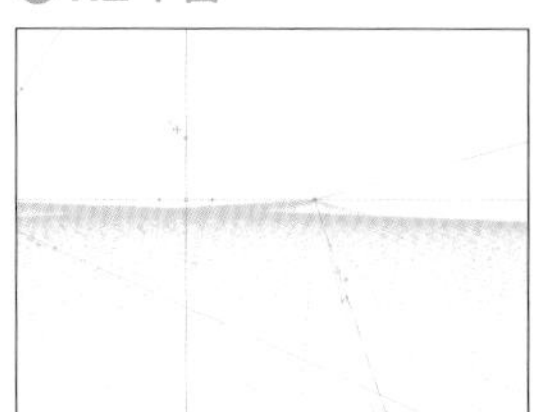

❹ グリッドサイズ

グリッドの間隔を調整できる。

12 清書は［ペン］ツールで行う。意図しない消失点にスナップしてしまう場合は、［消失点へのスナップの切り替え］を活用するとよい。

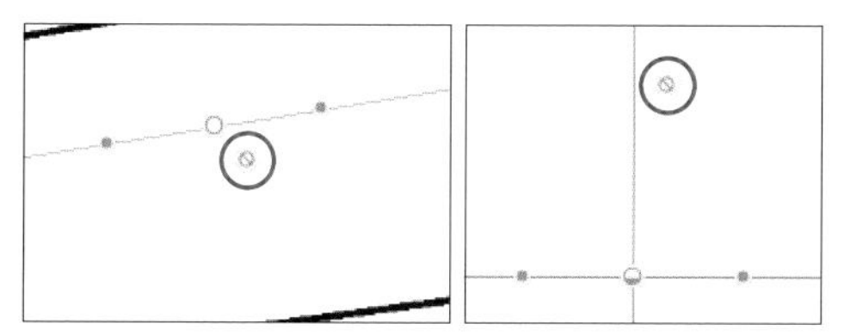

をクリックでスナップのオン／オフを切り替える。左は消失点へのスナップをオフに、右はアイレベルと垂直に交わる線へのスナップをオフにしている。スナップをオフにすると線の色が緑になる。

13 ベクターレイヤーで作業すれば、はみ出した線は［消しゴム］ツール→［ベクター用］を［交点まで］（→P.66）に設定して修正する。

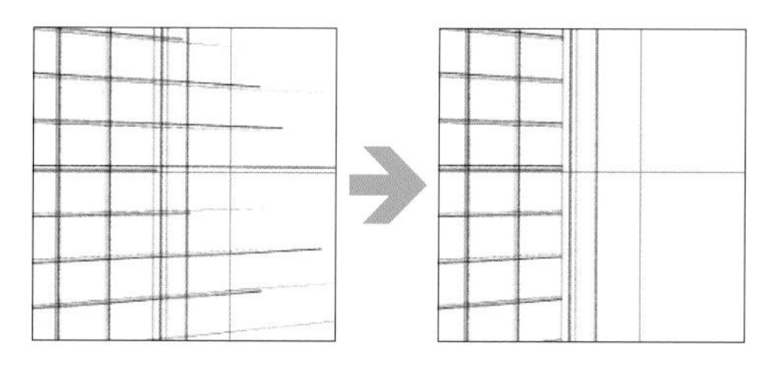

14 線の描画中、角度などが気に入らない場合は、ペンをタブレットから離す前に、線の引き始めまでペンを戻すと描画をやり直すことができる。

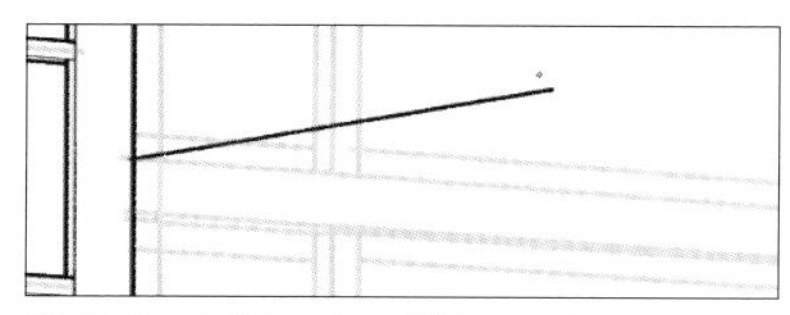

意図しない方向にスナップされてしまった。

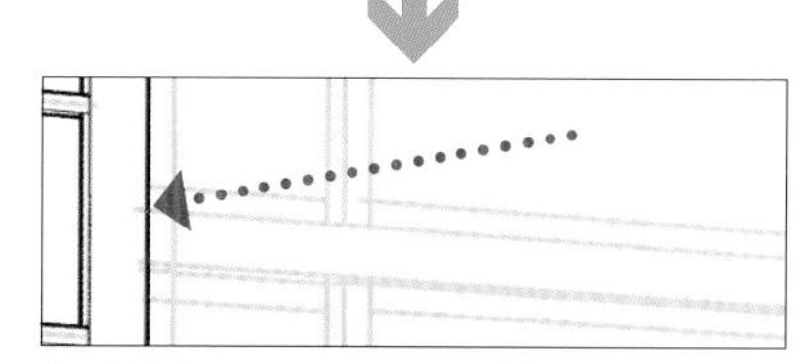

線の引き始めまでペンを戻すと描画した線が消える。

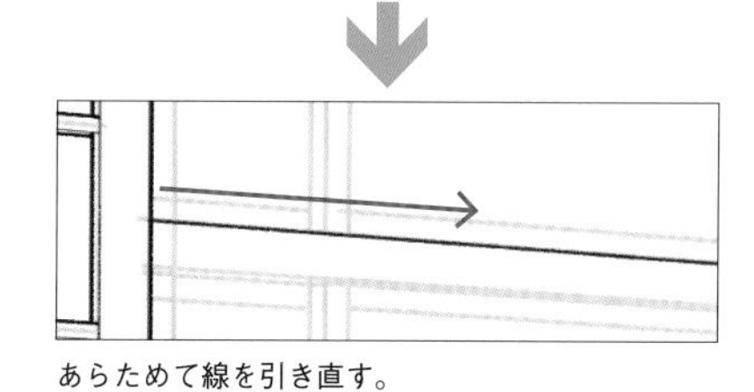

あらためて線を引き直す。

魚眼パース

Ver.2.0からは［ツールプロパティ］パレットで［魚眼パース］をオンにすると、魚眼レンズで歪んだようなパース定規を設定できる。

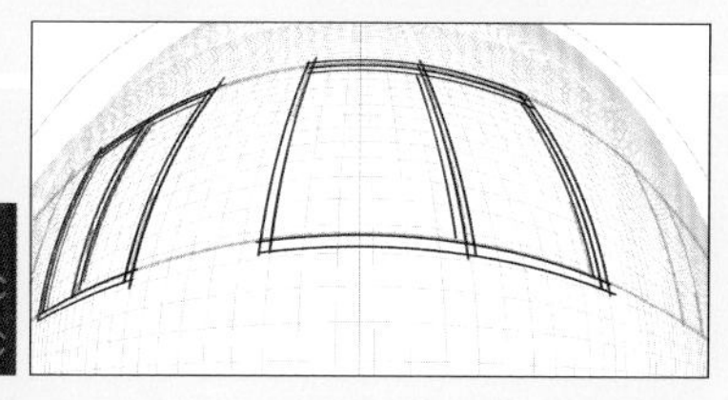

15 イラストを仕上げる。パース定規へのスナップが不要な仕上げ作業では、定規を非表示にして作業している。

背景イラストの完成

［定規の表示範囲を設定］でチェックをすべて外すと定規を非表示にできる。

CHAPTER:06
03 Webtoon制作に役立つ機能

Webtoon制作のためのプレビュー表示や、分割して書き出す方法など、知っておくと便利な機能を解説する。

Webtoon用表示枠

［表示］メニュー→［Webtoon用表示枠］を選択すると、スマートフォンで表示される範囲をプレビュー表示できる。
スマートフォンは、機種によって画面の縦横比が異なるが、［Webtoon用表示枠］の縦横比を変更したい場合は［表示］メニュー→［Webtoon用表示枠の設定］から設定する。

表示枠の外側が暗くなる

利用中のスマートフォンの画面縦横比が横9：縦16の場合は［横比率］を0.9、［縦比率］を1.6に設定するとよい。

スマートフォンでプレビュー表示

コマンドバーの［スマートフォンを接続］より、コンパニオンモードを開始することで、スマートフォンにWebtoon作品をプレビュー表示できる。
コンパニオンモードは、スマートフォンにCLIP STUDIO PAINTをインストールする必要があるが、コンパニオンモードの使用は無料でできる。

［スマートフォンに接続］をクリックし、表示されるQRコードをスマートフォンで読み込むと、コンパニオンモードが開始される。

Webtoonプレビュー
コンパニオンモード開始後のスマートフォンで、下部の［Webtoonプレビュー］をタップするとWebtoonをプレビュー表示できる。

Webtoon書き出し

［ファイル］メニュー→［Webtoon書き出し］から、Webtoon用の画像を書き出すことができる。

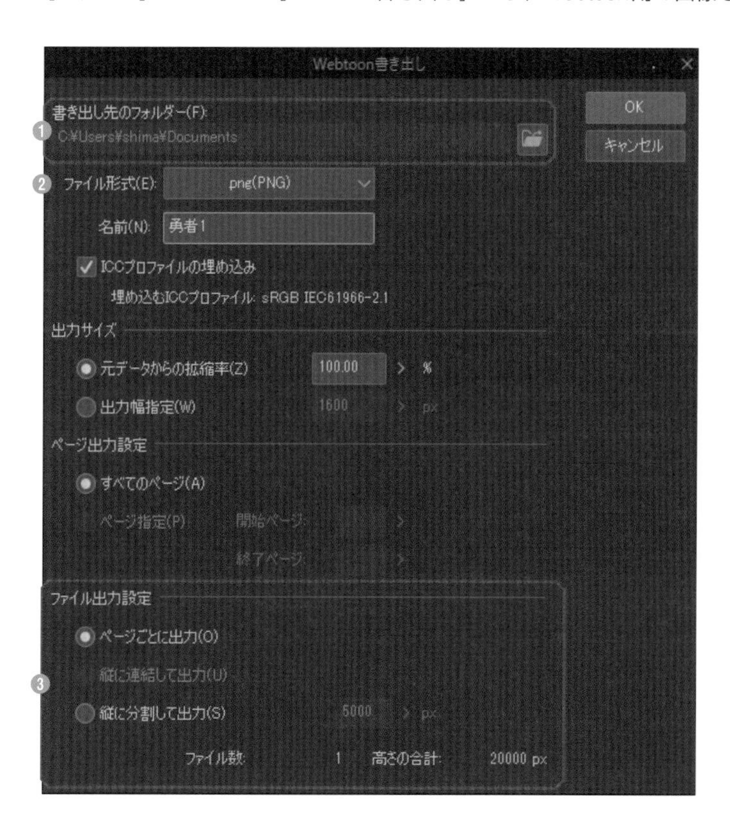

❶**書き出し先のフォルダー**
画像を書き出し先を設定します。

❷**ファイル形式**
画像のファイル形式を［.png（PNG）］か［.jpg（JPEG）］より選択します。

❸**ファイル出力設定**
［ページごとに出力］を選択すると、現在開いているキャンバスが1ファイルとして出力される。［縦に分割して出力］を選択すると、分割して書き出せる。

縦に分割して書き出し

Webtoonの作品は縦に長いため、ファイルを分割して書き出す場合がある。
［Webtoon書き出し］ダイアログで［縦に分割して出力］を選択すると、長いファイルを分割して書き出すことができる。

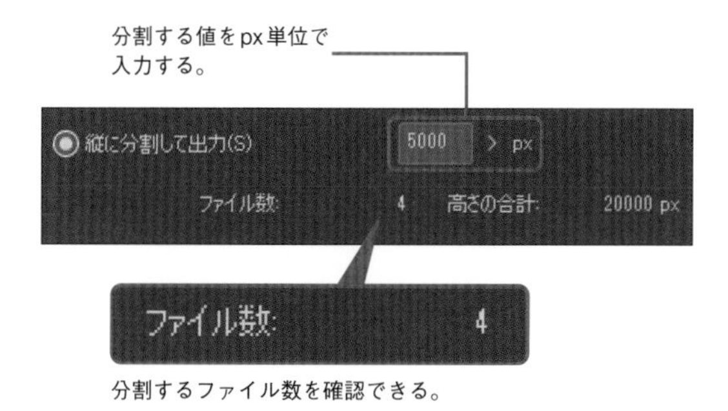

分割する値をpx単位で入力する。

分割するファイル数を確認できる。

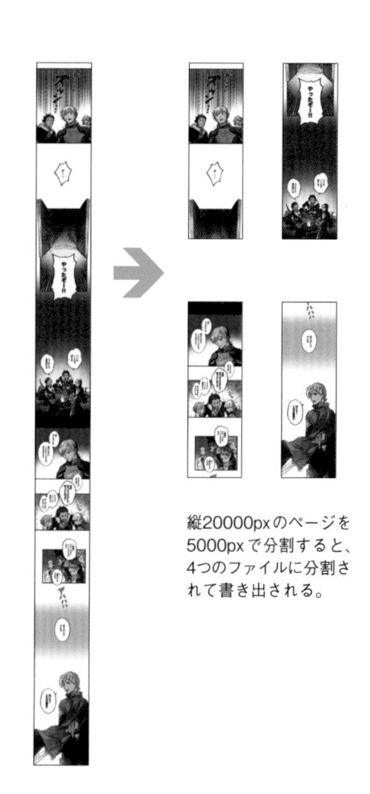

縦20000pxのページを5000pxで分割すると、4つのファイルに分割されて書き出される。

CHAPTER:06

04

うごくイラストを作る

アニメーション機能を使って「うごくイラスト」を作ることができる。
アニメーションGIFも手軽に作成できるので試してみよう。

目パチのうごくイラスト

目をパチパチ開閉するアニメーションを目パチという。ここでは目パチの「うごくイラスト」を作成する。

アニメーション機能を使ってイラストを動かす過程を見ていこう。まずはCLIP STUDIO PAINTで作成した動かしたいイラストのファイルを開く。

データダウンロード

複製を保存でバックアップ

元のイラストの状態を保存しておきたい場合は［ファイル］メニュー→［複製を保存］→［.clip］で保存しておく。

動かしたい部分は必ずレイヤーを分ける。今回は目を動かすので開いた目をベースに目の差分レイヤーを作る。

作成した差分

開いた目

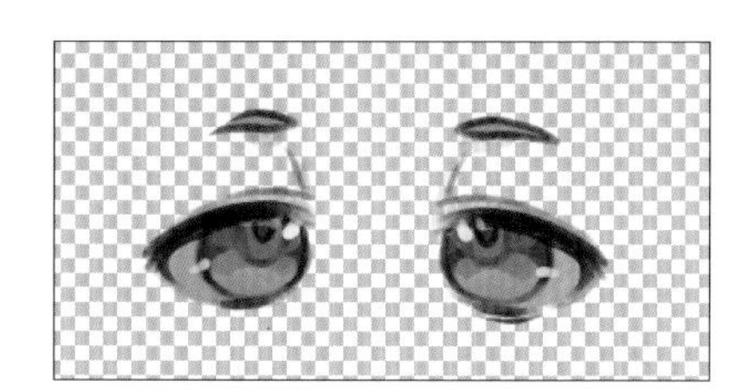

半開きの目

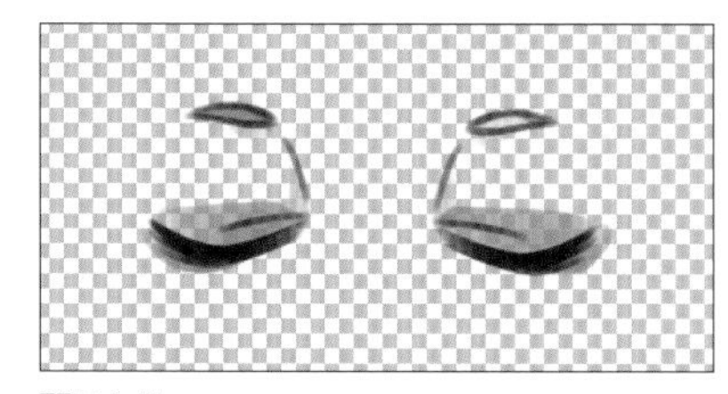

閉じた目

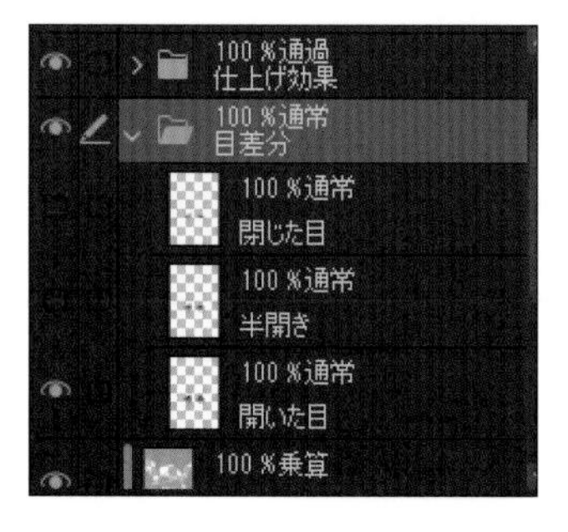

3

［アニメーション］メニュー→［タイムライン］→［新規タイムライン］を選択。［新規タイムライン］ダイアログが開く。

❶タイムライン名
タイムライン名を入力する。

❷フレームレート
フレームレートとはアニメーションを動かすために1秒間に表示できる画像の数。ここでは［8］(fps)にしたので1秒間に8枚の画像が順に表示される。

❸再生時間
再生時間の設定。初期設定の［フレーム数（1始まり)］で設定する場合フレームレート×秒数の値を入力する。今回はフレームレート8fpsで1秒間の「うごくイラスト」にするため、8×1で［8］と入力する。

❹シーン番号
シーン番号を入力する。アニメーション制作で複数のシーン（場面）がある場合に設定するところなので今回は特に設定せず［1］のままとする。

❺カット番号
カット番号を入力する。カットはシーンよりもより小さな動画の構成単位。シーン番号と同じくここでは設定しない。

❻区切り線
［タイムライン］パレットを区切る線を設定する。

4

［アニメーション］メニュー→［アニメーション用新規レイヤー］→［アニメーションフォルダー］でアニメーションフォルダーを作成する。

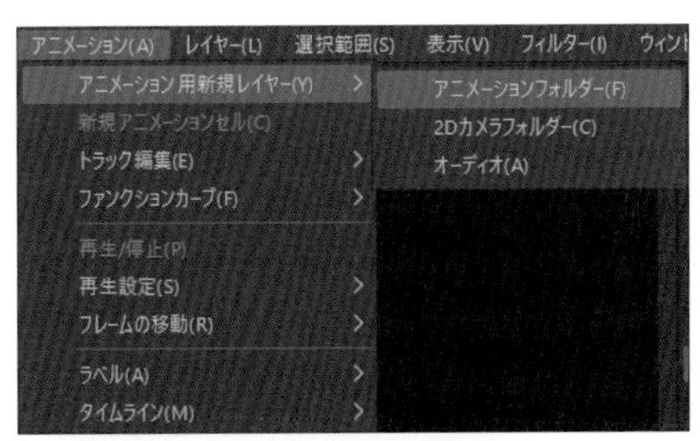

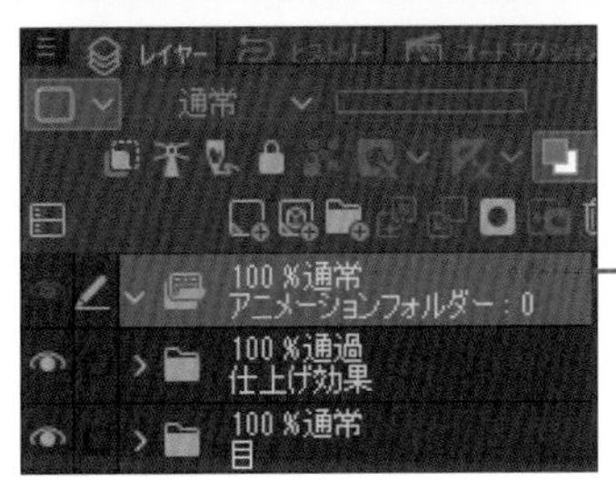

アニメーションフォルダー

5

アニメーションフォルダーの中に、動かしたい部分のレイヤーをドラッグ&ドロップで格納する。

アニメーションフォルダー内のレイヤーはこの時点では非表示になる。

［タイムライン］パレットの1フレーム目を右クリックし、開いたメニューからアニメーションフォルダー内のレイヤーを指定する。このレイヤーがアニメーションでいうセルになる。

タイムラインパレット

右クリック
タブレット・スマートフォン版:指で長押し

フレーム

開いた目
半開き
閉じた目

指定する

［タイムライン］パレットは、時間軸に対してセルを表示するタイミングなどを指定する。

2フレーム目以降のレイヤーも❻と同じように指定していく。セルの指定やフレーム位置を変えるときは［タイムライン］パレットで操作する。

開いた目
半開き
閉じた目

セルの変更

表示したいセルを変更したいときは、右クリックよりアニメーションフォルダー内にある他のレイヤーを選択する。

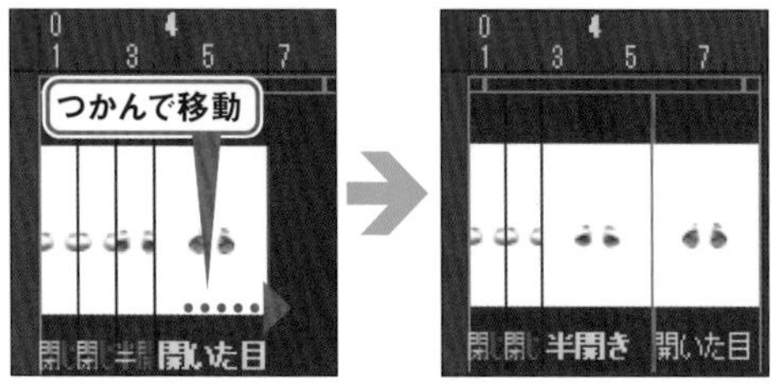

タイミングを変える

タイミングを変更したいフレーム内のセルをつかみ、横に移動すると、セルが表示されるタイミングを変えることができる。

レイヤーフォルダーをセルに

アニメーションフォルダー内でフレームに指定していないレイヤーは、非表示になり編集することができない。フレームに指定してから編集しよう。

また、「線画」「着色」などの複数のレイヤーを使って1つの画像を作成する場合は、レイヤーフォルダーに格納し、そのレイヤーフォルダーを1つの画像としてフレームに指定する。

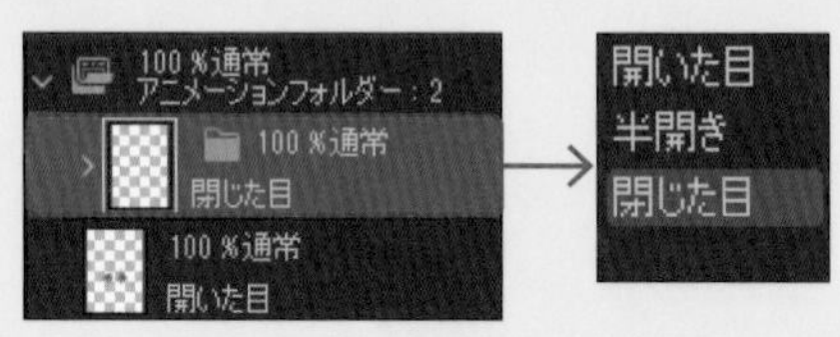

レイヤーフォルダーを1つの画像(セル)として［タイムライン］パレットのフレームに指定することができる。

オニオンスキン

［アニメーション］メニュー→［アニメーションセル表示］→［オニオンスキンを有効化］でオニオンスキンをオンにすると、前後のフレームの画像を見ながらセルに絵を描くことができる。

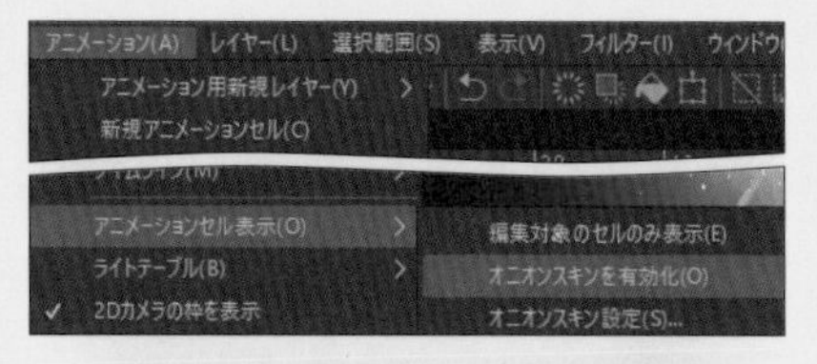

アニメーションフォルダー内のレイヤー(セル)を選択したとき、前のフレームの画像が青く表示され、次のフレームの画像は緑で表示される。

8 ［タイムライン］パレットにある［再生］でアニメーションをプレビュー再生できる。確認しながらフレームを設定していこう。

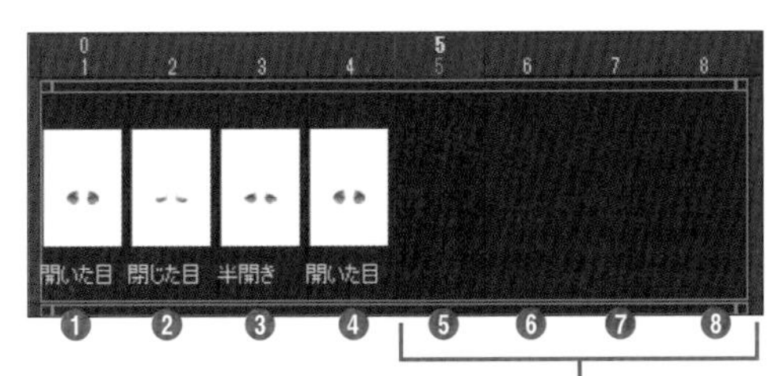

セルを指定しないフレームは、直前のフレームのセルが表示される。

❶

❷

❸
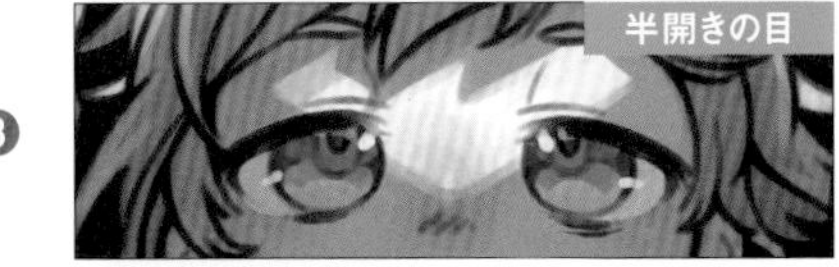

❹〜❽
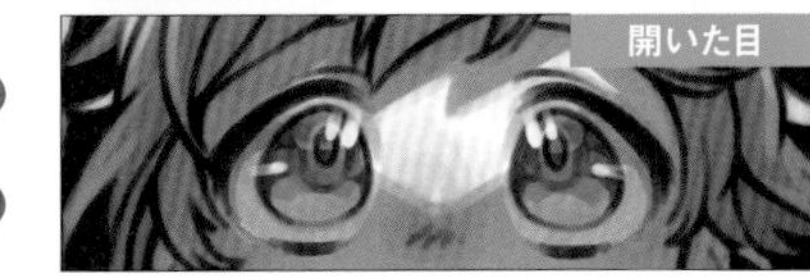

ここでは1:開いた目→2:閉じた目→3:半開きの目→とし、4〜8フレームはすべて開いた目に指定した。

9 間にセルを追加したいときは、タイミングを変えたいセルを動かして空いたフレームを選択し、［新規アニメーションセル］をクリックする。

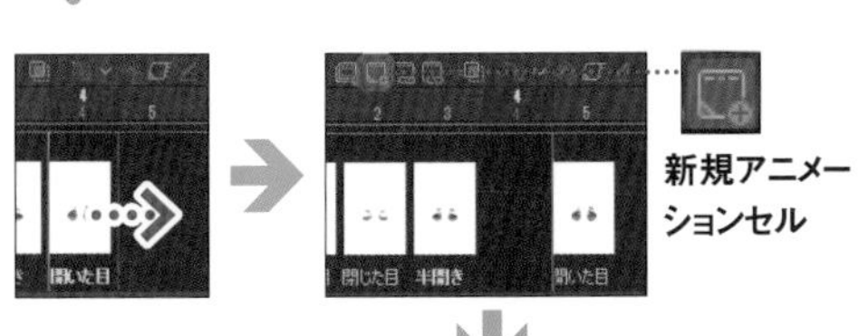

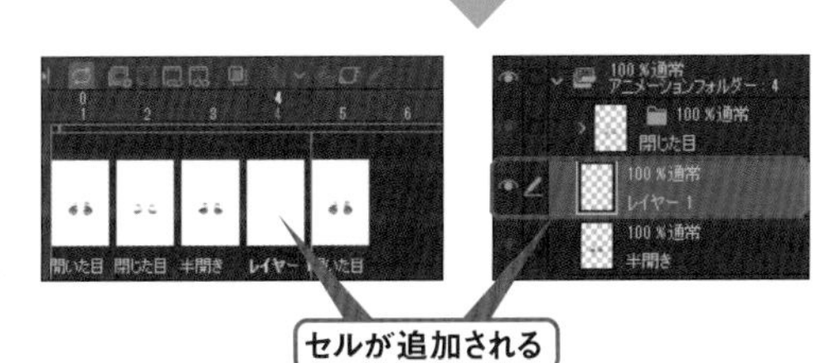

セルを入れ替える

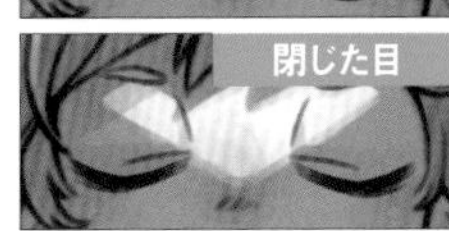

［再生］で動きを確認し、セルを入れ替えたりしてみよう。

中割りを増やす

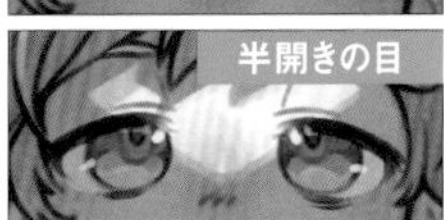

キーになる絵（アニメだと原画という）の間をつなぐ絵を中割りという。中割りを入れたり抜いたりしてアニメーションに緩急をつけることができる。

10 ［ファイル］メニュー→［アニメーション書き出し］→［アニメーションGIF］よりアニメーションGIFに書き出すことができる。

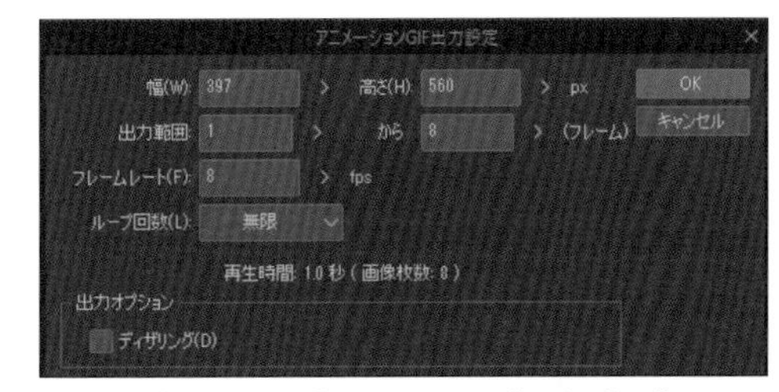

［ファイル］メニュー→［アニメーション書き出し］→［アニメーションGIF］を選択すると［アニメーションGIF出力設定］ダイアログが開き、サイズやループの設定が行える。

動画ファイルを書き出す

［ファイル］メニュー→［アニメーション書き出し］→［ムービー］から動画ファイルを書き出すことができる。

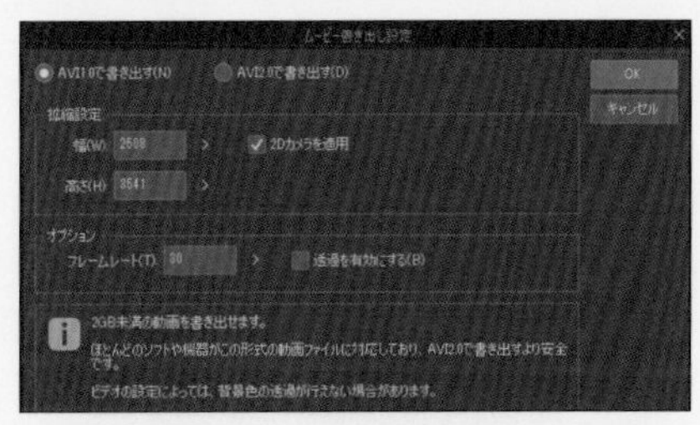

WindowsはAVIやMP4、macOS版／iPhone版／iPad版はQuickTimeやMP4で書き出せる。Galaxy／Android／Chromebook版はMP4で書き出せる。

CHAPTER:06

05 便利な画像処理機能

画像のノイズを軽減したり、自動的に彩色したりすることができる。

jpegノイズ除去

JPEG形式で保存するとノイズが発生する場合がある。特に縮小したり、品質を下げて圧縮したりするとノイズが出やすい。[フィルター] メニュー → [効果] → [jpegノイズ除去] を実行することで、JPEG画像のノイズを軽減し、きれいな画質にすることができる。

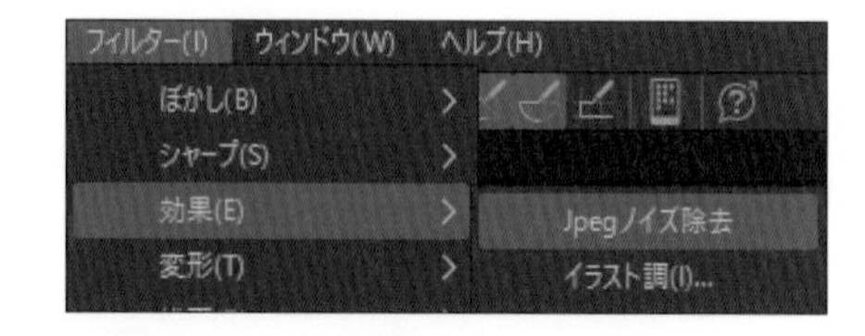

スマートスムージング

ラスターレイヤーの画像は、拡大すると画質が劣化する。[編集] メニュー → [スマートスムージング] は、画像の拡大などにより発生した荒れを軽減し、きれいな画像に変換することができる。

[編集] メニュー→[画像解像度を変更] でサイズを大きくしたときや、[編集] メニュー→[変形]→[拡大・縮小] などで画像を拡大した場合に効果的。

自動彩色

自動彩色は、線画や色を指定した画像を読み込み、自動的に彩色する機能。線画のレイヤーだけでも全自動で彩色することができるが、色を指定して自動彩色する方法もある。

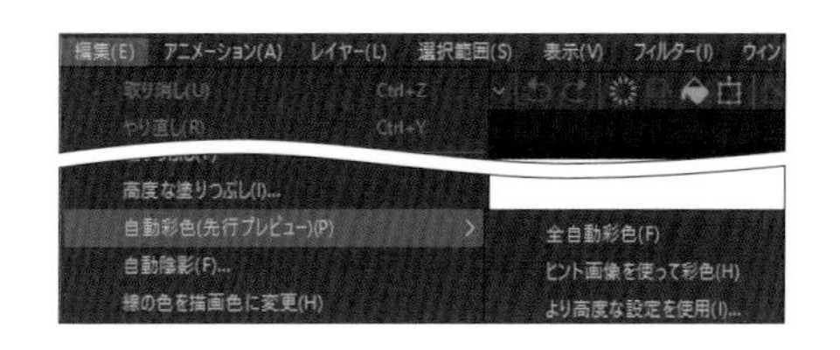

線画のみを自動彩色

線画のレイヤーを選択して、[編集] メニュー→ [自動彩色] → [全自動彩色] を選択すると自動彩色される。

彩色されたレイヤーが線画とは別に作成される。

色を指定して自動彩色

色を指定して自動彩色することもできる。その手順を見てみよう。

1 線画のレイヤーを参照レイヤーに設定する。

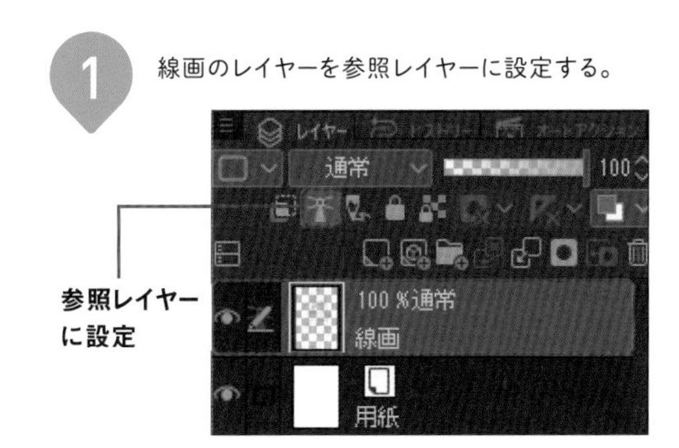

2 新規レイヤーに配色したい色を置いて指定する。

3 色を指定したレイヤーを選択した状態で [編集] メニュー→ [自動彩色] → [ヒント画像を使って彩色] を選択すると指定した色を反映して自動彩色される。

CHAPTER:06

06 クイックマスクから選択範囲を作成

クイックマスクは、ツールで描画するように選択範囲を作成することができる。またよく似た機能の[選択範囲をストック]も覚えておきたい。

クイックマスク

→ ペンや塗りつぶしツールで選択範囲を作成する

クイックマスクを描画系ツールで編集し、選択範囲を作成する過程を見ていこう。

1 クイックマスクを活用すると複雑な形の選択範囲が作成できる。ここではイラストの髪の部分に選択範囲を作成する。

2 ［選択範囲］メニュー→［クイックマスク］を選択すると、［レイヤー］パレットにクイックマスクレイヤーが作成される。

3 クイックマスクでは描画した部分は赤く表示される。最終的にこの赤い表示が選択範囲になる。まずは線が閉じられていない部分を［ペン］ツールで塗って埋めていく。

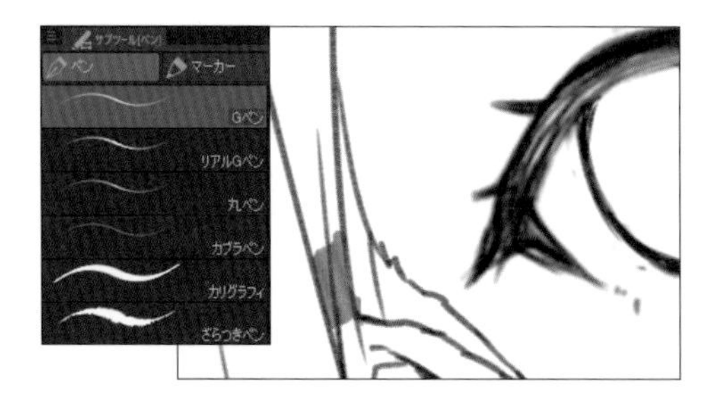

4 すき間が埋まったら、［塗りつぶし］ツール→［他レイヤーを参照］に持ち替え、塗りつぶす。

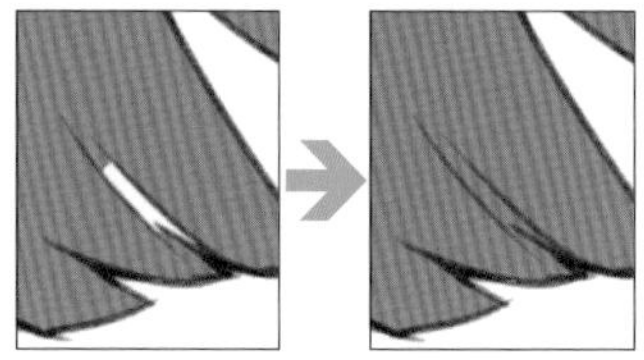

細かい塗り残しは［塗りつぶし］ツール→［塗り残し部分に塗る］で修正した。

5 細い髪の毛も［ペン］ツールで描画すると選択範囲になる。また透明色を選択すればツールを持ち替えずに修正できる。

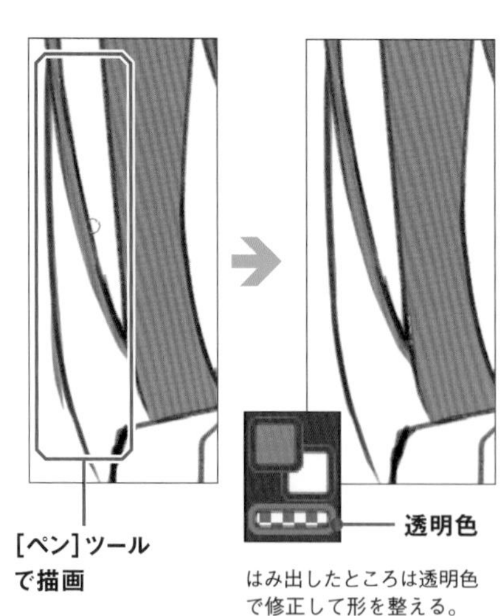

はみ出したところは透明色で修正して形を整える。

6 ［選択範囲］メニュー→［クイックマスク］を選択するとクイックマスクは解除され、選択範囲が作成される。

アイコンから選択範囲

クイックマスクレイヤーや選択範囲レイヤーは［アイコン］のアイコンをクリックすると選択範囲を作成できる。

ぼけた選択範囲を作成する

クイックマスクは、ストロークに透明部分がある［エアブラシ］ツールなどを使えるため、端がぼけた選択範囲を作成することができる。例を見てみよう。

1 描画部分の選択範囲を作成し、［選択範囲］メニュー→［クイックマスク］をオンにする

2 カラーアイコンで透明色を選択し、［エアブラシ］→［柔らか］で赤い表示範囲を部分的に消す。

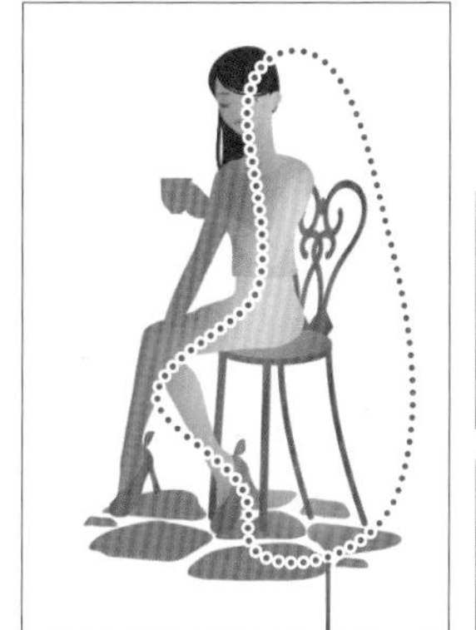

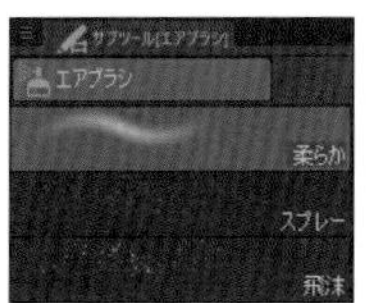

透明色の［柔らか］でぼんやりと消すことができる。

3 ［選択範囲］メニュー→［クイックマスク］でクイックマスクを解除すると、ぼけのある選択範囲が作成される。

［塗りつぶし］してみるとしっかり選択範囲がぼけているのがわかる。

選択範囲をストック

［選択範囲］メニュー→［選択範囲をストック］は選択範囲をストックしておける機能。選択範囲を作成するときは［選択範囲］メニュー→［ストックから選択範囲を作成］を選択する。

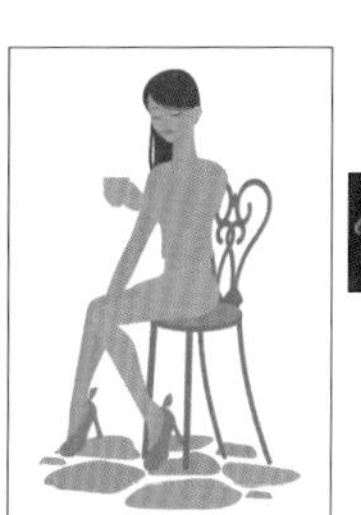

クイックマスクとの違い

［選択範囲をストック］は、クイックマスクとよく似た機能だが、選択範囲は緑で表示される。またクイックマスクのように自動的に削除されることはない。

CHAPTER:06

07

オブジェクトを整列させる

複数のオブジェクトの端を揃えたり、均等に並べたりする機能は、パターン素材を作るときなどに役立つ。

整列・分布パレット

［整列・分布］パレットは、複数のレイヤーの描画部分や、ベクターレイヤー、テキストレイヤー内のオブジェクトをきれいに並べることができる。

❶整列基準
整列する基準を［整列対象］［キャンバス］［選択範囲］［ガイド］［自動］から選択できる。

❷整列
オブジェクトを整列させる。

❸分布
オブジェクトを分布させる。

❹等間隔に分布
オブジェクトを等間隔に分布させる。

❺テキストの描画境界を整列させる
テキストレイヤー内で整列させる場合、テキストの描画境界を基準に整列させる。

❻ベクター中心線を整列させる
ベクターレイヤー内で整列させる場合、ベクター中心線を基準に整列させる。

レイヤーを複数選択して整列

複数のレイヤーの描画部分を整列させたいときは、レイヤーを複数選択してから［整列］などのボタンをクリックする。

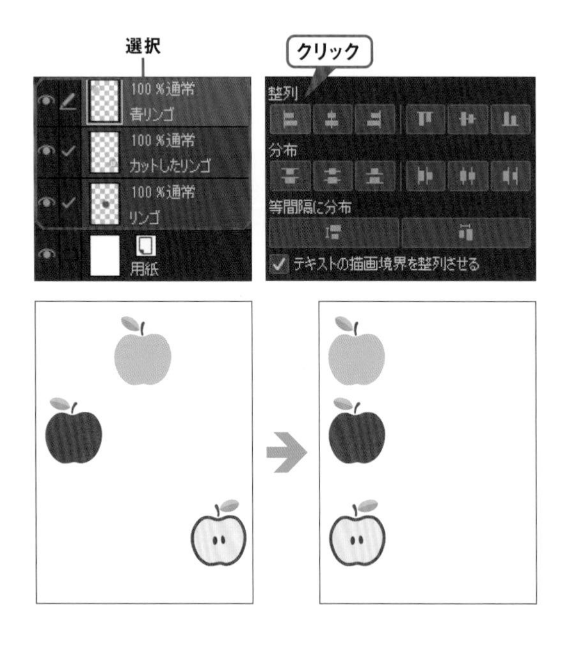

レイヤーフォルダーを整列

1つのオブジェクトが複数のレイヤーで描かれている場合は、レイヤーフォルダーにまとめれば整列できる。

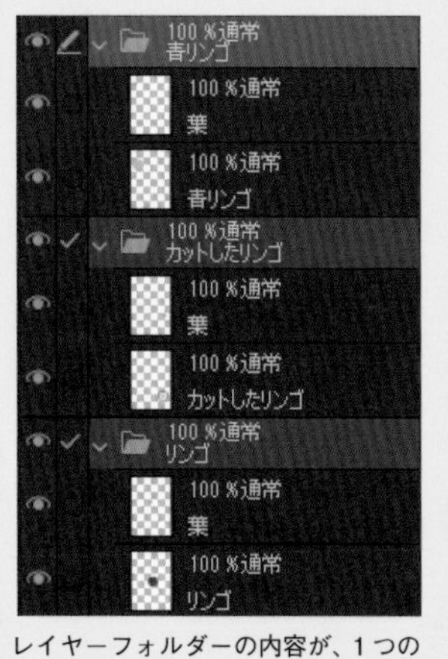

レイヤーフォルダーの内容が、1つのオブジェクトとして整列の対象になる。

→ **整列**　［整列］のボタンから、どこを基準に整列させるかを選択できる。

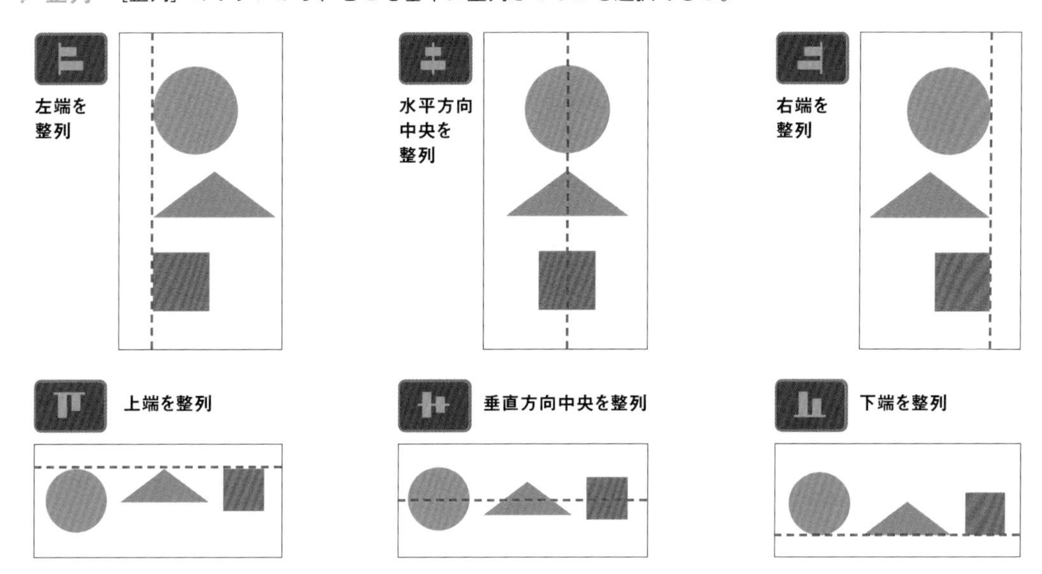

→ **分布**　［分布］のボタンから、どこを基準に分布させるかを選択できる。

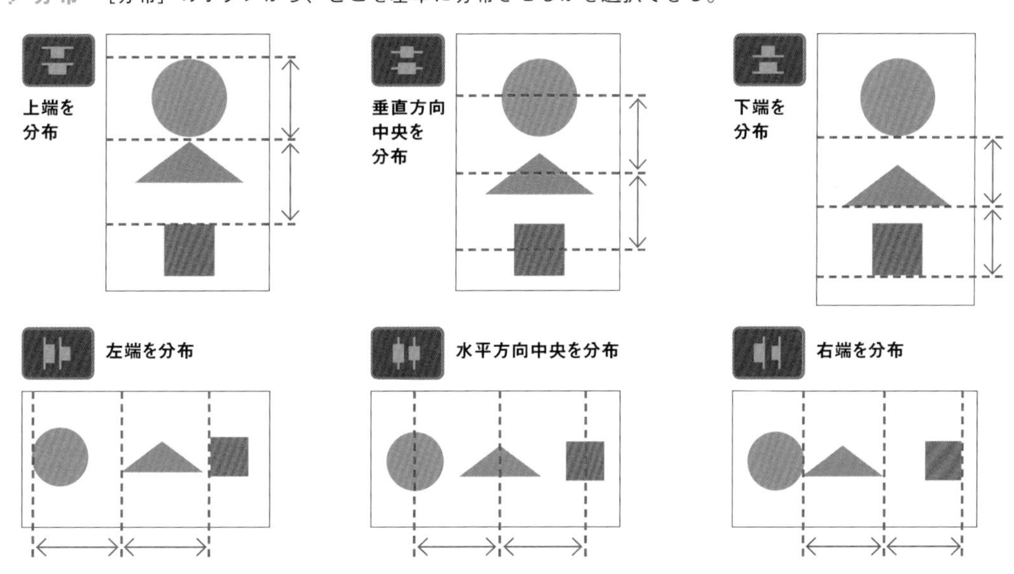

→ **等間隔に分布**　縦に等間隔で分布するボタンと、横に等間隔で分布するボタンがある。

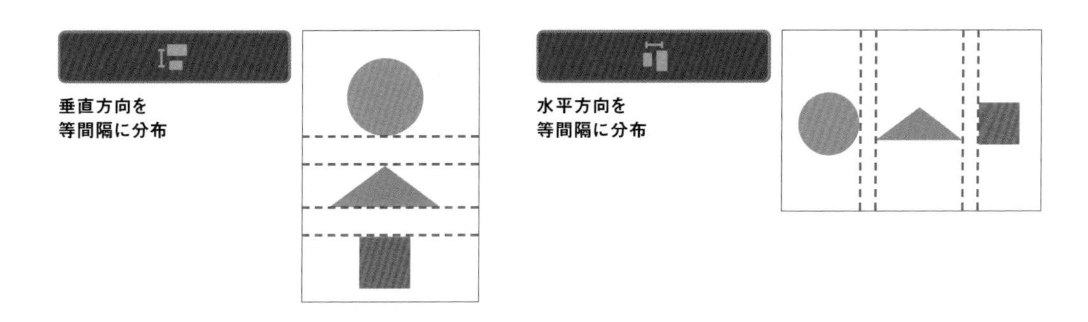

CHAPTER:06

08

印刷用データにプロファイルを設定する

同人誌のカバーやポストカードをカラー印刷するときなど、
画像をCMYKに変換する場合は事前にカラープロファイルを設定するとよい。

カラープロファイルプレビュー

カラープロファイルプレビューを利用して、CMYKに変換後の画像をプレビュー表示することができる。変換後の画像を意図した色みにするために、あらかじめプレビューで確認しておくとよい。

CMYKに変換したいファイルを開き、[表示] メニュー→ [カラープロファイル] → [プレビューの設定] を選択する。

CLIP STUDIO PAINTで作成された画像は、RGBで色を表現している。

[カラープロファイルプレビュー] ダイアログが開く。[プレビューするプロファイル] より [CMYK:Japan Color 2001 Coated] を選択。

クリックしてリストを表示

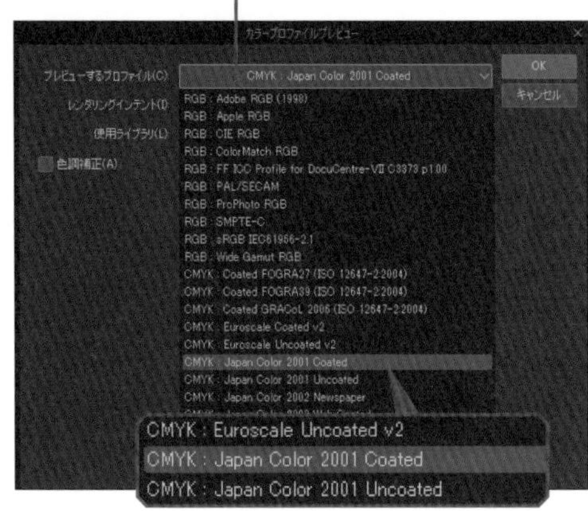

「Japan Color 2001 Coated」は、日本の印刷で使用される最も一般的なカラープロファイルである。

CMYKとRGB

CMYKとは、シアン、マゼンタ、イエロー、ブラックで色を表現する形式。印刷では、この4色のインクを混ぜて、さまざまな色を表現する。
一方RGBとは、レッド、グリーン、ブルーの3原色で色を表現する形式で、パソコンやテレビのディスプレイなどで使用されている。
RGBのほうが表現できる色の幅が広いため、RGBの画像をCMYKに変換した際に、色の変化がおきてしまう場合がある。

CMYKに変換後の画像がプレビューされる。プレビューをオフにする場合は［表示］メニュー→［カラープロファイル］→［プレビュー］を選択してチェックを外す。

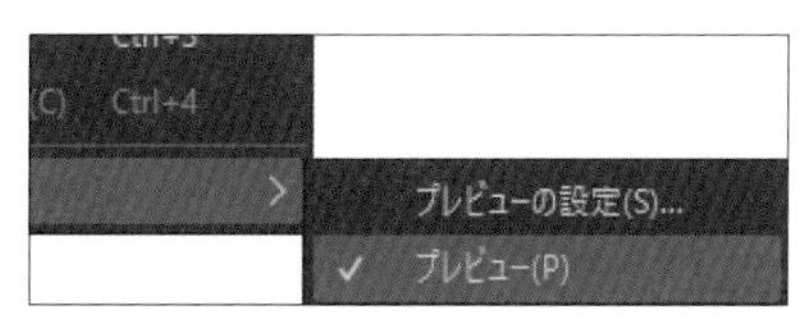

プレビューをオン

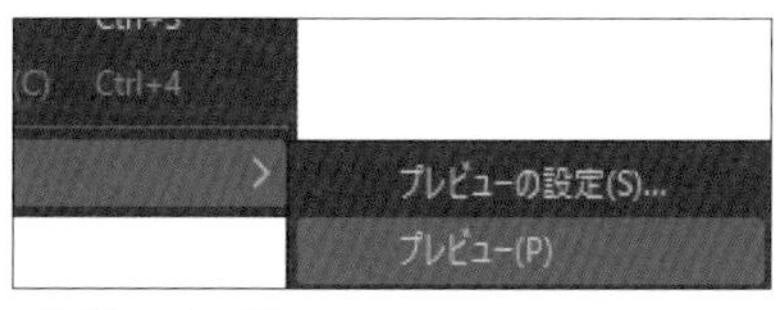

プレビューをオフ

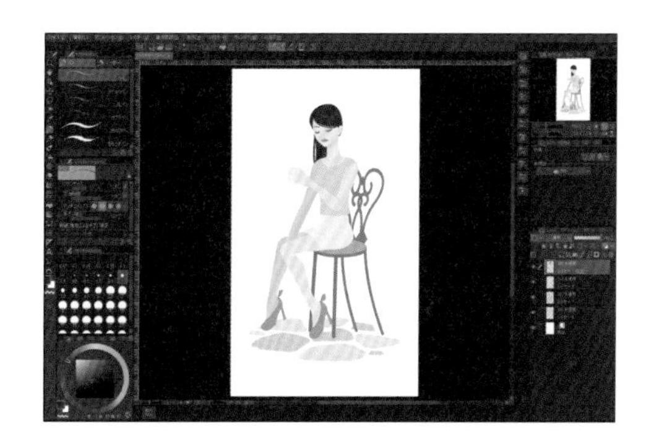

カラープロファイル

カラープロファイルとは、ほかの環境で表示や印刷する場合に、同じように色が表示されるようにするためのもの。ICCプロファイルと表記されることもある。

CMYKで書き出す

CMYKで書き出すときは［画像を統合して書き出し］を選択する。

［ファイル］メニュー→［画像を統合して書き出し］より、CMYKが表現可能な画像形式を選ぶ。

CMYKが表現可能な画像形式

.jpg（JPEG）
.tif（TIFF）
.psd（Photoshopドキュメント）
.psb（Photoshopビッグドキュメント）

2

書き出し設定のダイアログで、［表現色］を［CMYKカラー］にする。設定が終わったら［OK］でCMYKの画像を書き出そう。

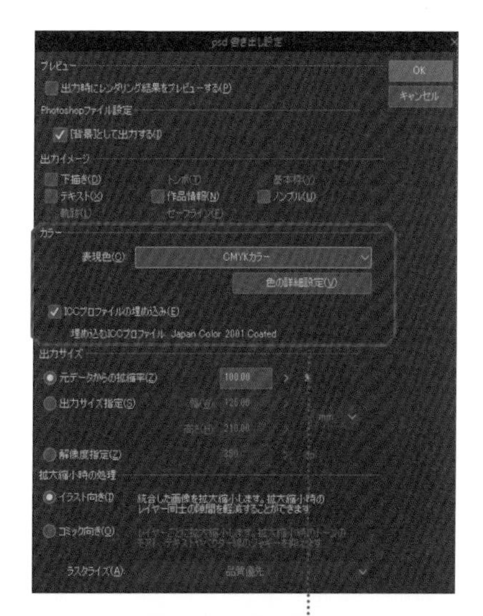

カラープロファイルを設定している場合は、［ICCプロファイルの埋め込み］にチェックを入れるとカラープロファイルを画像に埋め込むことができる。

CHAPTER:06
09

よく使う機能を集めたパレットを作る

［クイックアクセス］パレットは、よく使うツールや機能、描画色などを、ボタンやリストにして並べておき、手早く使うことができる。

クイックアクセスパレット

よく使うツールや描画色、機能などを［クイックアクセス］パレットに登録して、オリジナルのパレットを作ろう。

1 ［クイックアクセス］パレットは［素材］パレットと同じパレットドックにボタン状に表示（タブ表示）されている。

2 ［メニュー表示］→［セットを作成］で新規セットが追加される。

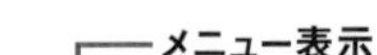

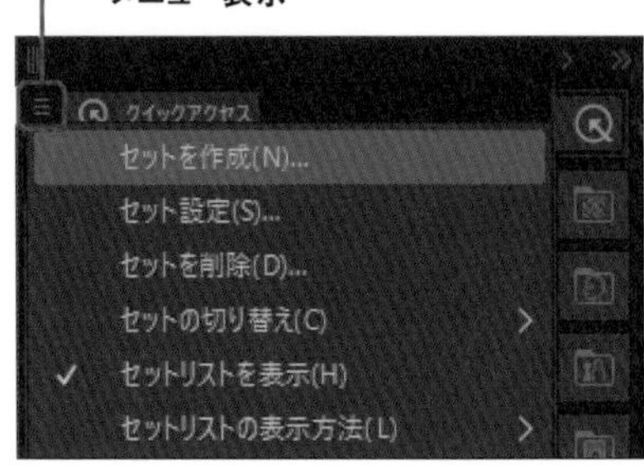

3 機能やツール、描画色などを追加してみよう。基本的にはリストから［追加］でパレットに加えることができる。

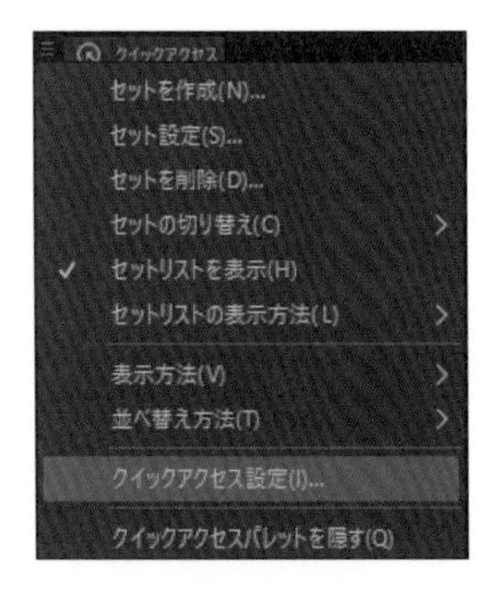

［クイックアクセス］パレットに追加される。

メニューの機能を追加

メニューから行う機能を追加したい場合は、［メニュー表示］→［クイックアクセス設定］を選択。設定領域を［メインメニュー］にして、リストから項目をドラッグ＆ドロップするか、もしくは［追加］をクリックする。

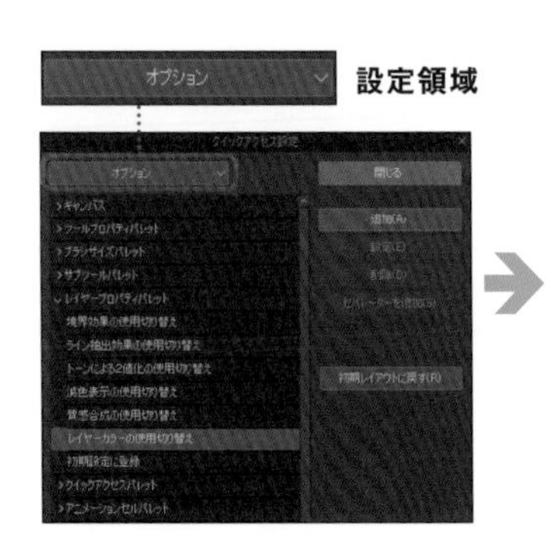

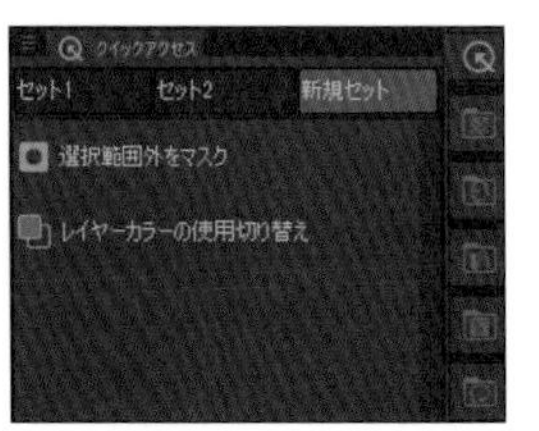

メニューにない機能を追加

パレット固有の機能など、メニューから選択できない機能を追加するには、まず［メニュー表示］→［クイックアクセス設定］を開き設定領域で［オプション］を選ぶ。さらに［ツールプロパティ］や［レイヤープロパティ］などの機能を選択して追加できる。

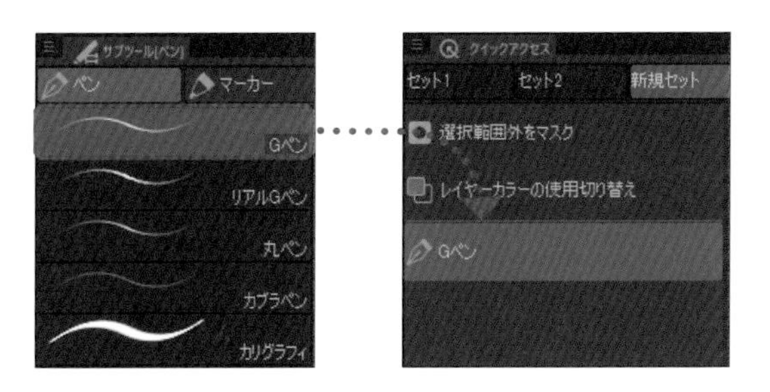

→ サブツールを追加

サブツールの登録は、[サブツール]パレットからサブツールをドラッグ＆ドロップで行うのが手軽だ。

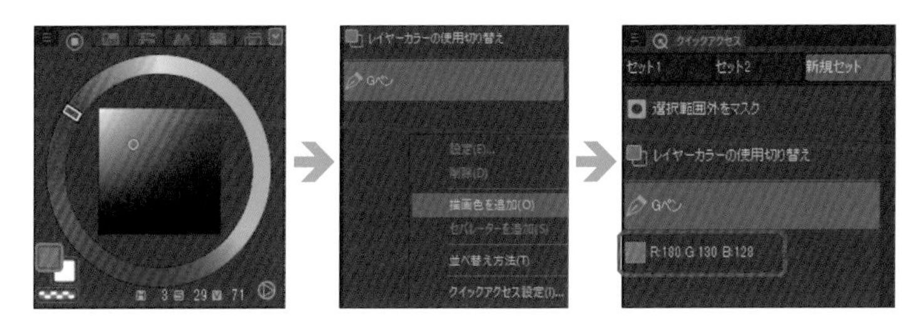

→ 描画色を追加

登録したい描画色を選択しておき、[クイックアクセス]パレットの空欄を右クリック（タブレット・スマートフォン版：指で長押し）→［描画色を追加］で描画色を追加する。

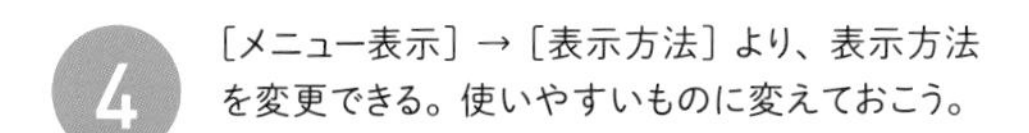

4 ［メニュー表示］→［表示方法］より、表示方法を変更できる。使いやすいものに変えておこう。

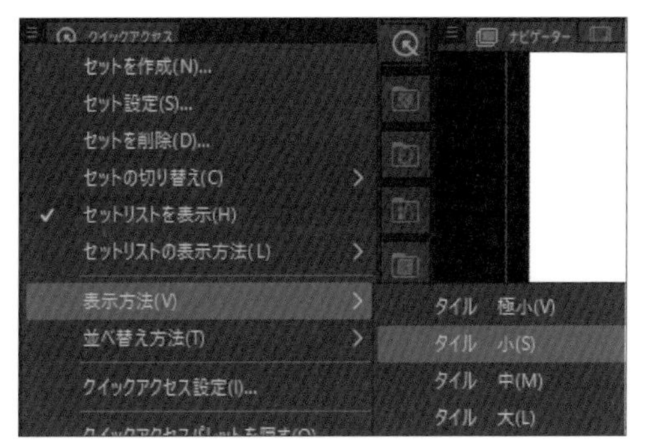

項目が多くなった場合は[タイル小]や[タイル極小]などを選ぶとよい。

5 ［メニュー表示］→［セット設定］でセット名を変更できる。

6 セットを削除するときは、［メニュー表示］→［セットを削除］を選択する。

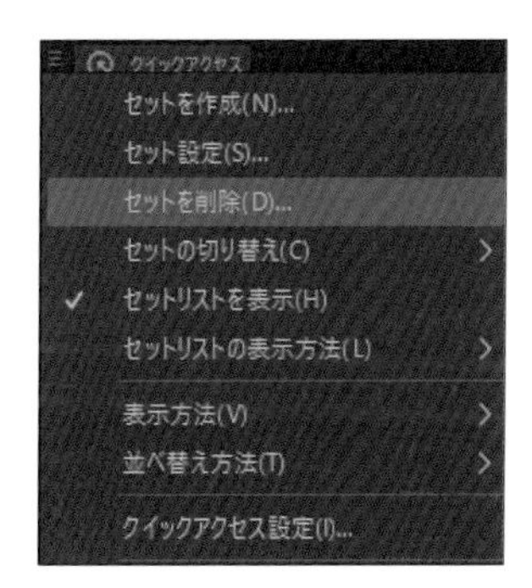

CHAPTER:06
10

ショートカットのカスタマイズ

ショートカットキーを使うと作業のスピードがぐっと早まる（よく使うショートカットキー一覧→P.185）。頻繁に使う機能はショートカットキーを設定しておくとよい。

ショートカットキーを設定する

ショートカットキーは、初期状態で汎用的なものが設定されているが、別のキーに変更したい場合や、よく使う操作にショートカットキーが割り当てられていない場合は、オリジナルのショートカットキーを設定しよう。

1 ここでは［レイヤーを複製］にショートカットキーを割り当ててみる。［ファイル］メニュー（macOS/タブレット版の場合は［CLIP STUDIO PAINT］メニュー、スマートフォン版の場合は［アプリ設定］メニュー）→［ショートカットキー設定］を選択。

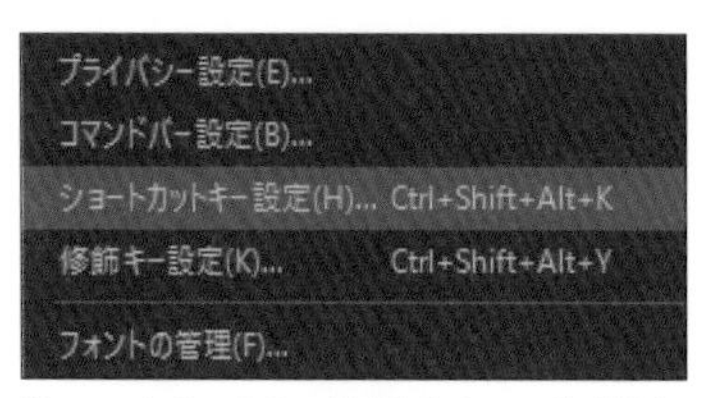

［ショートカットキー設定］ダイアログが開く。

2 ショートカットキーを設定したい操作を選択する。［設定領域］を［メインメニュー］にし、［レイヤー］ツリーにある［レイヤーを複製］を選択。

3 ［ショートカットを編集］をクリック。キーを押してショートカットキーを割り当てる。すでにほかの操作に割り当てられている場合はアラートが表示される。

4 キーが決まったら［OK］をクリック。ショートカットキーが確定される。

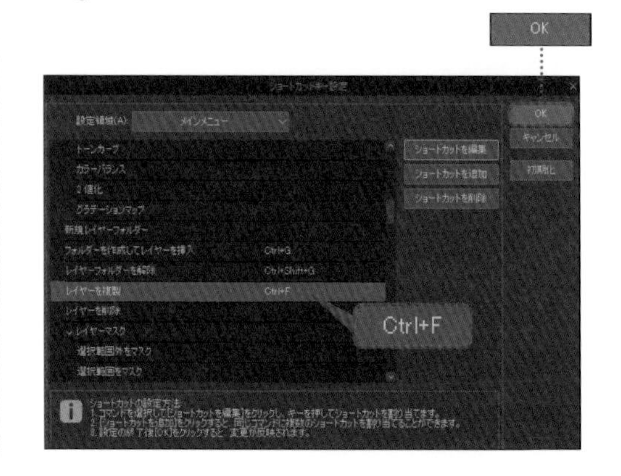

修飾キーを設定する

［修飾キー設定］は、修飾キーによるツールの一時切り替えなどの操作を設定することができる。

1 ［ファイル］メニュー（macOS／タブレット版の場合は［CLIP STUDIO PAINT］メニュー、スマートフォンの場合は［アプリ設定］メニュー）→［修飾キー設定］を選択すると［修飾キー設定］ダイアログが開く。ここで［ツール処理別の設定］を選択する。

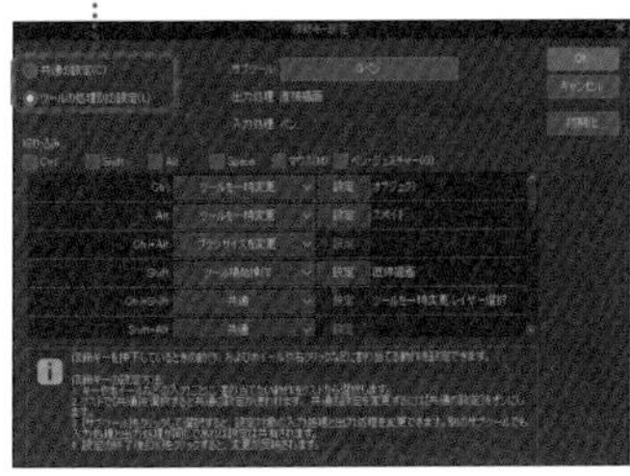

2 ［サブツール］右のボタンをクリックすると［サブツール選択］ダイアログが開く。設定したいサブツールを選ぼう。

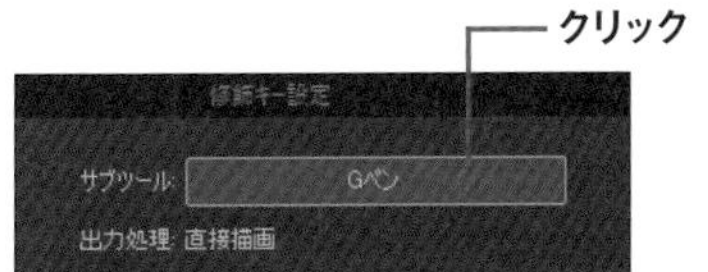

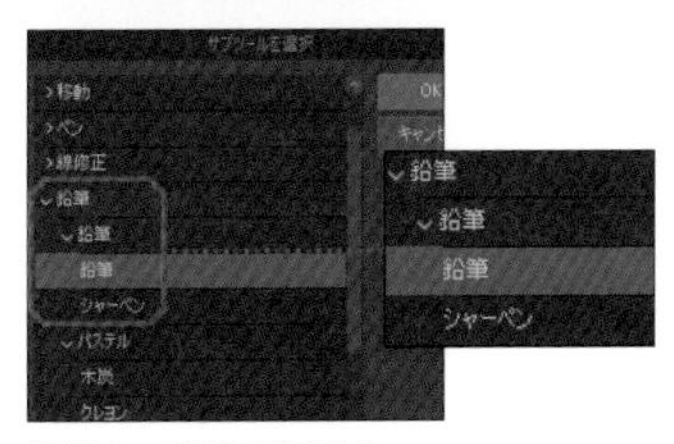

修飾キー設定の反映先

修飾キーの設定はサブツールごとに設定されず、出力処理と入力処理が共通するサブツールに反映される。たとえば[Gペン]と[鉛筆]は出力処理と入力処理が同じため、[Gペン]を設定すると[鉛筆]にも同じ修飾キー設定が反映される。

ボタンひとつで機能を切り替える

片手入力デバイスCLIP STUDIO TABMATE（別売）を使用すれば、キーボードに手を伸ばしたりペンをメニューバーまで動かしたりせずに、ボタンを押すだけで200種以上の操作を即座に実行できる。
詳しくは公式Webページへ
https://www.clipstudio.net/promotion/tabmate

リストで修飾キーが設定されていない項目を選んで設定する。ここではShift+Altの［共通］を［ツールを一時変更］にした。

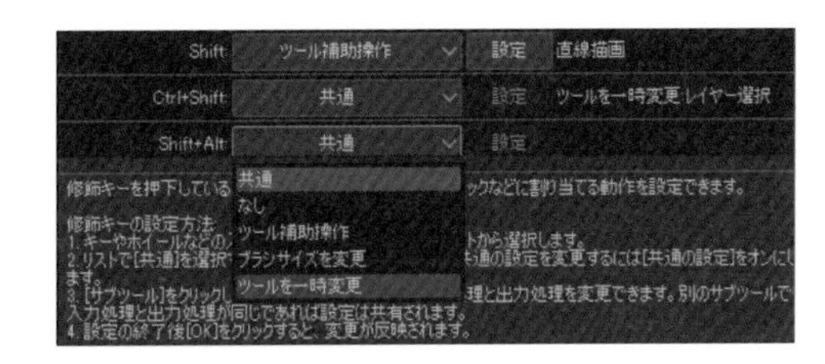

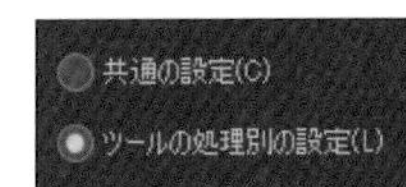

共通の設定

[共通]とあるところは、全ツール共通の設定が反映されている。[共通の設定]を選ぶと確認できる。

［ツールを一時変更の設定］ダイアログが開くので［レイヤー移動］ツリーにある［レイヤー移動］を選択して［OK］をクリック。［修飾キー設定］ダイアログに戻って［OK］で設定が完了する。

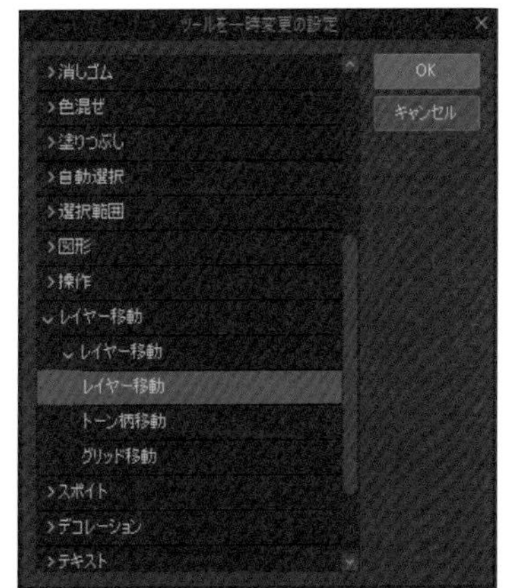

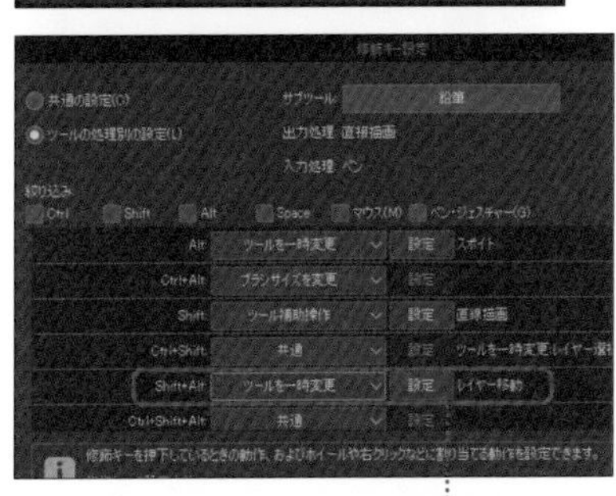

CHAPTER:06
11

オートアクションで操作を記録

オートアクションは、よく使う操作を記録し、記録後はワンクリックで自動的に再生する機能。作業の効率化に役立てよう。

オートアクションパレット

［オートアクション］パレットに一連の操作を記録しておくと、［再生］をクリックするだけで記録された操作を実行できる。

初期のワークスペースでは、［オートアクション］パレットは［レイヤー］パレットと同じパレットドックにある。タブをクリックして表示する。

タブレット版では［ウィンドウ］メニュー→［オートアクション］でパレットを表示しよう。

2

［オートアクションを追加］をクリックし、名称を入力する。名称は操作内容がわかるようなものがよい。

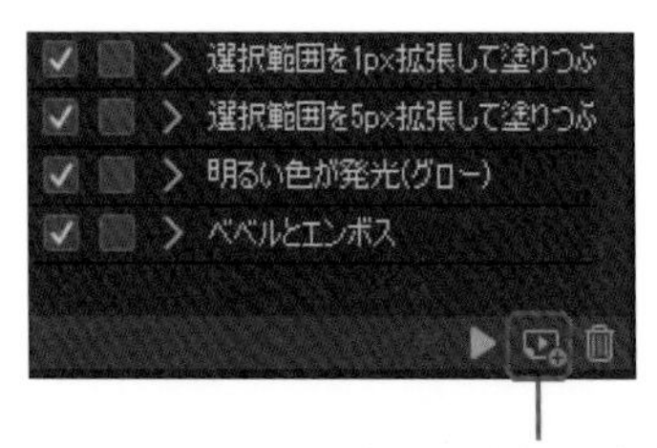

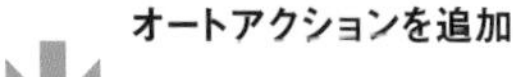

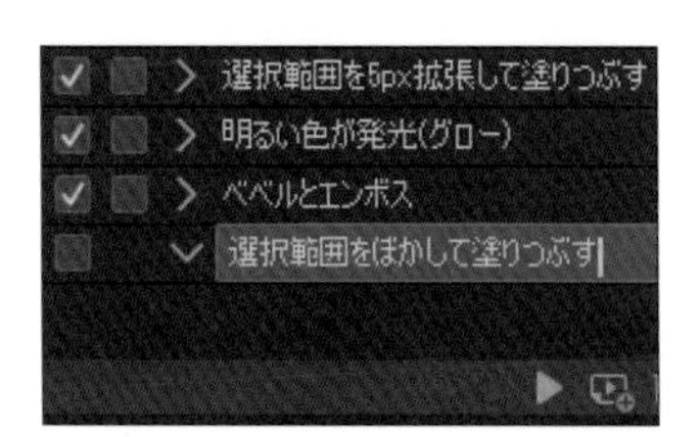

●ボタンをクリックすると記録を開始するので、記録したい操作を行う。記録中●ボタンは■ボタンに変わる。

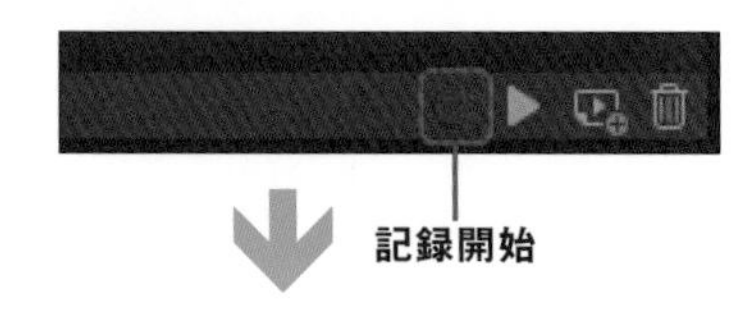

4

操作が完了したら■をクリックして記録を停止する。これで新たにオートアクションの項目が追加された。

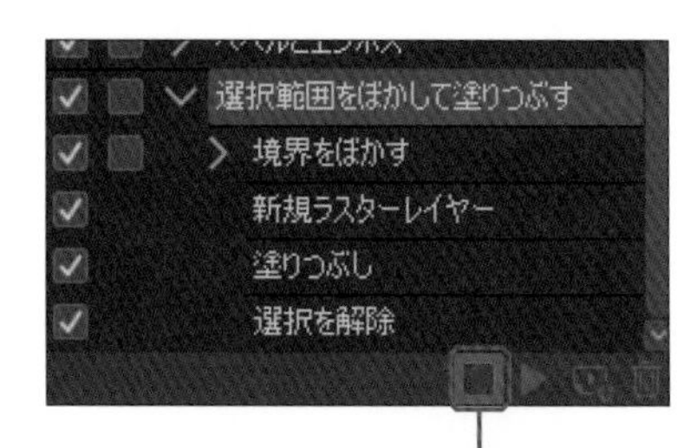

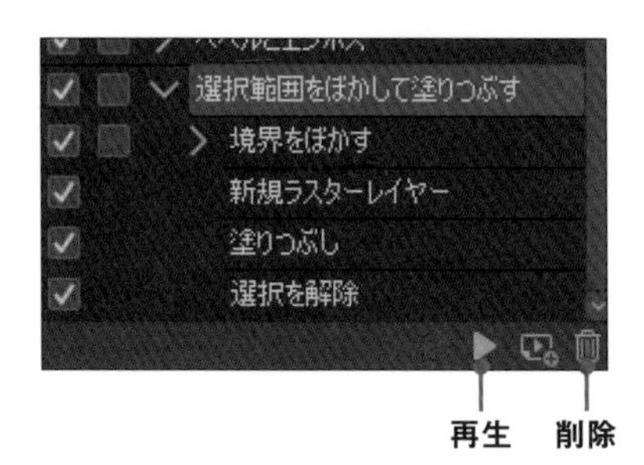

再生と削除

記録したオートアクションは、▶ボタンをクリックすると再生される。またオートアクションを削除するときはゴミ箱のアイコンをクリックする。

よく使うショートカットキー 一覧

共通のショートカット

前のサブツールに切り替え	,（コンマ）
次のサブツールに切り替え	.（ピリオド）
手のひら	Space
回転	Shift+Space
虫めがね（拡大） ※macOSの場合、先に[Space]キーを押したあと[Command]キーを押す。	Ctrl+Space
虫めがね（縮小）	Alt+Space
メインカラーとサブカラーを切り替え	X
描画色と透明色を切り替え	C
レイヤー選択	Ctrl+Shift

ペン・鉛筆・筆・エアブラシ・デコレーション・消しゴムツール選択時のショートカット

スポイト	Alt
オブジェクト	Ctrl
ブラシサイズを大きくする	]
ブラシサイズを小さくする	[
不透明度を上げる	Ctrl+]
不透明度を下げる	Ctrl+[
ブラシサイズ変更	Ctrl+Alt+ドラッグ
直線を描く	Shift

メニューのショートカット

▶ファイルメニュー

新規	Ctrl+N
開く	Ctrl+O
閉じる	Ctrl+W
保存	Ctrl+S
別名で保存	Shift+Alt+S
印刷	Ctrl+P

▶編集メニュー

取り消し	Ctrl+Z
やり直し	Ctrl+Y
切り取り	Ctrl+X
コピー	Ctrl+C
貼り付け	Ctrl+V
消去	Del
選択範囲外を消去	Shift+Del
塗りつぶし	Alt+Del
色相・彩度・明度	Ctrl+U
拡大・縮小・回転	Ctrl+T
自由変形	Ctrl+Shift+T

▶レイヤーメニュー

新規ラスターレイヤー	Ctrl+Shift+N
下のレイヤーでクリッピング	Ctrl+Alt+G
下のレイヤーと結合	Ctrl+E
選択中のレイヤーを結合	Shift+Alt+E
表示レイヤーを結合	Ctrl+Shift+E

▶選択範囲メニュー

すべてを選択	Ctrl+A
選択を解除	Ctrl+D
再選択	Ctrl+Shift+D
選択範囲を反転	Ctrl+Shift+I

▶表示メニュー

ズームイン	Ctrl+Num+
ズームアウト	Ctrl+Num−
100%	Ctrl+Alt+0
全体表示	Ctrl+0
表示位置をリセット	Ctrl+@
ルーラー	Ctrl+R

INDEX

数字

アルファベット

あ

か

さ

た

な

は

ま

や

ら

わ

作家紹介（五十音順）

いっさ
- Pixiv
  www.pixiv.net/member.php?id=489309

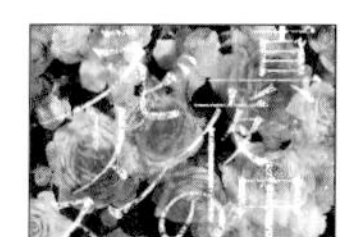

井上のきあ
- サイト
  http://www.slowgun.org/
- X（旧 Twitter）
  @yue9

鷺ノキ
- Pixiv
  www.pixiv.net/member.php?id=12897275

スズキイオリ
- Pixiv
  www.pixiv.net/users/60735249

せぜり
- サイト
  sezeri.wixsite.com/kamenozoki
- Pixiv
  www.pixiv.net/member.php?id=12450366
- X（旧 Twitter）
  @scls316a

ゾウノセ
- Pixiv
  www.pixiv.net/users/2622803
- X（旧 Twitter）
  @zounose

sone
- Pixiv
  www.pixiv.net/member.php?id=3093344
- X（旧 Twitter）
  @sone_460

七原しえ
- Pixiv
  www.pixiv.net/member.php?id=114086
- X（旧 Twitter）
  @nanaharasie

はとはね
- Pixiv
  https://www.pixiv.net/users/3347592
- X（旧 Twitter）
  @hatohane_615

フトシ

めぐむ
- X（旧 Twitter）
  @meg_mumu

湯吉
- Pixiv
  https://www.pixiv.net/users/5884128
- X（旧 Twitter）
  @Kenkou_World

制作スタッフ

[カバーイラスト]　めめんち
[装丁]　赤松由香里（MdN Design）
[DTP]　大沢肇
[本文デザイン]　CIRCLEGRAPH
[制作・執筆]　株式会社サイドランチ
[作例制作]　いっさ、井上のきあ、鶯ノキ、スズキイオリ、せぜり、ゾウノセ、sone、七原しえ、はとはね、フトシ、めぐむ、湯吉（五十音順）

[編集長]　後藤憲司
[担当編集]　室井愛希

CLIP STUDIO PAINT PRO
公式ガイドブック改訂3版

2023年　9月21日　初版第1版発行

[監修]　株式会社セルシス
[発行人]　山口康夫
[発行]　株式会社エムディエヌコーポレーション
〒101-0051 東京都千代田区神田神保町一丁目105番地
https://books.mdn.co.jp/
[発売]　株式会社インプレス
〒101-0051 東京都千代田区神田神保町一丁目105番地
[印刷・製本]　株式会社広済堂ネクスト

Printed in Japan

定価はカバーに表示してあります。

[カスタマーセンター]
造本には万全を期しておりますが、万一、落丁・乱丁などがございましたら、送料小社負担にてお取り替えいたします。お手数ですが、カスタマーセンターまでご返送ください。

■落丁・乱丁本などのご返送先　〒101-0051 東京都千代田区神田神保町一丁目105番地
株式会社エムディエヌコーポレーション カスタマーセンター
TEL：03-4334-2915

■書店・販売店のご注文受付　株式会社インプレス　受注センター
TEL：048-449-8040 ／ FAX：048-449-8041

[内容に関するお問い合わせ先]
株式会社エムディエヌコーポレーション カスタマーセンター メール窓口
info@MdN.co.jp
本書の内容に関するご質問は、Eメールのみの受付となります。メールの件名は「CLIP STUDIO PAINT PRO 公式ガイドブック 改訂3版 質問係」、本文にはお使いのマシン環境（OS、バージョン、搭載メモリなど）をお書き添えください。電話やFAX、郵便でのご質問にはお答えできません。ご質問の内容によりましては、しばらくお時間をいただく場合がございます。また、本書の範囲を超えるご質問に関しましてはお答えいたしかねますので、あらかじめご了承ください。

ISBN978-4-295-20548-7　C3055